U0288160

DK 儿童恐龙百科全书

Dinosaurs a children's encyclopedia

邢立达 李艾 朱炜 王申娜 张龚修 译

中国大百科全书出版社
Encyclopedia of China Publishing House

北京市版权登记号：图字 01-2022-6171

图书在版编目（CIP）数据

DK儿童恐龙百科全书 / 英国DK公司编著；邢立达等译.—2版.—北京：中国大百科全书出版社，2022.12
书名原文：Dinosaurs a children's encyclopedia
ISBN 978-7-5202-1243-4

Ⅰ.①D… Ⅱ.①英… ②邢… Ⅲ.①恐龙—儿童读物 Ⅳ.①Q915.864-49

中国版本图书馆CIP数据核字（2022）第212688号

译者：邢立达　李艾　朱炜　王申娜　张龚修

策 划 人：杨　振
责任编辑：付立新
封面设计：邹流昊

DK儿童恐龙百科全书
中国大百科全书出版社出版发行
（北京阜成门北大街17号　邮编 100037）
http://www.ecph.com.cn
新华书店经销
北京华联印刷有限公司印制
开本：889毫米×1194毫米　1/16　印张：19
2022年12月第2版　2024年6月第6次印刷
ISBN 978-7-5202-1243-4
定价：198.00元

www.dk.com

目录

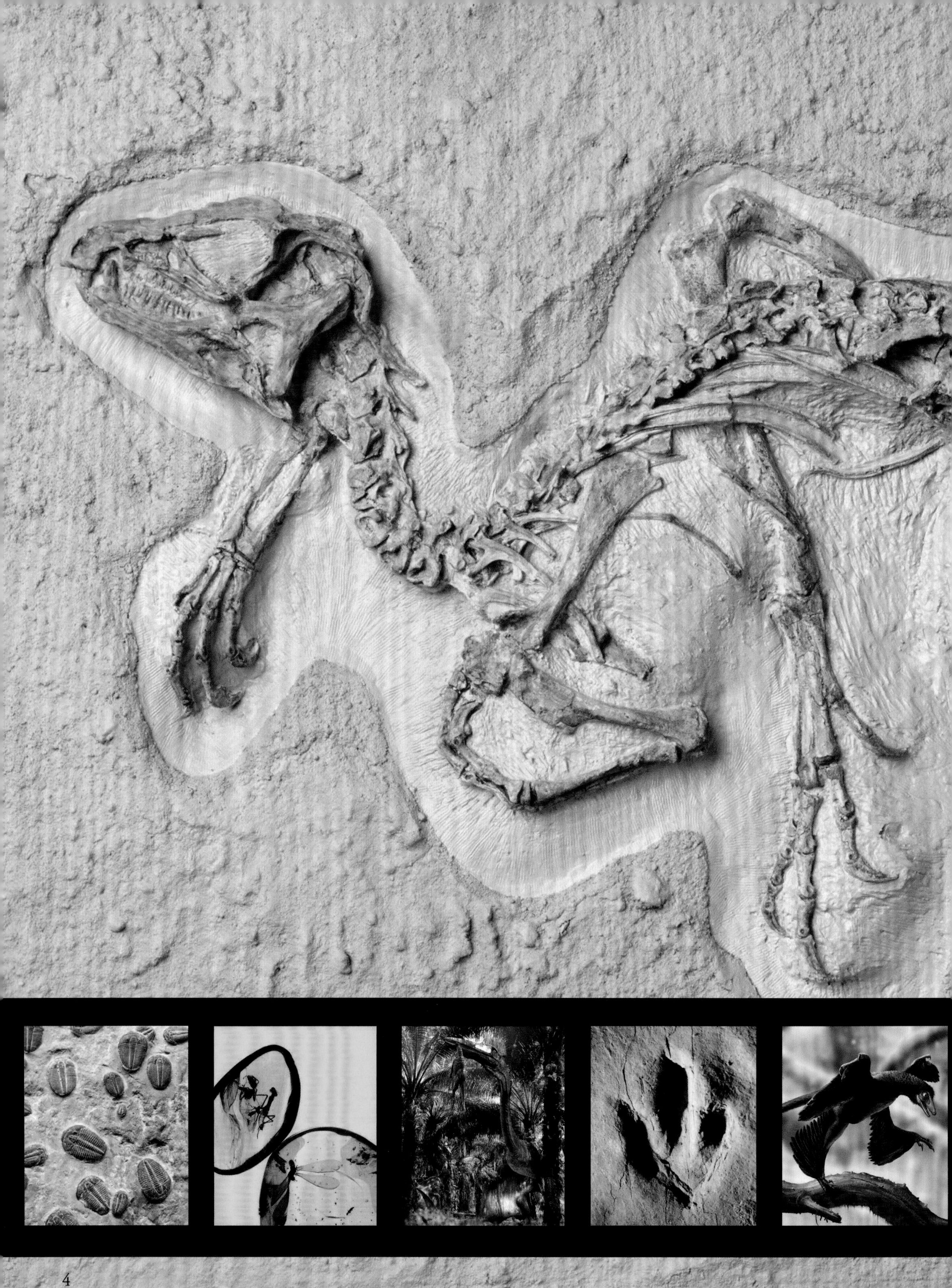

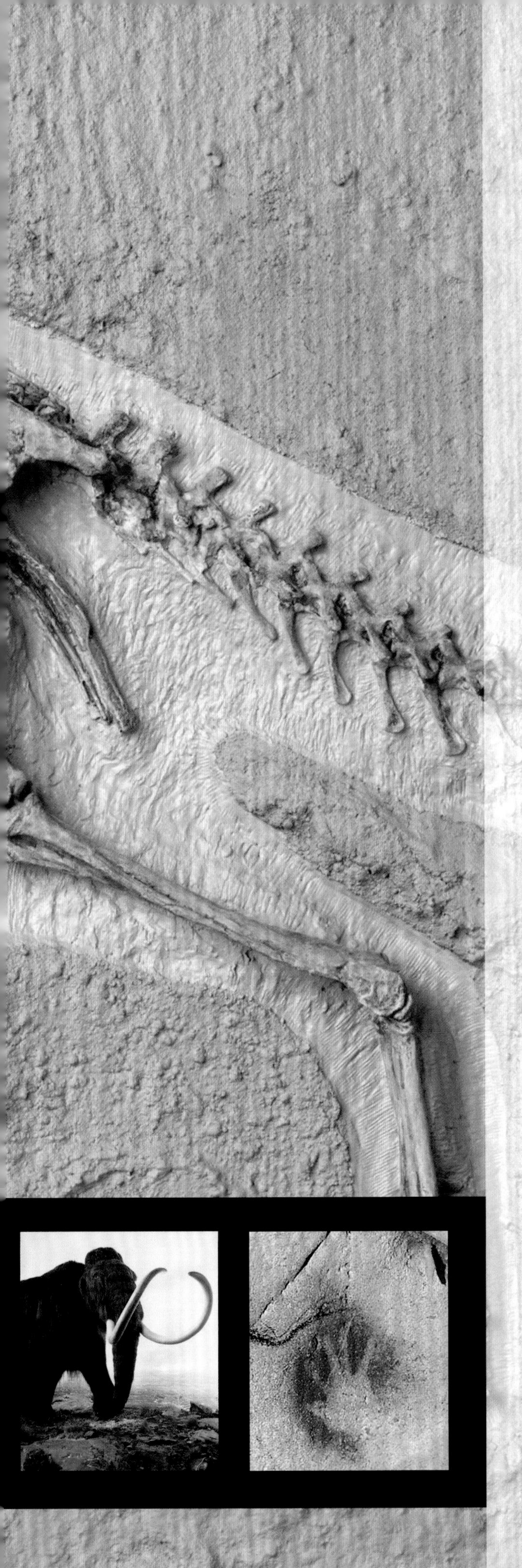

前言

人类的周围生活着许多迷人的动物。海洋中游弋着巨大的鲸鱼和鲨鱼，陆地上生活着神秘美丽的大型动物，如大型猫科动物、大象和长颈鹿。野地里到处都能找到昆虫、鸟类和数以万计的其他生物的踪影。然而，化石记录下的地球历史告诉我们，现生的这些生物仅仅是那看不见的生命之树中的一些细小枝杈，究其源头却能回溯到数亿年前。这些丰富的化石记录向我们展示了一个令人难以置信的复杂的生物演化和灭绝过程。虽然现生的动物看上去多半迷人不已，但它们的祖先却往往是更为巨大、壮硕或十分怪异的。

在这本精美的图书中，我们将详细地阐述过去5亿年间各种生命的演化过程，从寒武纪最早出现的复杂生命，到中生代的恐龙、哺乳类和稍晚出现的鸟类。

地球上的大多数化石是小型生物，如贝类和浮游生物的遗骸，但还有一些化石则为我们提供了那些与现生动物截然不同的奇妙生物存在过的证据。通过这些化石，我们知道了地球上曾经出现过鳄鱼大小的千足虫、能吃下马的巨型鸟类和巨大恐怖的海洋爬行类，以及地懒、剑齿虎等奇异的哺乳类。复原这些古动物和其生活场景使科学家和艺术家们面临巨大挑战，他们都在努力地重建它们的行为和外观。

在这本书中，你将看到大量奇妙生物的精美插图，它们按演化的类群或出现的时间排列，翻开这本书就好像踏入了时光隧道。现在，你准备好开始一段令人惊叹的了解古生物的视觉之旅了吗？

德恩·奈许博士

科普作家，英国南安普敦大学荣誉研究员

史前生命

▲大峡谷给我们展现了远古时期的风貌。当河流把古老的岩层侵蚀得越来越深时，距今数千万甚至数亿年前形成的化石逐渐显露了出来。

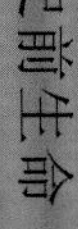

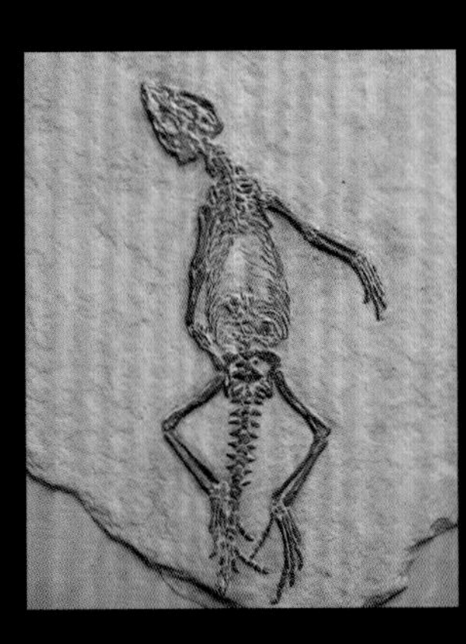

史前，指有文字记载以前的时代。它涵盖了一个非常漫长的历史时期，从距今46亿年前地球诞生之初开始，开启了一个无边无际的大千世界。

生命之始

地球最初形成于距今大约46亿年前。在地球十分年轻时，生命几乎不可能出现，因为当时的地表还异常炽热，完全没有水的踪迹。那么，生命是如何出现的呢？

早期的地球

初生的地球表面覆盖着由融化的岩石形成的海洋。随着时间的推移，这片海洋冷却成坚硬的岩石，但火山仍在继续喷发出滚烫的熔岩，同时还释放出地球内部深处的气体，形成地球大气层。最初的大气是有毒的。

彗星和小行星

在随后的数亿年间，地球的表面不断被彗星、小行星或较小的行星撞击。撞击导致年轻的地壳开裂，流出更多的岩浆。同时，一些小行星也带来了水。

海洋的形成

随着年轻的地球慢慢冷却下来，大气层的温度也逐渐下降。滚烫的火山蒸汽凝结成液态，以雨水的形式降下，形成了一场持续上百万年之久的滂沱暴雨。小行星的造访又带来了更多的水。所有的水汇集于地表，形成了巨大的海洋。

▼水 生命离不开液态水。如今，水占据了约71%的地表面积。

酝酿生命的水体

许多科学家认为，生命起源于距今38亿年前的深海，因为那里要比致命的地表安全得多。最初的生命很有可能出现在炙热的海底黑烟囱周围，它们以溶解于滚烫的水中的含有丰富养分的化学物质为生。即使在今天，这些滚烫的栖息地仍蓬勃地生长着大量特殊的细菌。

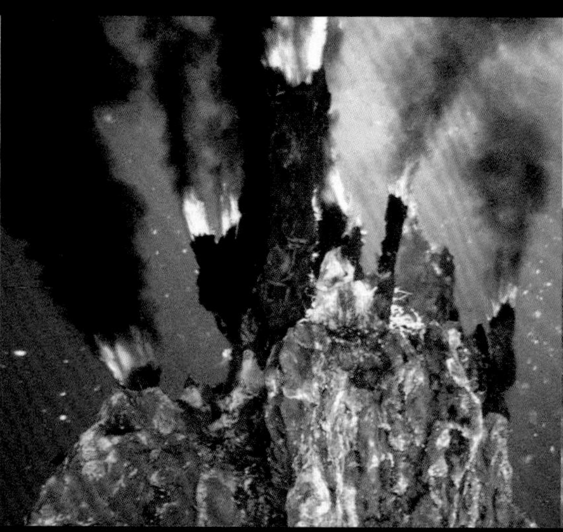

热液中的生命

在位于美国黄石国家公园的大棱镜泉炙热的泉水里生活着一些特殊的细菌。其他有机体都无法在此存活。

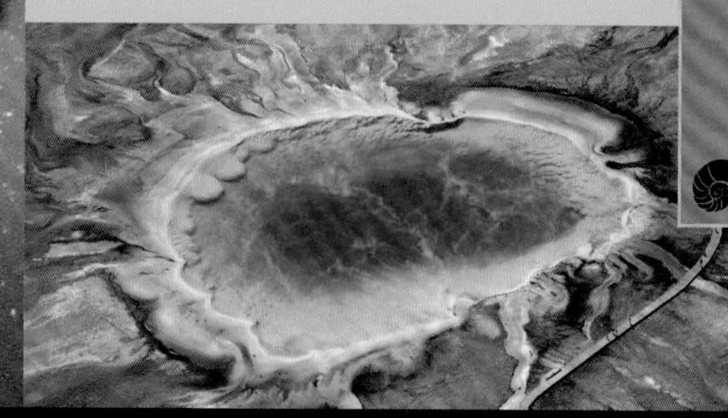

分子复制

地球上最初的生命形式并不是一个完整的生物体，甚至连一个细胞都不算——它只是一种可以进行自我复制的分子。这项工作现在由脱氧核糖核酸（DNA）完成，而DNA并不能在细胞外进行自我复制，因此最初的生命分子肯定是另外一种物质，后来才慢慢演化成DNA。

DNA的分子模式

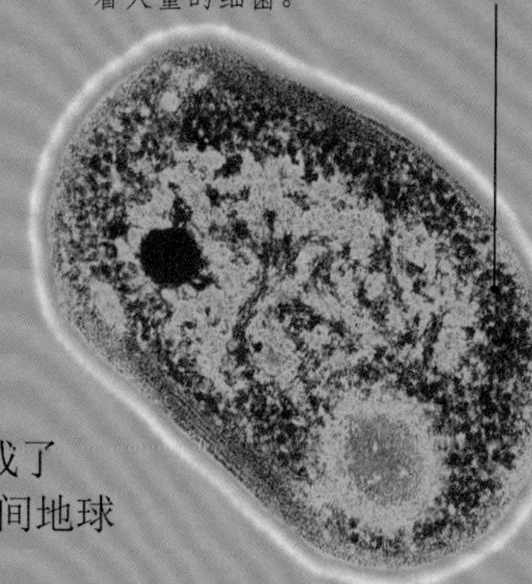

细菌是肉眼看不见的单细胞有机体，你的皮肤上和身体里就存在着大量的细菌。

细菌时代

生命出现后不久，能够进行自我复制的分子在自己周围构建了细胞组织，由此形成了细菌。细菌是此后的30亿年间地球上唯一的生命形式。

真正的幸存者

地球上一些最古老的生命证据来自于叠层石——由细菌菌落形成的岩石状的小丘。叠层石化石可以追溯到距今35亿年前。叠层石中的细菌就像植物一般生活，利用太阳能制造食物并同时释放出氧气。数十亿年间，它们制造出大量的氧气改变了地球的大气构成，从而为依赖氧气的动物的演化提供了条件。

▼活叠层石在世界各地被发现，澳大利亚西部的鲨鱼湾就是其中之一。

叠层石

演化

古生物化石告诉我们，地球上的生命总在不断地变化。随着时间的推移，老的物种消失，演变出新的物种，就像族谱图中出现的新成员。这些老物种逐渐变化而产生新物种的过程，我们称为演化。

自然选择

自然选择是驱动演化的过程。动物和植物会产生很多各有少许不同的后代，它们中只有一部分能够存活至成年。在此过程中，自然选择会保留那些拥有最好特性的个体，使得它们的优良特性能够传承给下一代。

▲产卵的蛙 蛙产下数以百计的卵，但其中只有很小一部分最终能发育为成体。

长颈鹿的脖子

长颈鹿中那些无法够到树顶叶子的个体遭到自然选择的淘汰，最终留下了长脖子的个体。每一代中最高的长颈鹿都获取了最多的食物并拥有最多的后代。随着时间的推移，它们的脖子就变得越来越长了。

看一看——雀科鸣禽的故事

英国博物学家查尔斯·达尔文所搜集的进化论证据极为著名。他在19世纪30年代造访了加拉帕戈斯群岛，发现了一些形体相似，却长着形态各异、适合取食特定食物的喙部的飞禽。达尔文意识到，这些禽类可能都是由很久以前移居到这个岛上的同一个物种演化而来的。

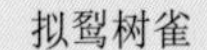

拟䴕树雀

中地雀

植食树雀

莺雀

一个不受欢迎的理论

达尔文提出的进化论观点遭到了人们的嘲笑。当他在1871年提出人类与类人猿有着亲缘关系时，达尔文被人们画成一个长着黑猩猩身体的人。

▼始祖鸟 身披彩羽，但也长着牙齿、爪子和像恐龙一样的长尾巴。

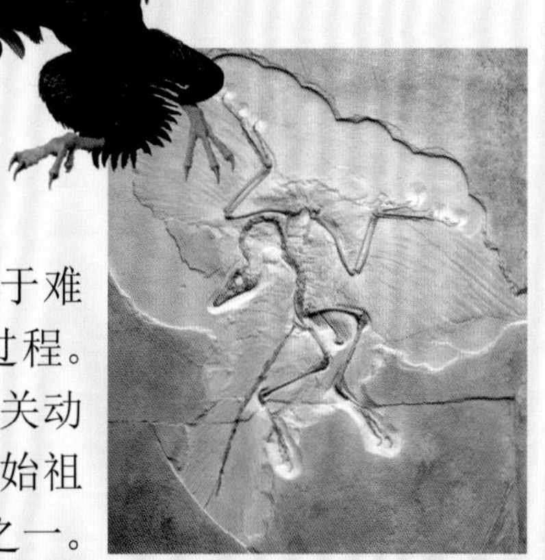

化石证据

达尔文的理论备受讥讽的一个主要原因是化石记录太不完整，以至于难以拼凑出一个完整的逐步的演化过程。然而，一些关键的化石可以表明相关动物族群之间存在的明确关联，例如始祖鸟便是恐龙和鸟类之间缺失的环节之一。

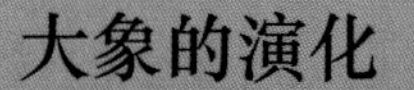

大象的演化

在一些罕见的例子中，化石会为我们揭示出物种逐渐演化的过程。大象属于长鼻类，随着时间的推移，长鼻类动物的体形逐渐变大，并发育出更加粗大的象牙和四肢。不过，这里展示的古生物们也可能并不是大象的直系祖先——它们只是大象族谱中很小的一个分支而已。

人工选择

达尔文意识到，动物饲养者改变动物品种的过程与自然选择十分相似。与其让自然选择保留什么样的动物，不如由饲养者们自己来做选择，达尔文称此过程为人工选择。比如，所有狗的品种都是通过这种方式从它们的野生祖先——狼那里培育出来的。

灰狼

▼狗 今天所有的家犬都拥有一个共同的祖先——狼。

生命的时间轴

地球的历史可以追溯到距今46亿年前这颗星球诞生之时。科学家们将这个漫长的时期分为不同的称为“纪”的时间段，比如生活着大量恐龙的侏罗纪。在这里你可以看到一个显示生命历史的完整的时间轴。

◄美国大峡谷　地球历史上的不同时期常以蕴含化石的岩层来命名，你可以在大峡谷中看到这些古老的岩石层，而越往下的岩层距离现在越久远。

恐龙灭绝于距今6600万年前。

距今5.42亿年前的海洋里出现了一些有着坚硬外壳的无脊椎动物，如三叶虫。它们在奥陶纪依然繁盛。

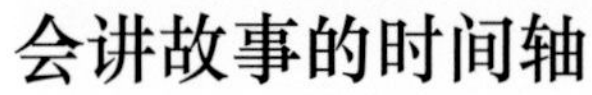

会讲故事的时间轴

我们脚下的岩石埋藏了许许多多久远的线索。一些特定类型的岩石在数亿年间层层沉积，其中每一小层都对应着地球历史上的一个重要时期。

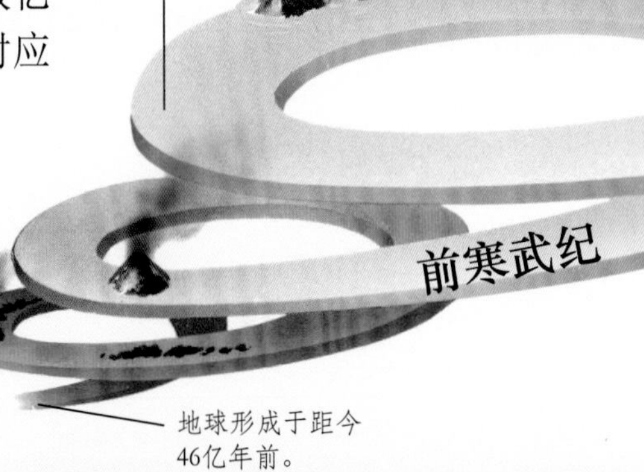

生命起源于距今38亿年前的深海。

► 地球的历史被划分为一个个历时很长的地质年代单位，称为“代”。“代”则可以被划分为较短的地质年代单位“纪”，如侏罗纪和三叠纪。

地球形成于距今46亿年前。

植物于距今4.4亿年前扎根到陆地上。

代和纪

	古生代				
前寒武纪	寒武纪	奥陶纪	志留纪	泥盆纪	石炭纪
距今46亿~5.42亿年前	距今5.42亿~4.88亿年前	距今4.88亿~4.44亿年前	距今4.44亿~4.16亿年前	距今4.16亿~3.59亿年前	距今3.59亿~2.99亿年
	三叶虫附着在海床上（见36~37页）。	海星成为海洋中常见的物种（见40页）。	志留纪晚期的海底生活着伪海百合。	邓氏鱼，一种巨大的掠食者，称霸着当时的海洋（见68~69页）。	蜻蜓和其他昆虫在空中挥动着翅膀（见54~55页）。

侏罗纪
三叠纪
二叠纪
古近纪
泥盆纪
新近纪
冰期
史前生命
距今6600万年前，哺乳类接管了地球，这是因为恐龙灭绝了。
距今1.5亿年前，恐龙演化出了鸟类。
恐龙出现于距今2.3亿年前。
有史以来的第一种脊椎动物——鱼类出现于距今4亿年前，成为海洋的统治者。
距今3.6亿年前，两栖类由鱼类演化而来，并在陆地上散布开来。
距今20万年前，现代人类出现。
中生代
新生代
二叠纪
距今2.99亿~2.51亿年前
异齿龙在它的时代是最可怕的掠食者（见218~219页）。
三叠纪
距今2.51亿~2亿年前
最初的恐龙出现了，艾雷拉龙就是其中之一。
侏罗纪
距今2亿~1.45亿年前
已知最古老的鸟类——始祖鸟出现了（见208~209页）。
白垩纪
距今1.45亿~6600万年前
早期的哺乳类动物都是体形小巧，长得像老鼠的动物（见222~223页）。
古近纪
距今6600万~2300万年前
已知最早的灵长类动物之一——曙猿，出现在这个时期（见277页）。
新近纪
距今2300万年前
我们的类人猿祖先开始行走（见278~281页）。

变化中的星球

地球总是在不断地变化着，陆地在地球表面缓慢地移动，慢慢地改变了地球的外貌。气候从暖到冷，动植物从一个纪进入到下一个纪。科学家将恐龙时代划分为三个纪，其中每一纪都和现今的世界截然不同。

今日的地球

地球上的陆地如今被分为七个称为“洲”的大区域，包括欧洲、非洲、亚洲、北美洲、南美洲、南极洲和大洋洲。所有的陆地仍旧在极其缓慢地移动中——移动速度大概相当于你食指指甲的生长速度。

三叠纪的生命传记

侏罗纪的生命传记

▼侏罗纪 恐龙享受着比三叠纪略为温和的气候。它们展现出勃勃生机，并发育出惊人的巨大体形。

白垩纪的生命传记

◀ 三叠纪 地球上第一只恐龙出现了。那时的恐龙体形都较小，例如这只腔骨龙。它们主要生活在炎热且贫瘠的环境中。

苏铁

三叠纪的生命传记
距今2.51亿～2亿年前

在三叠纪，地球的陆地形成了一个巨大的单一的大陆，称为泛大陆。其中的海岸和河谷绿意盎然，但大部分内陆地区仍旧是沙漠。那时候还没有被子植物，相反，苏铁（类似棕榈树）、银杏、木贼等坚韧的针叶植物蓬勃生长（所有这些我们今天仍能看到）。早期出现的恐龙包括艾雷拉龙、板龙、钦迪龙、腔骨龙和始盗龙等。

▲ 三叠纪的地球 泛大陆开始分裂，特提斯海慢慢把大陆分离开来。

蕨类

侏罗纪的生命传记
距今2亿～1.45亿年前

泛大陆在距今2亿年前分裂成两个大陆，海水淹没了大地，创造出绵延数千里的浅海区域。侏罗纪见证了巨大的植食性蜥脚类恐龙（如腕龙和梁龙）和大型肉食性恐龙（如异特龙）的出现。茂密的森林分布于陆地上，沙漠面积逐渐萎缩。这一时期的常见植物包括针叶树、猴谜树和蕨类植物。

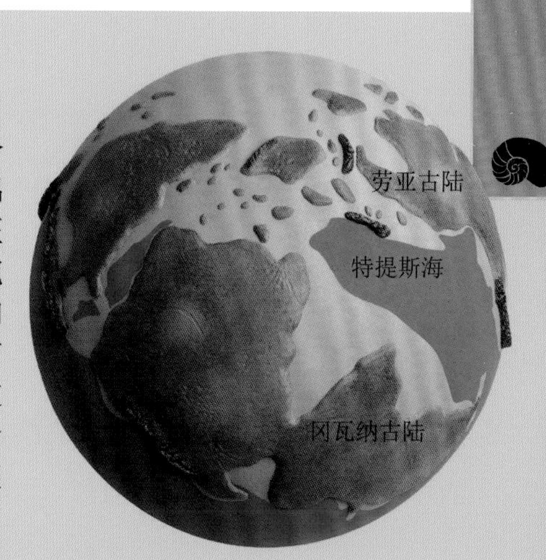

▲ 侏罗纪的地球 泛大陆分裂为南北两部分，北部为劳亚古陆，南部为冈瓦纳古陆，中间以浅海隔开。

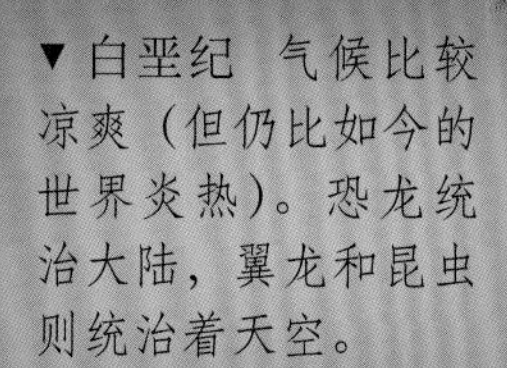

▼ 白垩纪 气候比较凉爽（但仍比如今的世界炎热）。恐龙统治大陆，翼龙和昆虫则统治着天空。

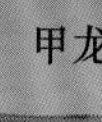

甲龙

木兰

白垩纪的生命传记
距今1.45亿～6600万年前

白垩纪的大陆持续分裂，因此，生活在不同大陆的恐龙开始往不同的方向演化，并产生了很多新的物种。暴龙、三角龙和禽龙都出现了。被子植物也开始崭露头角，早期出现的有木兰和西番莲。茂密的树林中出现了今日仍能看到的树木，比如橡树、枫树、胡桃树和山毛榉等。

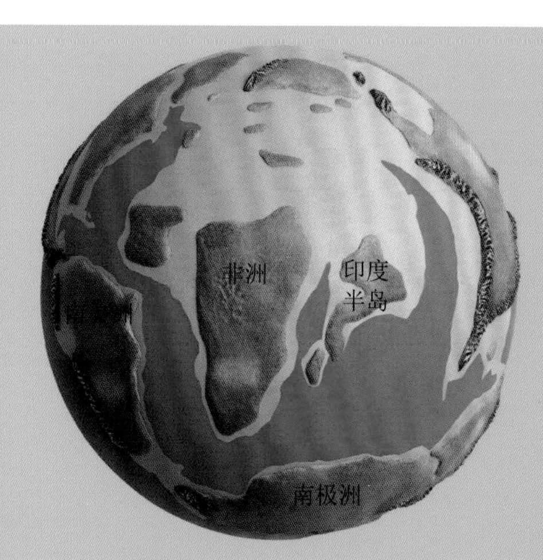

▲ 白垩纪的地球 在白垩纪，大陆板块的构造已经与今日差不了太远。

关于化石的一切

我们关于史前动物的所有知识几乎全部来自于化石，化石是古代动植物遗骸的一种保存形式。英文“fossil”（化石）一词来源于拉丁文“fossilis”(意为“挖掘”)。这个词义揭示出了某些化石被人类发现的途径，当然，绝大多数化石是因为岩层风化、侵蚀而暴露出来的。大部分的动物化石至少已被埋藏了数千万年。

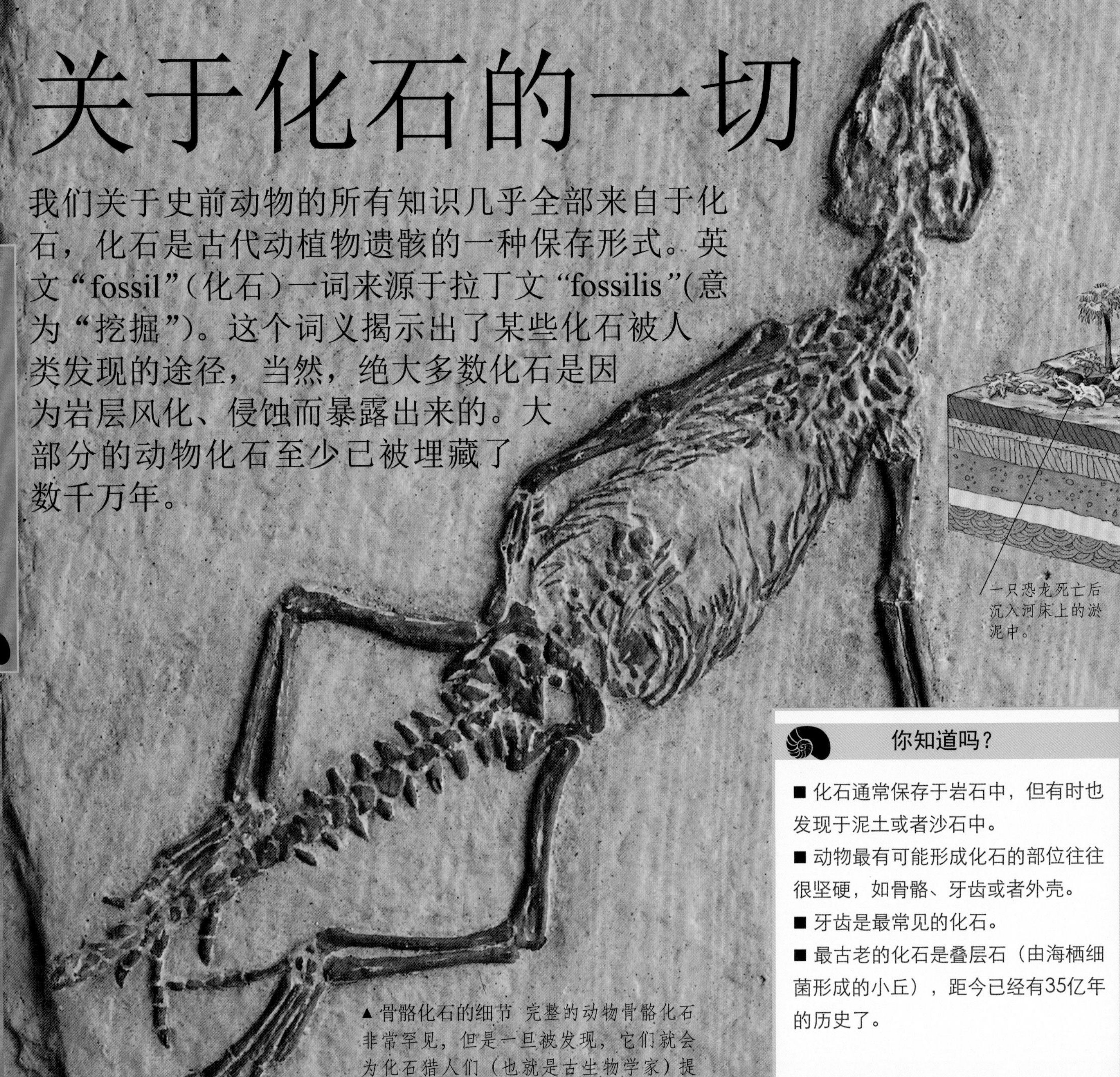

一只恐龙死亡后沉入河床上的淤泥中。

▲骨骼化石的细节 完整的动物骨骼化石非常罕见，但是一旦被发现，它们就会为化石猎人们（也就是古生物学家）提供大量的信息。

你知道吗？

- 化石通常保存于岩石中，但有时也发现于泥土或者沙石中。
- 动物最有可能形成化石的部位往往很坚硬，如骨骼、牙齿或者外壳。
- 牙齿是最常见的化石。
- 最古老的化石是叠层石（由海栖细菌形成的小丘），距今已经有35亿年的历史了。

化石的种类

按照形成的方式，化石被分成几类。当然，所有的化石都需要数百万年的时间才能形成——化石化的过程并不短。

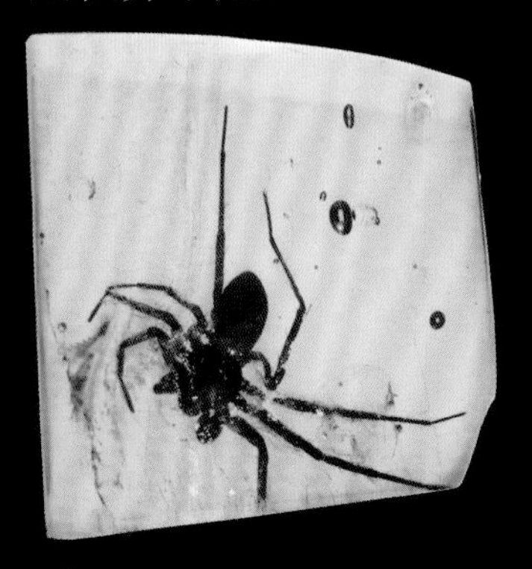

共有保存 如果昆虫或蜘蛛被松树分泌的黏液粘住，它就有可能完整地保存下来。这种树脂化石，也就是保存在琥珀中的生物，动辄都有数百万年的历史。

矿化 恐龙跟人类一样，有着坚硬的骨骼。在漫长的时间里，骨骼部分被矿物质所替代，形成岩石并最终被保存下来。古生物学家必须小心翼翼地除去围岩，才能使化石安全地暴露出来。

能成为化石的都有什么？

化石中几乎发现过所有的生物体遗迹。我们已经出土的化石包括骨骼、皮肤印痕、足迹、牙齿、粪便、昆虫和植物。动物身体中坚硬的部分，如骨骼，则是形成化石最好的原材料。

看一看，什么是古生物学家？

研究化石的人被称为古生物学家。他们会在野外挖掘化石，或者在实验室与博物馆里工作。他们像侦探一样，通过仔细地搜集线索来推断过去发生了什么，从而将新发现更好地对应到生命之树中去。

年复一年，泥土一层又一层地沉积，逐渐掩埋了这具动物遗骸。

这里被一片海洋覆盖，新的泥沙沉积物逐渐形成，这具骨架逐渐变成化石。

数百万年后，海洋消失了。覆盖化石的岩层慢慢被风化，并被冰川侵蚀，使里面的化石逐渐回到地面。

几千年后，冰川消失，此地变成了一片贫瘠的沙漠。

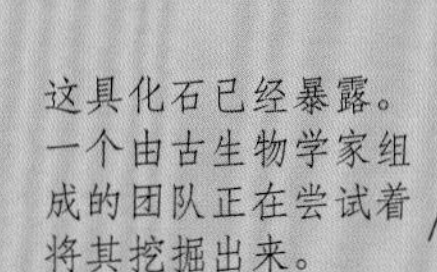

这具化石已经暴露。一个由古生物学家组成的团队正在尝试着将其挖掘出来。

一个缓慢的过程

只有当动物死亡后其遗骸被迅速掩埋才有可能形成化石。所以化石化了的陆地动物遗骸都是那些死于河边，并迅速沉入河底淤泥中，或是死于沙尘暴，很快被沙子掩埋的动物遗骸。以上这5张图显示了恐龙（图中为重爪龙）的骨骼是如何成为化石，并在数亿年后被发现的。

石化木　树干就像骨头一样，可以通过数百万年的矿化作用转化成岩石。石化木看起来仍然像原木，而石化的意思就是“变成石

外模　初始的有机体有时候已经完全分解，但还是在岩石中留下了一个自身的印记，这就是被称为外模的印痕化石。

内铸模　这种化石的形成模式与外模类似，但有机体腐败后余下的空腔随后会被水流中的矿物质等物体填满，有时候还在其中结晶，形成

遗迹化石　在一些偶然的情况下，动物的遗迹也能被保存下来。这些遗迹有可能是它的足迹、巢穴、齿痕甚至是粪便，所有这些都被统称

美国国家恐龙化石保护区

美国国家恐龙化石保护区位于美国犹他州和科罗拉多州交界处，这里发现了大量的恐龙化石。图中是一面裸露的砂岩岩壁，其中蕴藏着约 1500 具恐龙骨骼化石。这些化石可以追溯到距今 1.55 亿～1.48 亿年前。

寻找化石

你可能从电视上看到过寻找化石的过程，甚至曾亲自游览过化石发现地。说不定你还能幸运地寻找到属于自己的化石——在一个有组织的化石挖掘活动中将会有什么样的惊喜呢？

化石猎人的工具箱

研究化石的科学家被称为古生物学家。他们使用一些基本的挖掘工具，比如锤子、凿子和镘刀等把化石挖出地表，刷子则是用来除去化石上的灰尘。

它就在那儿!

每个恐龙化石的发掘过程都不尽相同。有些化石发现于坚硬的岩层中，需要一点一点地凿去外面的围岩；有的则从非常松软易碎的悬崖岩层中掉落出来。发现于沙漠中的豪勇龙（一种植食性恐龙）化石属于后者，古生物学家非常轻易地徒手将其挖掘出来。

发掘化石

古生物学家按以下4种标准将化石分门别类。

- **相铰接的骨架**
  指那些仍然连接在一起的骨架，它们通常很完整，只是缺失了一点极小的骨骼。
- **相关联的骨架**
  这意味着骨架已经有破损并且分开，但它们仍旧可以被认出是属于同一只恐龙。
- **孤立的骨骼**
  一块从骨架上分离出来的单独的骨骼所形成的化石。大块的孤立的骨骼往往有可能是大腿骨（股骨）的一小段。
- **破碎的骨骼**
  它们都是骨骼化石的碎片，也就是说化石已经破碎，而这些碎片通常都太小，以至于难以在研究中起到太大的作用。

▲缓慢的工作 当古生物学家仔细除去骨骼化石周围的无用之物以后，他们利用样方——一种标注了坐标的方格，把每一块骨骼的位置都精心描绘到纸上。

挖掘恐龙

下图是在非洲发现非洲猎龙（兽脚类）和约巴龙（蜥脚类）化石的过程。这些化石的首次发现应归功于当地的部落：他们发现这些石化了的骨骼暴露在沙漠中的岩石上。完整地发掘出一件恐龙化石往往需要几个月的时间，这一次当然也不例外。

◀化石暴露了！艰巨的移除围岩工作历时数周，最终使得每块化石都暴露出来。一支大型考察队投入了此次化石挖掘工作。

◀展现 随着越来越多的围岩被清除掉，骨骼的形态也逐渐清晰起来。这支考察队正在挖掘一件长达9米的兽脚类恐龙化石和一件长达18米的蜥脚类恐龙化石。这些骨头看上去都十分巨大。

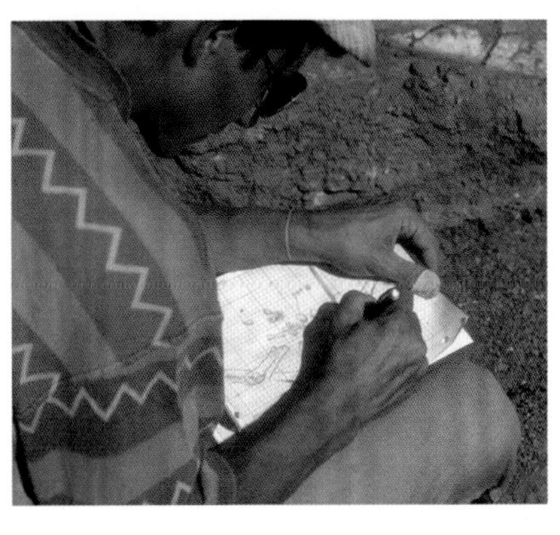

◀埋藏图 一位古生物学家正在绘制一幅最终的详细的骨骼埋藏图。此图很清楚地标示出在岩石包裹下的骨骼是如何在数亿年的时光中逐渐分散开来的。

◀保护起来！一旦这些化石被精心清理之后，其表面就会被覆盖上一层浸泡过溶液的石膏绷带。石膏凝固硬化之后能保护化石，这样化石就可以被安全地送往实验室或博物馆，供科学家做进一步的研究。

这么多骨头

这个地方发掘到的恐龙化石可能要多于其他任何地方。1909～1924年，重达350吨的恐龙化石从位于美国犹他州和科罗拉多州交界处的美国国家恐龙化石保护区发掘出来。这里的骨头可真多啊！

尺寸一览

从鸡一般大小的恐龙到笨重的蜥脚类恐龙，地球上的飞禽、走兽、游鱼，它们的大小、形状有着很大的差异。下面就让我们来看一些例子吧。

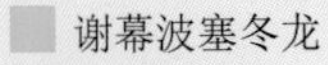

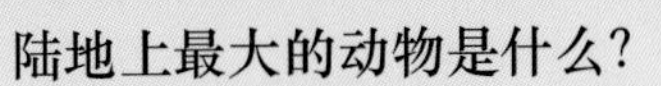

陆地上最大的动物是什么？

有史以来地球上最大的动物可能是一种被称为双腔龙的恐龙。一个多世纪以前，一块孤立的双腔龙脊椎骨化石被人们发现。学者描绘并记录了它，但随后它便神秘消失了。从记录中看，双腔龙可长达40～60米，重达120吨，真是一种令人难以置信的巨型动物。

蓝鲸
■ 身长30米

巨齿鲨
■ 身长20米

鲲鲸（史前齿鲸）
■ 身长可达17米

沧龙
■ 身长15米

离片齿龙
■ 身长12米

非洲象
■ 肩高4米

三角龙
■ 身长9米

人类
■ 有史以来最高的人类高达2.7米

真实档案

左边图片中的动物都是一些大家伙。图片虽然并不完全按比例绘制，但至少可以让我们想象一下：如果将这些动物都聚集到一起会是种什么样的情形？

■ 陆地上最大的杀手

这种名为棘龙的恐龙是陆地上已知最大的食肉动物之一。它的身长可达16米，体重可达12吨（相当于3头成年大象的重量）。

信天翁

■ 最大的飞行动物

哈特兹哥翼龙属于翼龙（一种会飞的爬行类），是有史以来最大的飞行动物之一。它的翼展约11米，有一架小型飞机那么大。与之相比，现生翼展最大的鸟类——漂泊信天翁的翼展只有3.6米。

■ 现生最大的动物

蓝鲸是世界上现生的最大的动物，仅它的心脏就有一辆小汽车那么大。

■ 最小的恐龙

只有鸽子大小的近鸟龙是已知最小的史前恐龙，而古巴吸蜜蜂鸟则是现生最小的鸟类。

无脊椎动物

▲三叶虫 软体无脊椎动物一般不能形成化石，除了那些拥有坚硬外壳的动物，比如三叶虫，它们会留下十分明显的化石记录。某些三叶虫的化石可以追溯到距今5亿年前。

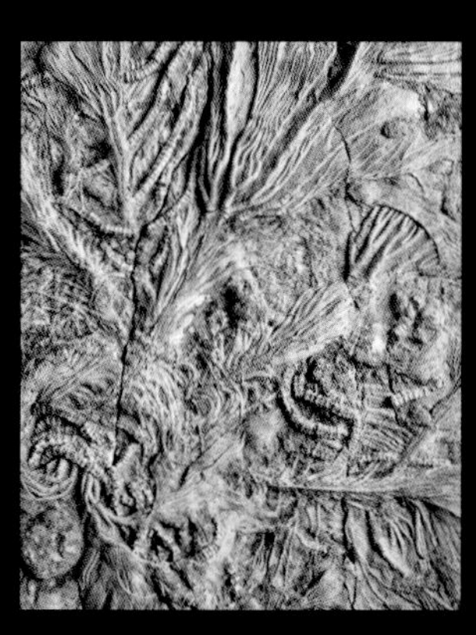

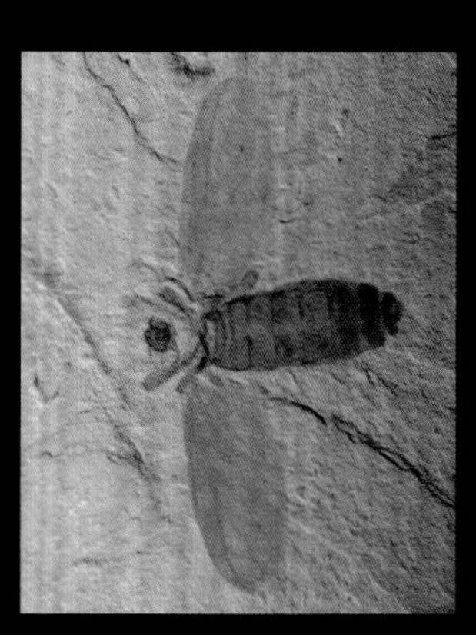

这是一类既没有脊柱，也没有坚硬的内骨骼的动物，是一个形态多样的族群，包括了昆虫、蜘蛛、软体动物、海绵、水母以及蠕虫等物种。

什么是无脊椎动物？

从昆虫到软体动物，从水母到蠕虫，无脊椎动物用庞大的数量征服了我们的地球——它们占据了动物王国97%的席位。除了既没有脊柱，也没有硬质内骨骼外，无脊椎动物的各个类群之间几乎没有共性。

无脊椎动物分为30多个类群，它们包括：

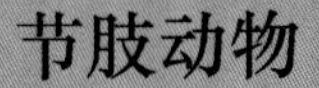

节肢动物

节肢动物包括昆虫、蛛形类（如蜘蛛和蝎子等生物）和甲壳类等。节肢动物是无脊椎动物中数量最为庞大的一个门类，并且占据了已知动物物种的90%。

帝王蝎

◀庭园蜈蚣 一条蜈蚣至少拥有15对足。蜈蚣是捕食昆虫和蜘蛛等猎物的肉食性动物。

▼金花金龟 地球上有超过30万种的甲虫，其中一些有着非常鲜艳的颜色。

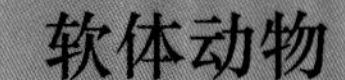

软体动物

从小小的散大蜗牛到大王乌贼，软体动物的形态令人难以置信。大多数软体动物都有一个外壳或部分外壳残余物，但这并不是必需的——章鱼就没有外壳，蛞蝓也没有。

乌贼

▲裸鳃类 这些海洋软体动物常被称为海蛞蝓，它们在幼年时有一个外壳。

▶非洲大蜗牛 这种巨型蜗牛身长可达20厘米。

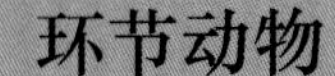

环节动物

环节动物拥有分节的身体，蚯蚓和刚毛虫都属于此类动物。这个族群的成员分布在海水、淡水和陆地上。令人惊奇的是，至今已发现了超过1.2万种环节动物。

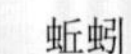
蚯蚓

▲沙蚕 这种动物身体的每一节都长有一对能游泳的疣足。

▶花山蛭 有些水蛭，例如图中这条，会等待路过的动物，靠吸取它们的血液来喂饱自己。

看一看——变态

大多数无脊椎动物从卵中孵化出来时还是幼体的形态，要经过不同的发育阶段才能长为成体，这个过程就是所谓的变态。

◀毛虫 从卵中孵化出来后，毛虫就不停地吃东西，其本职工作就是快速成长。

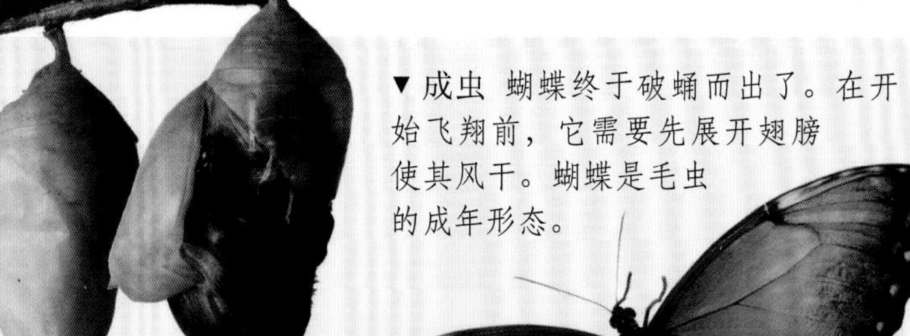

▶化蛹 毛虫周身长出一层坚硬的皮质外壳，并形成一个蛹。不久之后，一只蝴蝶将破蛹而出。

▼成虫 蝴蝶终于破蛹而出了。在开始飞翔前，它需要先展开翅膀使其风干。蝴蝶是毛虫的成年形态。

刺胞动物

这类动物包括水母、珊瑚和海葵等，它们拥有带刺的细胞，称为刺细胞。有些刺胞动物能游泳，其余的则固定在海底，等待漂移过来的食物。

海葵

▶脑珊瑚 有些珊瑚因为长相而得名，比如这个长有很多褶皱的珊瑚。

▼五卷须金黄水母 它们身体的绝大部分是水，如果将其带离水环境，它们的身体很快就会垮塌。

棘皮动物

大多数棘皮动物的身体上都长有非常多的棘，并且几乎全部生活在海底——没有一种棘皮动物能够在淡水中生存。这类动物包括海星、海胆和海参等。它们大多能移动，有的有多达20条管足，但是没有大脑。

多腕葵花海星

▶海参 全世界的海底都能发现这类棘皮动物的踪迹。

▼长棘海星 这是世界上最大的海星，是以珊瑚为食的贪婪的掠食者。它拥有锋利的棘，每一根都可以向猎物注射大量的毒液。

多孔动物

多孔动物也称为海绵。这类动物直到18世纪之前都一直被误认为是植物。事实上，它们是结构非常简单的动物。它们没有胳膊，没有腿，没有头，也没有感觉器官，只拥有简单的袋状或筒状身躯。它们常吸附在海底，靠从海水中过滤食物维生。

◀褶边美丽海绵 海绵的种类成千上万，其中一些的颜色缤纷多彩。

▼象耳海绵 有一些海绵长得非常巨大。这只海绵已高达1米，并且仍在生长。

最早的动物

化石记录显示动物大约出现于距今6亿年前。最早期的动物都生活在黑漆漆的海底，它们拥有非常简单的盘状或叶状的柔软躯体，以海水中的营养物质或微粒为食。这些奇异的生物没有腿，没有头，没有嘴，没有感觉器官，甚至没有内脏。

最初的生命

将近90%的地球历史中，并没有动物或植物的存在。在漫长的前寒武纪，唯一的生命形式便是微型的单细胞生物。它们有的生活在海底，并随着时间的推移形成团状的小丘——叠层石，如今它们依然存在。

澳大利亚的活叠层石

查恩海笔

- **时期** 距今5.75亿～5.45亿年前
- **化石发现地** 英国、澳大利亚、加拿大、俄罗斯
- **栖息地** 海底
- **身长** 0.15～2米

查恩海笔的化石发现于1957年，一位学生发现了这种奇妙的化石并引起了巨大的轰动——它存在于一块被认为过于古老，以至于不可能埋藏有动物化石的石头中。查恩海笔形似羽毛，由一个枝干固定并生长在海底，以滤食水中的微生物为生。它的主体部分呈条纹状，由一排排的枝桠组成。有些专家认为它的身体可能寄生藻类而呈绿色，并可进行光合作用。

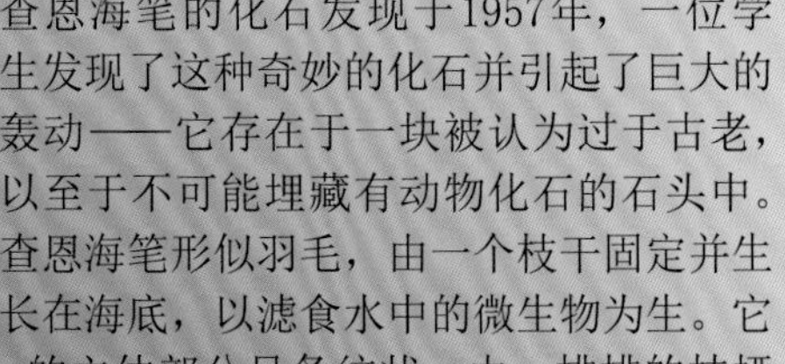

查恩海笔

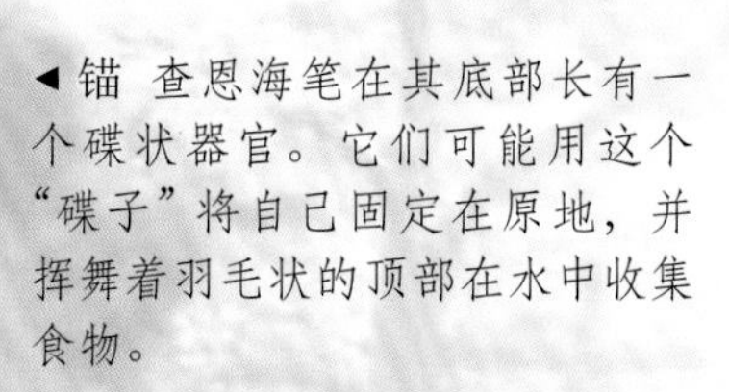

◀锚 查恩海笔在其底部长有一个碟状器官。它们可能用这个“碟子”将自己固定在原地，并挥舞着羽毛状的顶部在水中收集食物。

斯普里格蠕虫

- **时期** 距今5.5亿年前
- **化石发现地** 澳大利亚、俄罗斯
- **栖息地** 海底
- **身长** 3厘米

斯普里格蠕虫可能是最早拥有前端与尾端的动物。它甚至有一个长着眼睛和嘴巴的头部，这表明它可能是最早的掠食者。有些科学家认为它是一种早期的三叶虫，但也有人认为它属于蠕虫。

▲体节 化石显示斯普里格蠕虫的身体由很多体节构成。大部分体节都以不同的形态弯曲，这表明它拥有一个柔韧的身体。

你知道吗？

1946年，一位名为拉格·斯普里格的科学家在澳大利亚的埃迪卡拉山野餐时，发现了一块看上去很像水母的化石。谁知这却揭开了一项惊人的发现——它们是世界上最古老的动物化石群！其中一种化石便以他的名字“斯普里格”来命名，而所有与其同时期的化石都被称为埃迪卡拉动物群。

狄更逊虫

- **时期** 距今5.6亿～5.55亿年前
- **化石发现地** 澳大利亚、俄罗斯
- **栖息地** 海底
- **大小** 跨度1～100厘米

狄更逊虫是最为奇妙的埃迪卡拉化石之一。它是一个圆而平滑的有机体，似乎有明显的前端和尾端，但没有头、嘴和肠。研究表明，狄更逊虫一般固定在海底，通过它的底座来吸取食物。

▲狄更逊虫的化石通常呈椭圆形，有着向外延伸的瓣状结构，并在其躯体中间形成中央沟。目前科学家已发掘到数百件大小各异的狄更逊虫化石。

环轮水母

- **时期** 距今6.7亿年前
- **化石发现地** 澳大利亚、俄罗斯、中国、墨西哥、加拿大、挪威及不列颠群岛
- **栖息地** 海底
- **大小** 跨度2.5～30厘米

神秘的环轮水母曾因其圆形外观而被误认为是海蜇，而那些曾与其比邻而居的海底生物的化石都奇形怪状。有些科学家认为环轮水母只是一种微生物族群，或只是其他一些更大型的生物用来把自己固定在海底的“锚”。

帕文克尼亚虫

- **时期** 距今5.58亿～5.55亿年前
- **化石发现地** 澳大利亚、俄罗斯
- **栖息地** 海底
- **大小** 跨度1～2.5厘米

帕文克尼亚虫拥有一个盾形前端，如果以现生动物的形态来看，你可能会把那当作它的头。它的一条中脊将身体分成左右两部分。大部分帕文克尼亚虫的化石都保存得较为完整，这表明它身体的外侧可能长有硬壳。

寒武纪生命大爆发

距今约5.3亿年前，新物种在海洋中大量涌现，这其中包括了最早拥有明显腿部、头部、感觉器官、骨架和外壳的动物。今天所有的无脊椎动物种类似乎都在此时蜂拥而出，同时出现的还有一些无比怪异的生物。科学家们称这次神秘的新生命爆发事件为“寒武纪生命大爆发”。

奇虾

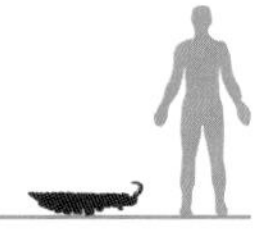

- **时期** 距今5.05亿年前
- **化石发现地** 加拿大、中国南部
- **栖息地** 海洋
- **身长** 可达1米

奇虾（见下图）是加拿大伯吉斯页岩骨床中发现的体形最大的动物，它看上去就像一只巨大的虾子。研究者认为它是寒武纪海洋中的顶级掠食者，用长在头部的两只多刺的巨爪捕捉三叶虫等猎物。它没有腿，但可以利用弯曲多节的身体和身体两侧的桨状叶来游动。巨大的复眼说明它有着出众的视力，这对觅食非常重要。

威瓦西虫

- **时期** 距今5.05亿年前
- **化石发现地** 加拿大
- **栖息地** 海底
- **身长** 3～5厘米

威瓦西虫周身长满保护性的硬刺和层层叠叠的骨甲，这使它看上去就像是一只披着盔甲的小刺猬。它的嘴巴位于没有任何保护的肥大底面，嘴中长着两三排锐利的圆锥状牙齿，可能用于从海床上搜刮海藻。威瓦西虫并没有明显的头部和尾部，很可能不能视物，而只通过嗅觉和触觉寻找前进的方向。

▲这件威瓦西虫化石出土于加拿大伯吉斯页岩骨床，大约有5亿年的历史。威瓦西虫背上盔甲般的骨板被称为硬壳片。

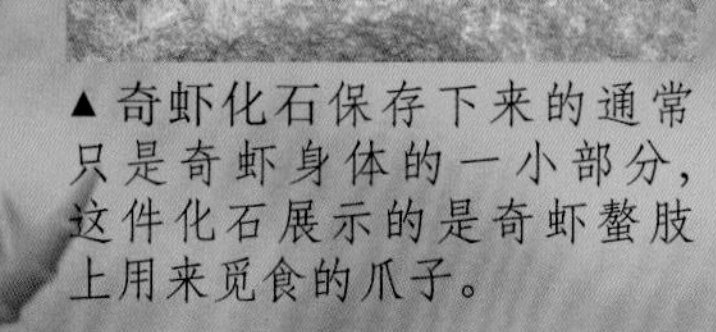

▲奇虾化石保存下来的通常只是奇虾身体的一小部分，这件化石展示的是奇虾螯肢上用来觅食的爪子。

伊克马托始海百合

- **时期** 距今5.05亿年前
- **化石发现地** 加拿大
- **栖息地** 海洋
- **大小** 除腕外最宽处达3厘米

伊克马托始海百合附着在海底上生活，其圆锥状的躯干顶端长着7～9条状似小树枝的腕，躯干表面则由一块块保护性骨板所覆盖。伊克马托始海百合首次被发现时，科学家以为它可能是海星的近亲，但它并没有海星家族特有的五辐对称结构。有些研究者则认为它是珊瑚的一种。

奥托亚虫

- **时期** 距今5.05亿年前
- **化石发现地** 加拿大
- **栖息地** 海洋
- **身长** 4～8厘米

奥托亚虫属于蠕虫类，由于居住在U形洞穴中，它的化石常常呈现弧形。它的口部被细小的钩状物覆盖，并可以像袜子一样内外翻动来捕食海底淤泥中的小动物。奥托亚虫化石内脏中的食物残渣告诉我们，这种动物会同类相食，靠捕猎同类和吮吸小型贝类为生。奥托亚虫是中寒武世最常见的动物之一，现已发现了约1500件化石标本。

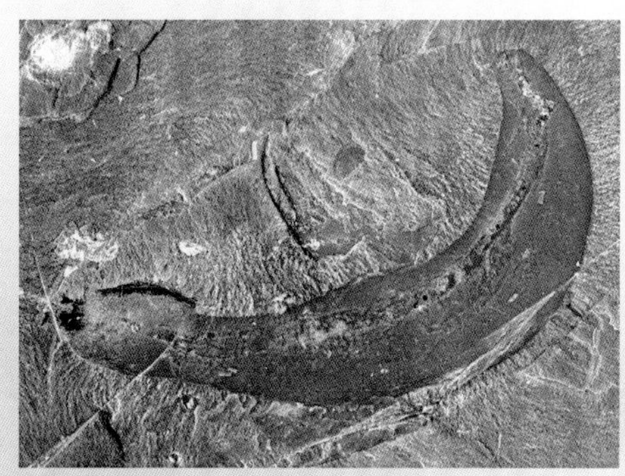

奥托亚虫化石

怪诞虫

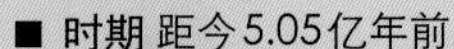

- **时期** 距今5.05亿年前
- **化石发现地** 加拿大、中国
- **栖息地** 海洋
- **身长** 可达2.5厘米

怪诞虫是寒武纪长相最奇特的动物之一。其躯体的一端长着一个可能是头部的团状物，但上面并没有嘴或眼睛，因此也可能只是化石上的杂质，而非其身体的一部分。它蠕虫样的躯体上长着数排锐利的骨刺和多肉的触手。科学家们一开始以为这些骨刺是怪诞虫的腿，但现在他们认为那些肥胖多肉的触手才是怪诞虫的腿部，尽管它们没有成对分布。

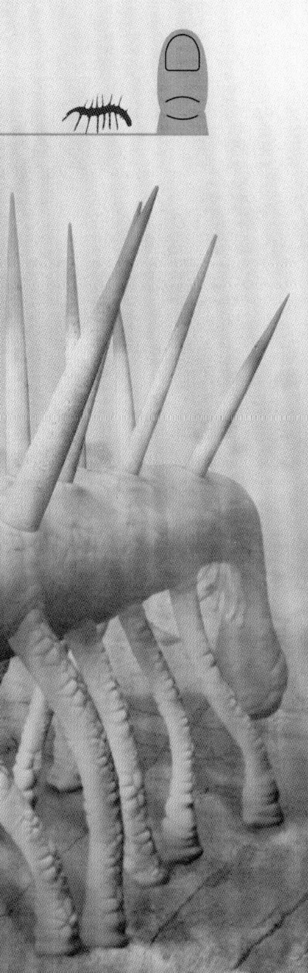

你知道吗？

这些化石都出自于加拿大落基山脉的伯吉斯页岩骨床。在这个著名的位于山顶的化石点上，遍布着成百上千保存完好的动物化石，其历史可回溯到动物出现之始。伯吉斯页岩内蕴藏着许多动物躯体软组织的印痕化石，这通常都是极难化石化的部位。这些神奇的化石告诉我们，早在5亿多年前，无脊椎动物类群就已经十分丰富了。

欧巴宾海蝎

作为有史以来最古怪的史前动物之一，欧巴宾海蝎有5只带柄的眼睛、一只修长灵活的鼻子（能吸吮、取食、觉触的管状器官）和一个长在鼻末端的大爪。这种跟老鼠差不多大小的海洋生物使用长鼻子的方法可能跟大象差不多，它们用鼻末端的大爪抓起食物放进口中。

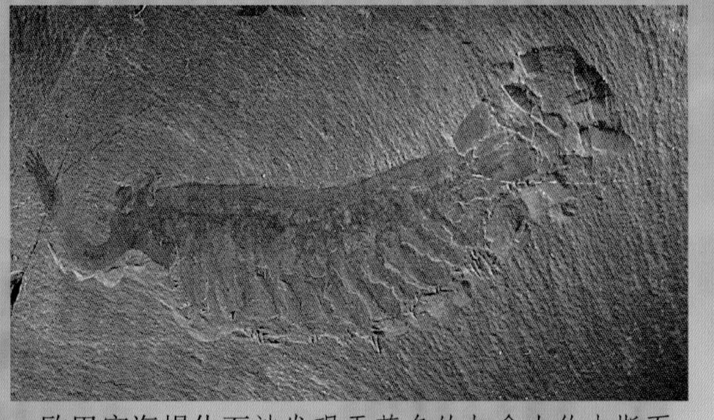

▲欧巴宾海蝎化石被发现于著名的加拿大伯吉斯页岩骨床。伯吉斯页岩内蕴藏着令人惊叹的保存有清晰印痕的软体动物化石。距今约5亿年前的寒武纪时期，这些柔软的动物躯体被埋藏在海底淤泥中。

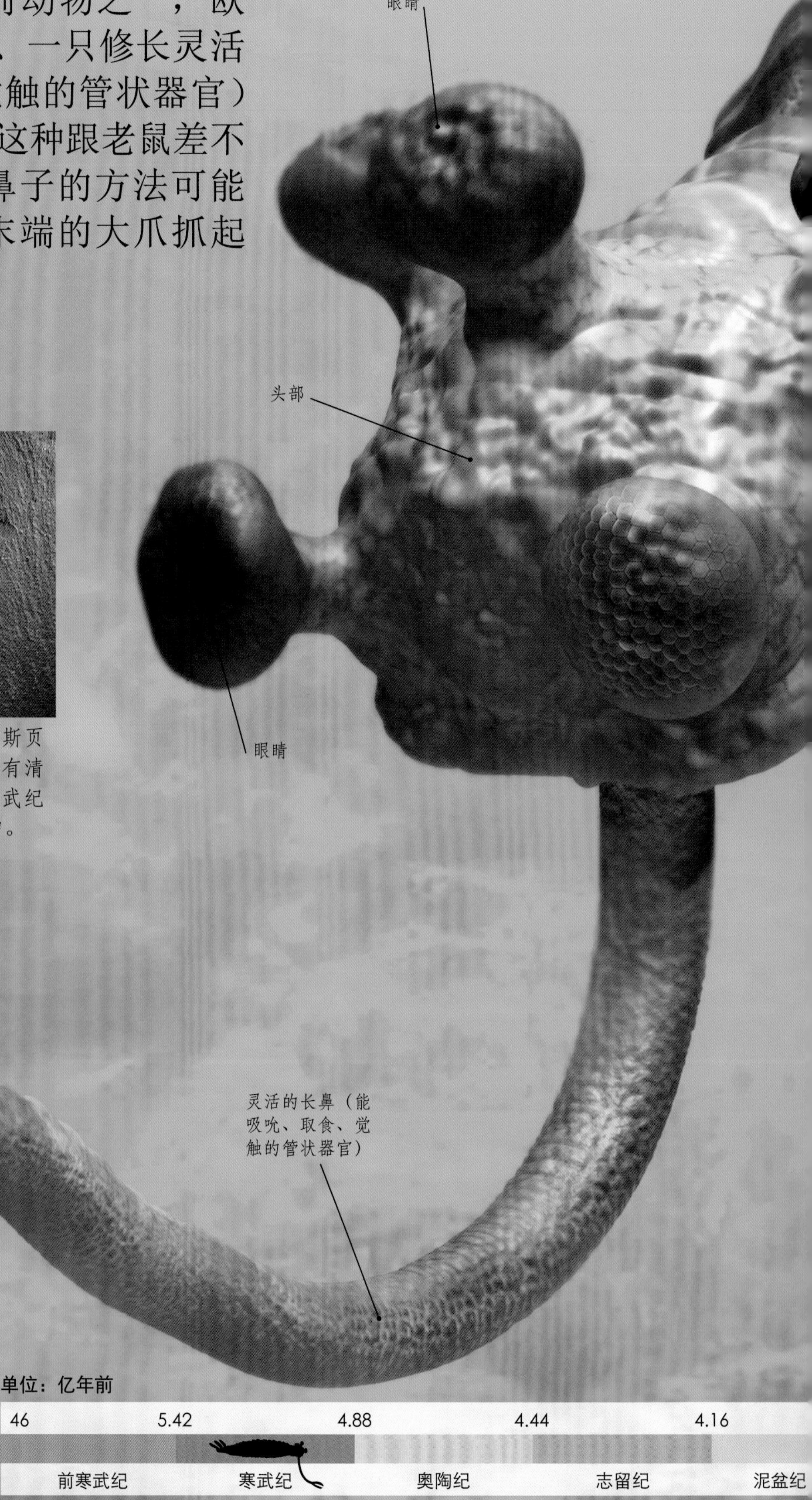

单位：亿年前

46	5.42	4.88	4.44	4.16
前寒武纪	寒武纪	奥陶纪	志留纪	泥盆纪

欧巴宾海蝎

- **时期** 距今5.15亿～5亿年前
- **化石发现地** 加拿大
- **栖息地** 海床附近
- **身长** 6.5厘米

科学家们认为欧巴宾海蝎的身体由16节两侧长有片状物的体节构成，其腹侧还有用于在水下呼吸的鳃。科学家们认为这种动物生活在海床附近，利用它的长鼻在淤泥中寻找食物。它既没有双颚也没有牙齿，所以大概只能以柔软的东西为食。尽管欧巴宾海蝎看上去与所有现生动物和史前动物全然不同，但是科学家认为它是节肢动物的亲戚。

59	2.99	2.51	2	1.45	0.66	0.23	现代
石炭纪	二叠纪	三叠纪	侏罗纪	白垩纪	古近纪	新近纪	

马尔虫

距今5亿多年前，这种体形袖珍、形似虾类的马尔虫在海床上劳碌奔波着，在游动的同时还努力挪动着多达50条羽状肢来寻找动物尸体为食。马尔虫出现于寒武纪大爆发时期，在那段短暂的时间里，大自然演化出了数量极其惊人的新物种。

盾壳

马尔虫

- **时期** 距今5.15亿～5亿年前
- **化石发现地** 加拿大
- **栖息地** 海床
- **身长** 2厘米

马尔虫的头部由一个大大的盾状硬壳保护着，这个可能多彩的硬壳上长着4根向后伸展的“长钉”。盾状壳下方则是它柔软灵活的躯体。科学家认为马尔虫的躯干由25节体节组成，每节体节上长着一对羽状肢，这些羽状肢同时也是其用于水下呼吸的“鳃”。它的头部长着两对细长灵活的触角。马尔虫是最早的节肢动物之一。现生的节肢动物包括昆虫、蜘蛛和其他长有外骨骼的动物。

触角

▸ 海床上的搜寻者 马尔虫很可能紧贴海床游动，利用它长长的触角在淤泥间搜寻食物。

单位：亿年前

46	5.42	4.88	4.44	4.16	3.59	2.99	2
前寒武纪	寒武纪	奥陶纪	志留纪	泥盆纪	石炭纪	二叠纪	

◀ 改变体色 对马尔虫化石的研究表明，它的体表颜色就像肥皂泡或蝴蝶翅膀一样，可随角度、位置和光线的改变而改变。

▲ 保存在淤泥中 加拿大已经发现了超过1.5万件马尔虫化石，这些化石都存在于被称为页岩的岩层中，它们形成于海底淤泥。

三叶虫

作为与现生昆虫、潮虫和螃蟹有亲缘关系的史前动物，三叶虫早在5亿年前便出现在古代海洋之中。世界上曾存在过超过1.7万种三叶虫，从跳蚤大小，到约有这本书两倍大的恐怖“怪物”，其体形跨度非常大。大多数三叶虫在海底活动，寻找食物，但也有少数在水中游弋、漂浮。

双切尾虫

- **时期** 距今3亿～2.51亿年前
- **化石发现地** 北美洲、欧洲、亚洲、澳大利东部
- **栖息地** 海底
- **身长** 2.5～3厘米

双切尾虫生活在恐龙时代开始前的三叶虫繁盛时期的末期，它的体节外包裹着由层层骨板形成的坚硬的外骨骼。在坚硬的外壳下，每节体节上都长着一对弯曲的附肢。它的头部由一个巨大的盾状外壳所保护，并长着向后弯曲的长刺，很可能还有一对灵敏的触角，用来探查行进路线和寻找食物。

家族真实档案

主要特征

- 头部有盾壳
- 分节的三叶状躯体
- 大部分有复眼
- 外骨骼

时期

三叶虫最早出现于5.26亿年前的寒武纪，并灭绝于距今2.51亿年前的晚二叠世。

始小达尔曼虫

- **时期** 距今4.65亿年前
- **化石发现地** 法国、葡萄牙、西班牙
- **栖息地** 海底
- **身长** 可达4厘米

与大部分三叶虫一样，始小达尔曼虫长着大大的眼睛并视力超群。三叶虫是最早演化出复杂的眼部结构的动物之一，它们的眼睛可能由许多细小的晶状体集合而成，并呈蜂巢状，与现生昆虫的复眼非常相似。始小达尔曼虫长着独具特色的豆状眼。它长长的身体呈锥形，尾部位于锥形顶端，并长着短短的小刺。

角盾虫

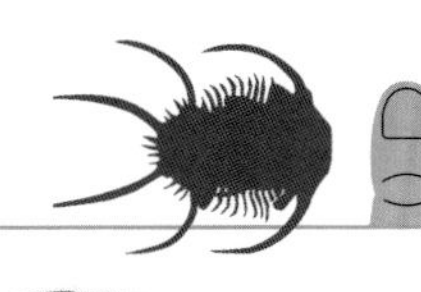

- **时期** 距今3.8亿～3.59亿年前
- **化石发现地** 摩洛哥
- **栖息地** 海底
- **身长** 6.6厘米

许多三叶虫拥有令人惊叹的骨刺和角状物，角盾虫便是其中的一种。科学家们普遍认为这些刺状武器或许是用来对抗掠食者的，但也有理论认为它们是三叶虫为求偶争斗而演化的结果，类似于现生独角仙头上的大角。

骨刺

彗星虫

- **时期** 距今4.44亿年前
- **化石发现地** 世界各地
- **栖息地** 海底
- **身长** 可达5厘米

这种小型三叶虫的盾甲上长着许多用以保护脑袋的浆果状突起。彗星虫的眼睛很有可能长在一个短短的茎状突起的末端。它一生的大部分时间可能都躲藏在海床上的淤泥中，只把眼睛露出泥浆表面。

镜眼虫

- **时期** 距今3.8亿～3.59亿年前
- **化石发现地** 欧洲、非洲、北美洲及澳大利亚
- **栖息地** 海底
- **身长** 可达6厘米

镜眼虫有跟始小达尔曼虫结构相似的卓越的眼睛。它凸出的双眼给了它开阔的视野，表明它居住在如浅海般光线充足的海域中。作为最常见、分布范围最广的三叶虫，镜眼虫化石已发现于欧洲、非洲、北美洲和澳大利亚。地质学家甚至还会用它的化石来粗略鉴别其所在岩层的年代。

▸ 快卷起来！
镜眼虫在受到袭击时会将身子紧紧蜷曲呈球状，以保护其柔软的腹部。这样的行为与现生潮虫十分相似。

圆月形镰虫

圆月形镰虫是一种常见的三叶虫，它生活在冈瓦纳古陆沿海的冷水区域中。这片辽阔的史前大陆后来分裂形成南美洲、非洲和大洋洲。圆月形镰虫有着又长又弯的刺，这使得其化石极具观赏性，因而成了化石收藏者的宠儿。

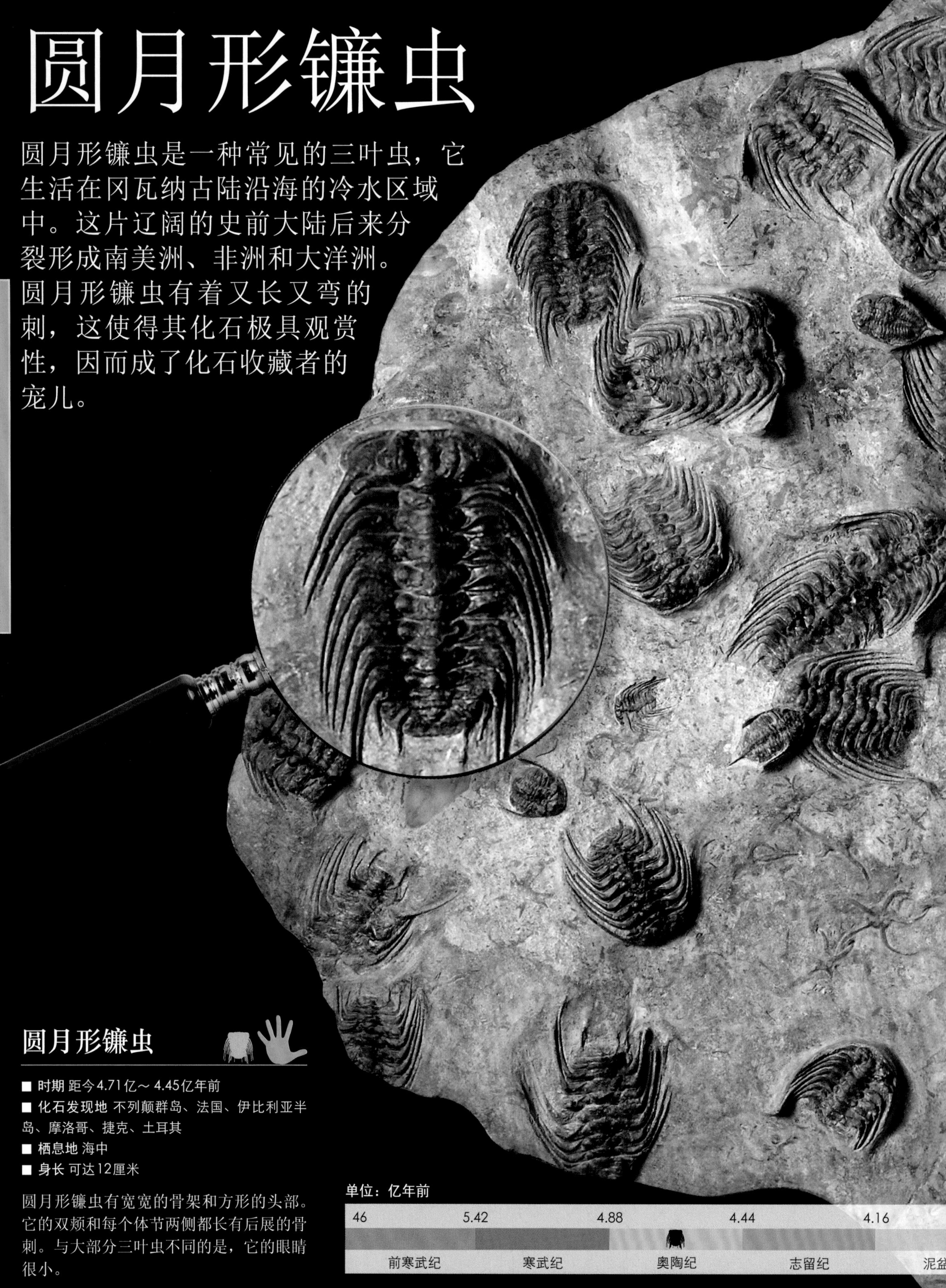

圆月形镰虫

- **时期** 距今4.71亿～4.45亿年前
- **化石发现地** 不列颠群岛、法国、伊比利亚半岛、摩洛哥、捷克、土耳其
- **栖息地** 海中
- **身长** 可达12厘米

圆月形镰虫有宽宽的骨架和方形的头部。它的双颊和每个体节两侧都长有后展的骨刺。与大部分三叶虫不同的是，它的眼睛很小。

◀ 多刺的三叶虫 这块奇妙的岩石上不仅仅保存着圆月形镰虫化石，还包括了另外两种三叶虫（一种体形较大而无刺，另一种体形较小且长有尾刺）和许多海星。你能不能把它们都找出来呢？

3.59 2.99 2.51 2 1.45 0.66 0.23 现代

石炭纪 二叠纪 三叠纪 侏罗纪 白垩纪 古近纪 新近纪

棘皮动物

我们在海边见到的海星和海胆都属于一个古老的海生动物族群——棘皮动物。棘皮动物的身体常呈圆形或星形，长着细小的管足，没有头部也没有大脑。棘皮动物化石告诉我们，这类动物的外形自远古起就没有太大的变化。

石莲用黏糊糊的羽状臂捕捉食物，这些羽状臂在遇到掠食者袭击时会迅速紧缩以求自保。

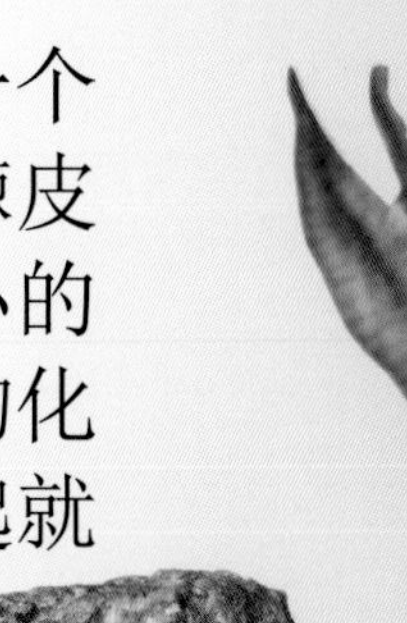

石莲化石

家族真实档案

主要特征

- 身体分为5等份，围绕中心圆盘呈辐射对称分布
- 底部有数排细小的吸盘样足
- 身体不分前后，无头无脑

时期

棘皮动物最早出现于距今约5.3亿年前的寒武纪。直至今日，仍有超过7000种棘皮动物生存于世界各地的海洋中。

石莲

- **时期** 距今2.35亿～2.15亿年前
- **化石发现地** 欧洲
- **栖息地** 浅海
- **大小** 冠长4～6厘米

石莲利用一个茎状物附着于海底，用它的10只羽状臂捕食水中漂过的小型生物。它们用臂上的黏液粘住这些小型生物后，再用细毛将其扫入位于身体中央的口中。石莲属于棘皮动物中的海百合类，海百合类动物迄今依然生存在海洋中。

盾角海胆

- **时期** 距今1.76亿～1.35亿年前
- **化石发现地** 欧洲、非洲
- **栖息地** 穴居于海底
- **大小** 跨度达5～12厘米

盾角海胆属于海胆类，它有着与现生海胆一样的圆形硬壳，分为5瓣且呈星形排列，其外壳上长满棘。与大部分海胆又硬又尖的棘不同，盾角海胆的棘像是柔软的毛刺。它通过在海底淤泥中挖洞来"顺便"觅食。

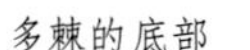

多棘的底部

五角海星

- **时期** 距今2.03亿～1亿年前
- **化石发现地** 欧洲
- **栖息地** 沙床
- **大小** 跨度达12厘米

五角海星生活在恐龙时代，它跟现生海星十分接近——长着5条腕，口位于腹侧中央，腕上有两排管足。但与现生海星不同的是，它的管足不具备吸盘的功能，不能用来打开贝壳。

半头帕海胆

■ **时期** 距今1.76亿～6600万年前
■ **化石发现地** 英国
■ **栖息地** 岩性海床
■ **大小** 含棘直径20厘米，不含棘直径2～4厘米

半头帕海胆的化石外包裹着无数隆起物，它那些长达8厘米的可怕长棘就曾附着其上。这些长棘的附着基点都十分灵活有弹性，可以让半头帕海胆通过活动肌肉来移动长棘。它栖息在海床上，利用基底那布满黏液的管足匍匐行进。

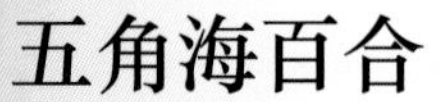

长棘的附着点

现生亲戚

海胆是小型球状动物，通常长着蜇人的硬棘，有的还具有毒性，用以抵御掠食者的侵袭。它利用数十只短小的布满黏液的管足在海床上匍匐爬行。

五角海百合

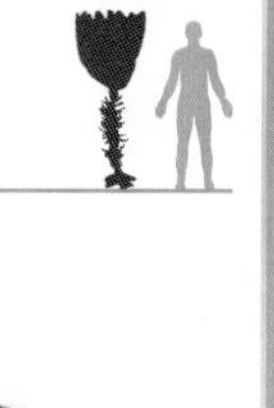

■ **时期** 距今2.08亿～1.35亿年前
■ **化石发现地** 欧洲
■ **栖息地** 外海
■ **大小** 臂长可达80厘米

五角海百合是海百合的一种，它跟一个成年男性差不多高，利用茎状物固定自己，用羽状臂捕获食物。它那数以百计的茂密的长臂使其看上去更像是一株美丽的植物而非动物。它的化石通常与木化石一同被发现，这表示它们很可能将自己附着在海中的浮木上。

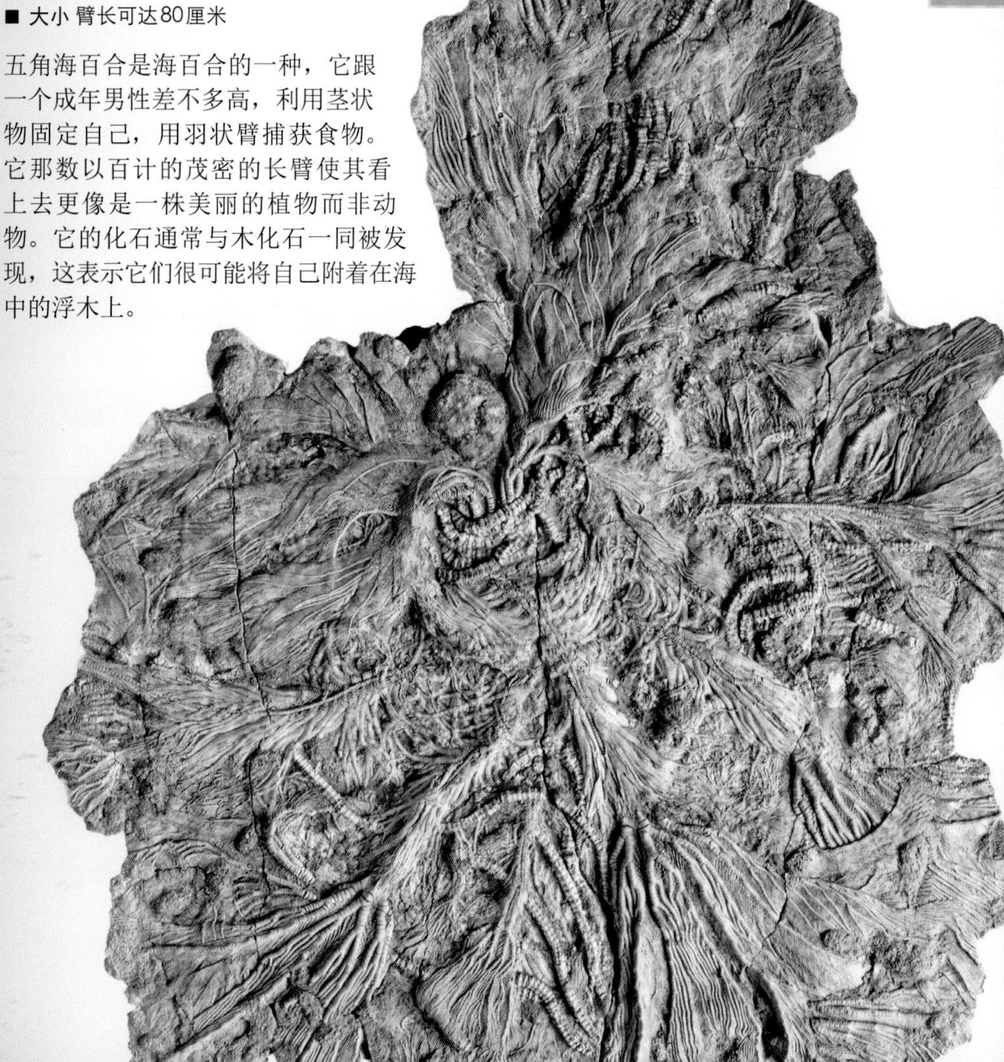

蛇尾

蛇尾不是鱼类，而是无脊椎动物，与海星和海胆有着亲缘关系。不管在海床的哪个角落，你都有可能发现这种形似星状、腕细长的动物那蜿蜒爬行的身影。因为它拥有特殊的会摇摆的腕，也被称为蛇海星。古蓟子便是一种原始的蛇尾，为了躲避掠食者，它很可能像现生蛇尾一样，白天躲藏在珊瑚与岩石间，只在夜晚出外觅食。

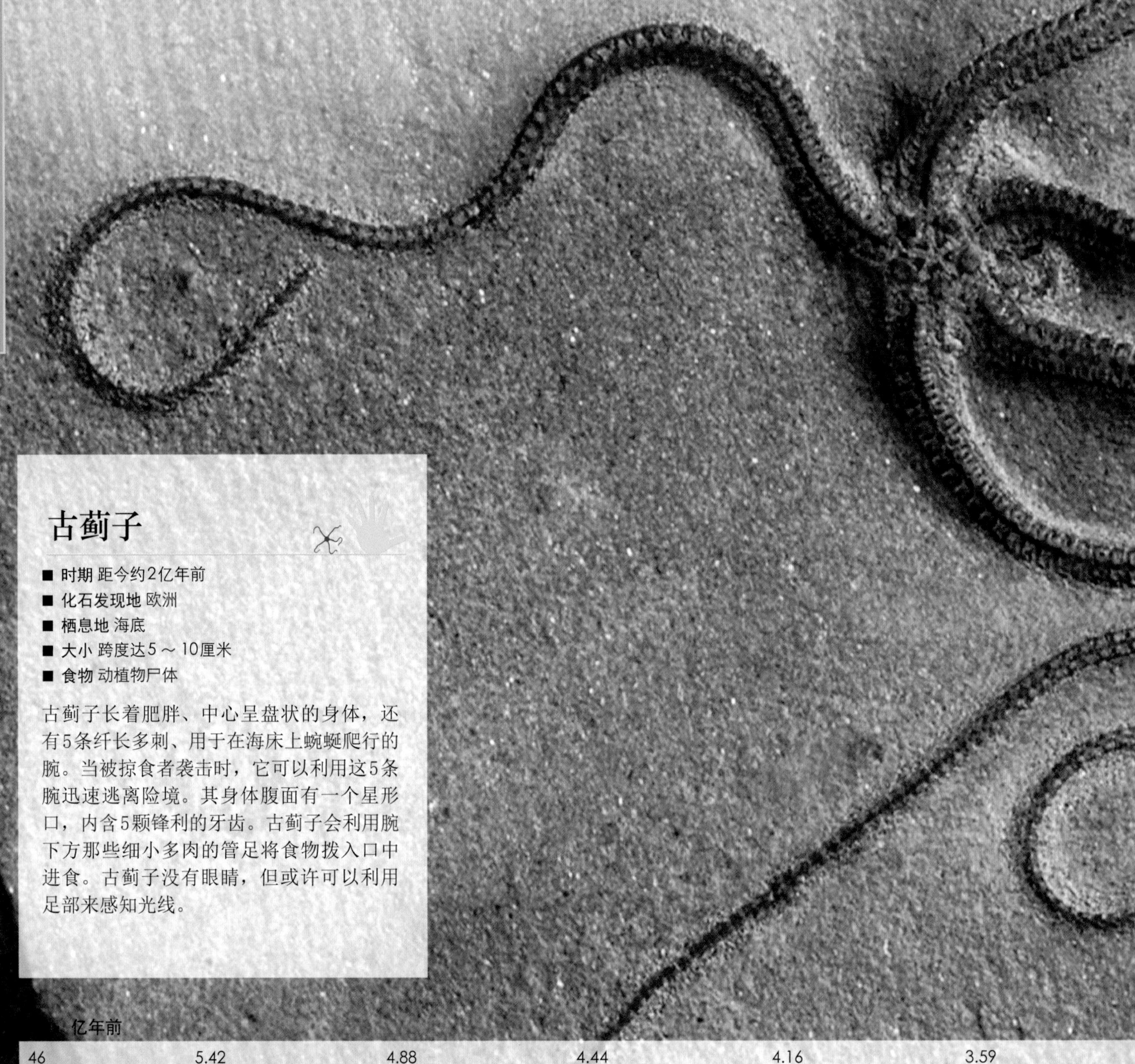

古蓟子

- **时期** 距今约2亿年前
- **化石发现地** 欧洲
- **栖息地** 海底
- **大小** 跨度达5～10厘米
- **食物** 动植物尸体

古蓟子长着肥胖、中心呈盘状的身体，还有5条纤长多刺、用于在海床上蜿蜒爬行的腕。当被掠食者袭击时，它可以利用这5条腕迅速逃离险境。其身体腹面有一个星形口，内含5颗锋利的牙齿。古蓟子会利用腕下方那些细小多肉的管足将食物拨入口中进食。古蓟子没有眼睛，但或许可以利用足部来感知光线。

亿年前

46	5.42	4.88	4.44	4.16	3.59
前寒武纪	寒武纪	奥陶纪	志留纪	泥盆纪	石炭纪

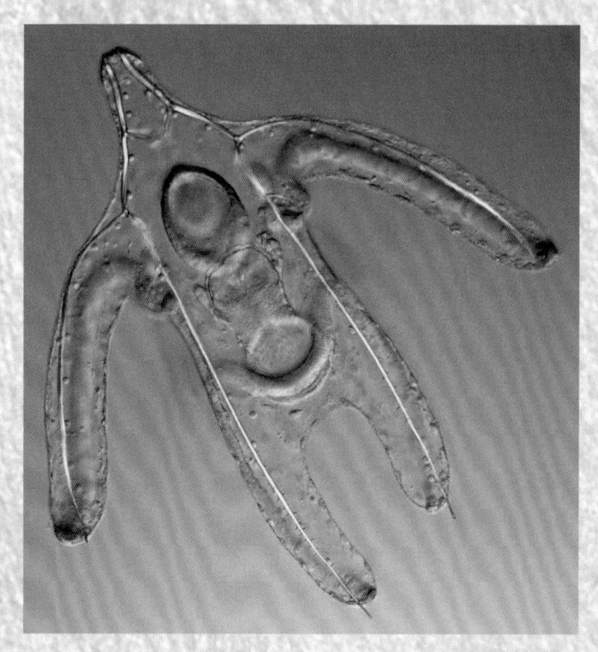

随波逐流

跟许多海洋动物一样，成年的蛇尾生活在海底，但它在生命早期却是作为浮游生物（漂浮在日照充足的上层海水中的微小生物）而存在。它随波逐流，可以在数周内漂流几百千米，之后沉降到海底发育直至成年。

现生亲戚

今日，全世界各地的海域中大约有2000种蛇尾，这些色泽明亮、有的身上还有图案的动物长着5条像蛇一样的腕。当受到袭击时，它会切断其中一条。腕离开身体后还会继续蜿蜒扭动，起到迷惑掠食者的作用。当然，逃脱后的蛇尾很快又能长出新的腕。

2.99	2.51	2	1.45	0.66	0.23	现代
二叠纪	三叠纪	侏罗纪	白垩纪	古近纪	新近纪	

蜘蛛和蝎子

蜘蛛和蝎子同属一个名为螯肢类的古老动物家族，它们都是动物世界的掠食者。这个家族的成员都长着特殊的口器，还长有螯肢或尖牙。现生的螯肢类体形都很小，但它们最早的祖先们却体形庞大，并成为当时顶级的掠食者。海蝎子就是这些史前怪兽中最大的一种。

翼肢鲎

- **时期** 距今4亿～3.8亿年前
- **化石发现地** 欧洲、北美洲
- **栖息地** 浅海
- **身长** 可达2.3米

翼肢鲎是一种海中巨蝎，它比一个成年男子还要大得多。它利用巨大的双眼在海中搜索鱼和三叶虫等猎物。它可能会把半个身子埋在沙中等待猎物，在猎物接近时，通过挥动尾巴产生的巨大爆发力快速扑向猎物，并用利爪将其捕获。翼肢鲎化石发现于欧洲和北美洲，有的研究者甚至认为它不仅称霸海洋，还可以逆流而上，定居在江河湖泊之中。

家族真实档案

主要特征
- 分节的肢体
- 坚硬的外骨骼
- 钳状的觅食爪或尖牙
- 4对步足

时期

螯肢类最早出现于距今约4.45亿年前的晚奥陶世，现生已知的螯肢类超过7.7万种。

你知道吗？

长有分节的腿部和外骨骼的动物（如昆虫、蜘蛛和蝎子等）都被称为节肢动物。海蝎子是有史以来最大的节肢动物——看上去就像今天我们在野外见到的蝎子的放大版。现生的节肢动物很小，但史前时代的节肢动物要大得多，这可能与当时地球大气中含氧量较高，更利于它们呼吸成长有关。

板足鲎

■ **时期** 距今4.2亿年前
■ **化石发现地** 北美洲、德国、挪威、瑞典、爱沙尼亚、俄罗斯、乌克兰、英国
■ **栖息地** 浅海
■ **身长** 可达1.3米

这种小型海蝎子并没有可怕的翼肢鲎那么精良的武器，它用带刺的步足将小动物推到其尖牙处，并将猎物撕成碎片。

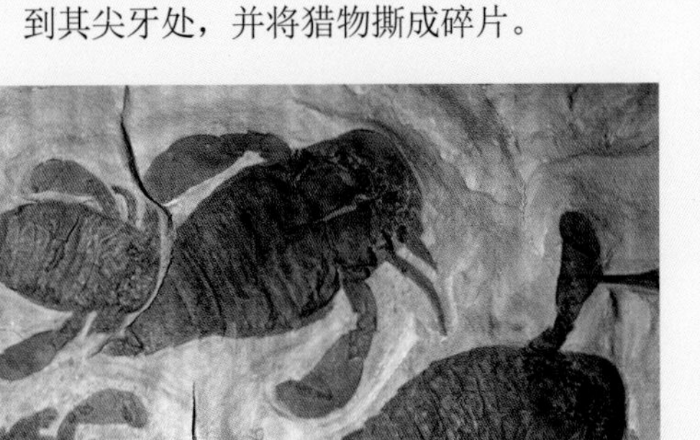

中鲎

尖尖的尾巴

■ **时期** 距今1.62亿～1.45亿年前
■ **化石发现地** 德国
■ **栖息地** 浅海
■ **身长** 除尾部外可达8～9厘米

中鲎又叫马蹄蟹（尽管它与螃蟹的亲缘关系要比它与蜘蛛、蝎子的远得多），它长着巨大的硬壳、间隔很宽的小眼睛和像鱼叉一样、末端尖锐的僵直尾部。它生活在海底，捕捉蠕虫和贝类为食。

现生亲戚

现生的鲎类，如鲎，长得跟它们侏罗纪时代的远古表亲们几乎一模一样。鲎生活在北美洲东海岸附近的浅海中，上下起伏着游动，这很可能也是它们远古亲戚们游动的方式。

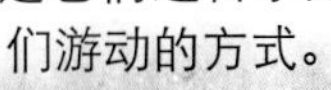
鲎

蜘蛛

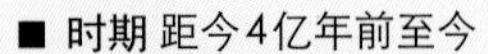

■ **时期** 距今4亿年前至今
■ **化石发现地** 世界各地
■ **栖息地** 陆地
■ **大小** 跨度达30厘米

尽管蜘蛛那柔软而精致的身体不是容易成为化石的好材料，但是人们仍然发现了成千上万种蜘蛛遗骸，它们大多被保留在琥珀——一种金黄色、透明的松脂化石中。蜘蛛是专业的掠食者，它们先利用蛛丝结的网来活捉猎物，再用毒牙中的毒液给可怜的猎物致命一击。已知最早的蜘蛛网化石有1亿年的历史。

琥珀中的蜘蛛

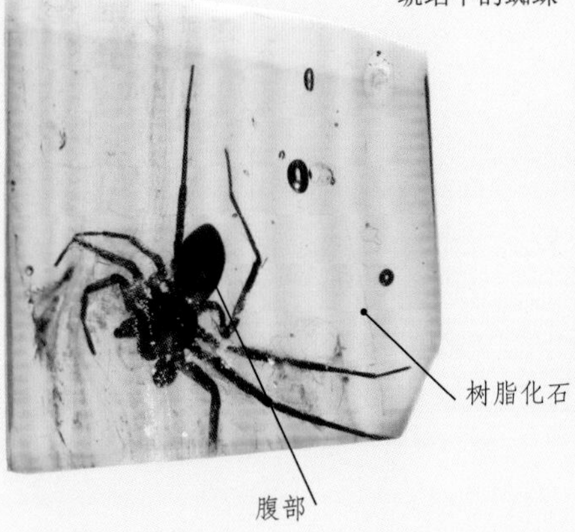

原蝎

■ **时期** 距今4亿～3.3亿年前
■ **化石发现地** 世界各地
■ **栖息地** 不明
■ **身长** 4厘米

最早的蝎子并非生活在陆地，而是生活在海里，并且用鳃呼吸。现存最早的蝎子化石之一就是原蝎化石。与现生蝎子不同，原蝎的嘴巴与鲎类一样，长在头部的下方而非正前方。直至今日，科学家还不能完全确定它到底是生活在陆地上还是水中。

巨型千足虫

千足虫，又叫马陆，是最早行走在地球上的动物之一。它们早在至少距今4.28亿年前，就迈出了陆地探险的第一步，并以结构简单的似苔藓类的植物为食。大约距今3.5亿年前，这些植物演化为参天大树，千足虫的体形也随之变得巨大。其中体形最大的古马陆与鳄鱼差不多大，是有史以来陆地无脊椎动物中最大的巨无霸。

▲这块化石长达7.1厘米，它向我们展示的仅仅是古马陆一条步足的局部。

古马陆

- **时期** 距今3.5亿年前
- **化石发现地** 英国
- **栖息地** 树林
- **身长** 可达2米
- **食物** 不明

古马陆生活在石炭纪热带雨林那暗黑而潮湿的地面上。它的嘴部化石迄今未被发现，这使得人们无法得知它的饮食习惯，但其消化系统内残留的蕨类植物提示，它可能是植食性动物。尽管古马陆可以在水体外呼吸，但它很可能仍然喜欢待在潮湿地带，并需要不时回到水体中以保持体表湿润。

▲ 奇异的动物 古马陆的躯体由30节体节构成，每节体节上都长着一对步足。它的足迹化石告诉我们它可能爬得很快，会绕过障碍物爬行，并且可以通过增大步幅来加速爬行。

现生亲戚

大部分千足虫只有100～300条步足。尽管步足的数量惊人，但千足虫也只能波浪状地移动细小的足部，行动缓慢。它们在泥土中挖洞，寻觅植物根部为食。蜈蚣则与众不同，它们是行动敏捷的掠食者，能利用有毒的利爪杀死猎物。

2.99	2.51	2	1.45	0.66	0.23	现代
二叠纪	三叠纪	侏罗纪	白垩纪	古近纪	新近纪	

昆虫

远早于恐龙出现之前，地球便已经是昆虫的天下了。最早的昆虫出现于距今约4亿年前，是一类细小、无翅、生活在地面上的动物。后来，它们演化出翅膀，并成为世界上第一种会飞的动物。掌握了飞行技巧使它们成为演化的胜利者，并演化出了成千上万的新物种。现在，昆虫的种类占地球上所有动物物种的3/4。

蚂蚁

- **时期** 距今1.3亿年前至今
- **现存物种** 超过1.2万种
- **食物** 树叶、种子、真菌及肉类

蚂蚁的祖先是移居到地面营群居生活的胡蜂，它们在恐龙时代还十分稀少，但随后逐渐变得常见起来。它们庞大的群落由一只蚁后以及成百上千只工蚁和兵蚁构成，所有的工蚁和兵蚁都是无翅的雌性——它们都是蚁后的女儿。

蜜蜂

- **时期** 距今1亿年前至今
- **现存物种** 约1.5万种
- **食物** 花粉、花蜜

距今约1.25亿年前，随着被子植物的出现，一些史前蜂类开始以花为食，取代了捕食其他昆虫，而后它们逐渐演化成了蜜蜂。现在，世界上有成千上万种蜂，它们有的营独居生活，但大部分过着以一只蜂后为中心的群居生活。工蜂哺育幼蜂，并采集花蜜制成蜂蜜。

有3500万年历史的蜜蜂化石

你知道吗？

在花朵上觅食的蜜蜂，身体会沾上花粉颗粒。当它落到另一朵花上时，身上的花粉会掉落到这朵花上，这使得植物可以生成种子，这个过程被称为授粉。

家族真实档案

主要特征

- 躯干主要分为3部分：头部、胸部（胸）和腹部（肚子和尾巴）
- 坚硬的保护性外骨骼
- 3对分节的足
- 两根触角
- 通常长有两对翅

时期

最早的昆虫出现在距今3.96亿年前的泥盆纪。

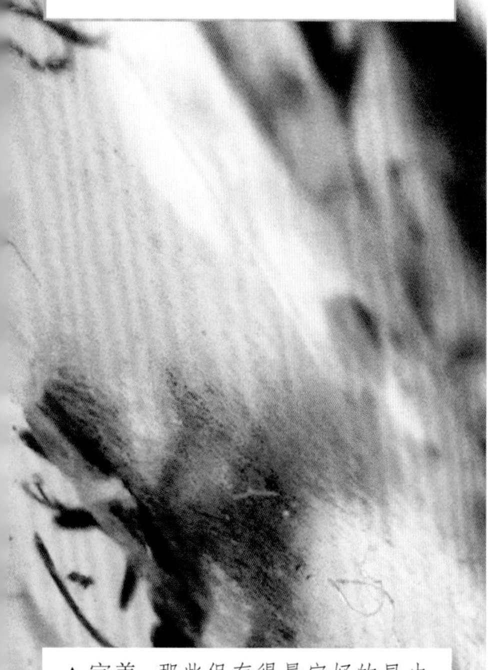

▲完美 那些保存得最完好的昆虫化石通常存于琥珀中。琥珀是一种坚硬的金黄色的远古树脂化石。树脂是树木创口分泌出的黏稠液体，路过的昆虫常被困在其中，就跟这些蚂蚁一样。

双翅目昆虫

- **时期** 距今2.3亿年前至今
- **现存物种** 约8.5万种
- **食物** 幼虫（蛆）主要吃腐败的物质和肉类，成虫则吃从花蜜到血液的各种液态食物

许多昆虫都善于飞行，但双翅目昆虫却较为特殊，它们仅靠一对而非两对翅膀便可在空中飞行。双翅目在第二对翅膀的位置长有一对小突起，可以在飞行时前后活动以保持平衡。双翅目与恐龙出现在同一时代，某些早期双翅目物种还会吸恐龙的血，叮恐龙的眼睛，这使得恐龙备受困扰。

毛蚊

甲虫

- **时期** 距今2.6亿年前至今
- **现存物种** 多达35万种
- **食物** 包括从花蜜到水果、其他昆虫、腐尸、木头和动物粪便等

甲虫由拥有两对翅膀的昆虫演化而成，它们的前翅演化成为硬硬的鞘翅，覆盖在真正的翅膀上起到保护作用。最早的被子植物可能就是由甲虫授粉的。当被子植物广泛播散，演化出更多新物种时，甲虫也随之扩散到各地并演化出更多种类。今天，甲虫物种数约占世界已知昆虫物种数的1/3。

水龟甲（水甲虫）

古蠊是一种史前蟑螂

蟑螂

- **时期** 距今3.5亿年前至今
- **现存物种** 超过3500种
- **食物** 腐败的植物性食物

最早的蟑螂跟现生蟑螂长得差不多。它们在史前森林的地面上快速爬行，利用触角寻找枯萎的植物。白蚁则是由一些营群居生活的木食性蟑螂演化而来的。

蝴蝶

蝴蝶那精致的翅膀很难化石化，这使得蝴蝶化石十分少见。即便如此，还是有少量令人惊叹不已的化石被发现于细腻的页岩与琥珀（树脂化石）中。已知最古老的蝴蝶化石可回溯到距今约6500万年前。在距今3000万年前，蝴蝶就已经很常见了，而且与现生蝴蝶十分相似。

你知道吗？

令人惊讶的是，蝴蝶的口器和触角都没有味觉，它的味蕾位于足部。因此，它需要站在食物上才能知道这个东西到底好不好吃。

科氏黛眼蝶

- **时期** 距今3000万年前
- **化石发现地** 法国
- **栖息地** 林地

这种蝴蝶是眼蝶科的成员，眼蝶科这个大家族至今仍然存活在世界上。它的翅膀上有着醒目的圆圈状图案，通常以棕色为底，上面是橘棕色。科氏黛眼蝶的幼虫以草类和棕榈叶为食，成虫则用其卷曲的管状口器吸食花蜜。与其他眼蝶一样，科氏黛眼蝶前足退化，折在胸下不能行走，只有4条能行走的足，这不同于其他长着6条足的昆虫。

单位：亿年前

46	5.42	4.88	4.44	4.16	3.59
前寒武纪	寒武纪	奥陶纪	志留纪	泥盆纪	石炭纪

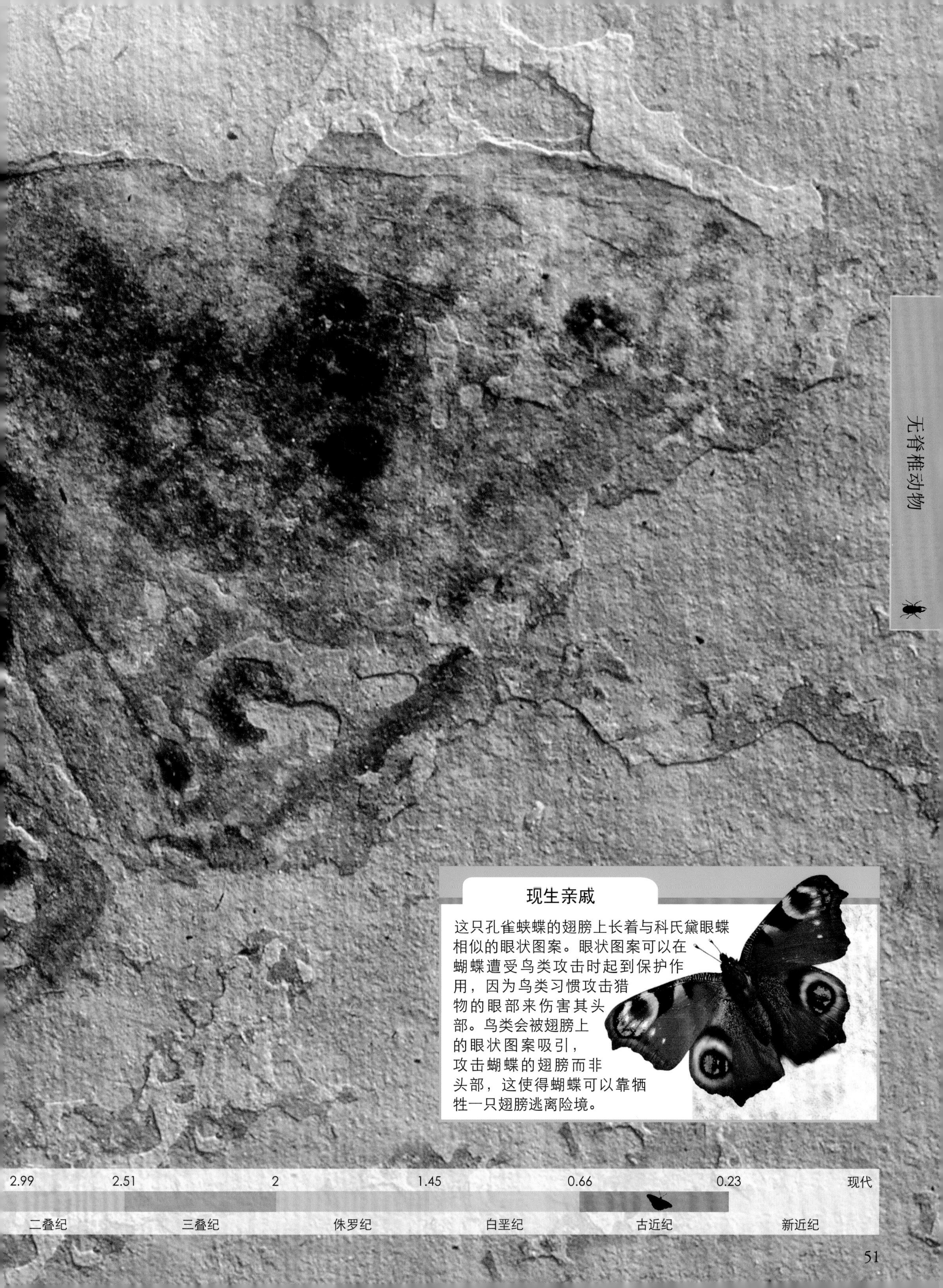

现生亲戚

这只孔雀蛱蝶的翅膀上长着与科氏黛眼蝶相似的眼状图案。眼状图案可以在蝴蝶遭受鸟类攻击时起到保护作用，因为鸟类习惯攻击猎物的眼部来伤害其头部。鸟类会被翅膀上的眼状图案吸引，攻击蝴蝶的翅膀而非头部，这使得蝴蝶可以靠牺牲一只翅膀逃离险境。

琥珀中的化石

数千万年前，这些昆虫被困在一滴蜜色的松树树脂中。随着时间的推移，这滴树脂硬化成了琥珀，其中的昆虫被保存得如此完好，甚至它们翅膀上的纹理都清晰可见。这些琥珀中的昆虫看上去仿佛昨天才刚死去，但事实上它们却在距今3800万年前就离开了这个世界。

▼一网打尽 琥珀将各种各样的昆虫完好地保存在里面，包括这只螳螂和形形色色的飞虫。

▲穿越时空的窗口 琥珀中的昆虫向我们证明了昆虫已有数千万年演化史的事实，有的琥珀化石已超过1亿年之久！

◀金色光芒 琥珀是由松树等植物的树脂硬化、石化后形成的。松树树干的创口中会分泌出树脂，树脂一旦接触到空气就会快速固化，帮助树干上的创口愈合。

巨脉蜻蜓

巨脉蜻蜓可能是有史以来最大的昆虫，它看上去就像是一只无比庞大的蜻蜓。它的翅展可达75厘米，比现在的蜻蜓大12倍。这种会飞的怪物利用它巨大的翅膀飞至半空中捕猎其他昆虫为食。在石炭纪茂密的树林中，硕大无比的昆虫和其他无脊椎动物随处可见，可能是因为当时地球大气中的氧气浓度比现在高得多，使呼吸更易进行。

单位：亿年前

46	5.42	4.88	4.44	4.16	3.59	2.99	2.5
前寒武纪	寒武纪	奥陶纪	志留纪	泥盆纪	石炭纪	二叠纪	

巨脉蜻蜓

- 时期 距今3亿年前
- 化石发现地 欧洲
- 栖息地 热带沼泽林地
- 翅展 可达75厘米

巨脉蜻蜓并不是真正的蜻蜓，而是蜻蜓的近亲——原蜻蜓家族的一员。它的足比现生蜻蜓更强壮，翅膀上的纹理也要简单得多。它可以在热带森林中快速飞行，用巨大的复眼搜索猎物。它能在半空中捕捉飞虫，并在飞行中用足将美味送到嘴边，狼吞虎咽地饱餐一顿。

▲ 翅膀中的脉络 这块发现于法国的化石清晰地显示出巨脉蜻蜓翅膀上粗犷的纹路，这是支撑其巨大翅膀的支架。

▲ 不可思议的翅膀 像现生蜻蜓一样，巨脉蜻蜓通过用不同速度扇动前翅和后翅，来控制飞行的速度和方向。蜻蜓在空中无比敏捷，可以盘旋翱翔、向后飞甚至瞬间转换方向。

现生亲戚

现在世界上最大的蜻蜓之一是生活在澳大利亚新南威尔士的巨蜻蜓（巨花叶蜻蜓）。尽管拥有14厘米的翅展，但它却不擅长飞行，几乎从不远离自己的居住地。与它的祖先一样，巨蜻蜓以飞虫为食。

菊石类

菊石化石拥有特殊的美妙的螺旋状外形，这使其易于识别。这些海洋动物是现生章鱼和乌贼的近亲，但它们居住在硬硬的外壳里。随着逐渐生长，菊石的外壳会增加新腔室，其壳体也慢慢变大，形成一个新的螺旋。它们遍布在海洋中，通过喷水在水中行进。壳内中空的腔室起到气室的作用，可以帮助它们浮上水面。

船菊石

■ **时期** 距今1.44亿～6600万年前
■ **化石发现地** 欧洲、非洲、印度、北美洲、南美洲
■ **栖息地** 浅海
■ **大小** 跨度达20厘米

船菊石不是一种普通的菊石，它的外壳并不是清晰规整的螺旋状，而是歪歪斜斜的。这种歪斜导致它外壳的开口越来越小，使其头部无法伸出壳外，最终因饥饿而亡。船菊石可能就跟章鱼一样只能存活到产卵时，其后便很快死去。

家族真实档案

主要特征
■ 螺旋状外壳里分为许多腔室
■ 柔软的躯体位于最外层的腔室中
■ 巨大的头部和发育良好的眼睛
■ 用来捕捉猎物的纤长触手

时期

菊石最早出现于距今4.25亿年前，并在恐龙时代遍布于海洋中。在距今6600万年前，它们与恐龙一起灭绝了。

船菊石化石

原微菊石

■ **时期** 距今2亿年前
■ **化石发现地** 世界各地
■ **栖息地** 海洋
■ **大小** 跨度达2厘米

大量原微菊石的同时死亡使得海底铺满了菊石的壳。随着时间的推移，这些硬壳都变成了化石，形成了一种名为马斯顿大理石的奇妙岩石。这种岩石中除了菊石几乎没有其他成分。导致大量菊石死亡的原因尚未明确，但藻类（微型植物）过度繁殖使海水缺氧可能是原因之一。

马斯顿大理石

棘角石

■ **时期** 距今2亿年前
■ **化石发现地** 世界各地
■ **栖息地** 海洋
■ **大小** 跨度达6厘米

棘角石长着一个紧紧卷曲的外壳，这可能会使其难以迅速移动。它以侏罗纪海洋里其他行动缓慢的动物为食。

双合菊石

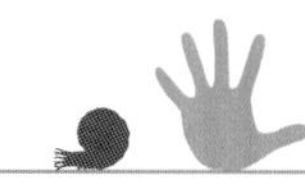

- **时期** 距今2亿年前
- **化石发现地** 欧洲
- **栖息地** 海洋
- **大小** 跨度达3厘米

双合菊石以海生小型无脊椎动物为食。雌性双合菊石的壳体较大，而雄性的壳体则较小。这是因为雌性需要更大的壳体，来繁衍以及保护它们的后代。

雄性的小壳体黄铁矿化（愚人金）

雌性的大壳体

无管角石

- **时期** 距今6600万～2300万年前
- **化石发现地** 世界各地
- **栖息地** 开放水域
- **大小** 跨度达15厘米

尽管菊石和恐龙同时灭绝了，但它的近亲鹦鹉螺类却幸存下来。无管角石是一种游速很快的鹦鹉螺类，很可能以鱼类和虾类为食。它的外壳上并没有许多菊石类身上常见的突出的脊，而是光滑且呈流线型，十分适合快速游动。

现生亲戚

鹦鹉螺是菊石类的现生亲戚。与它的史前表亲一样，鹦鹉螺居住在螺旋状的硬壳中，硬壳里分为多个腔室。鹦鹉螺通过喷水四处游动，用多达90条触手捕捉小鱼和甲壳类。

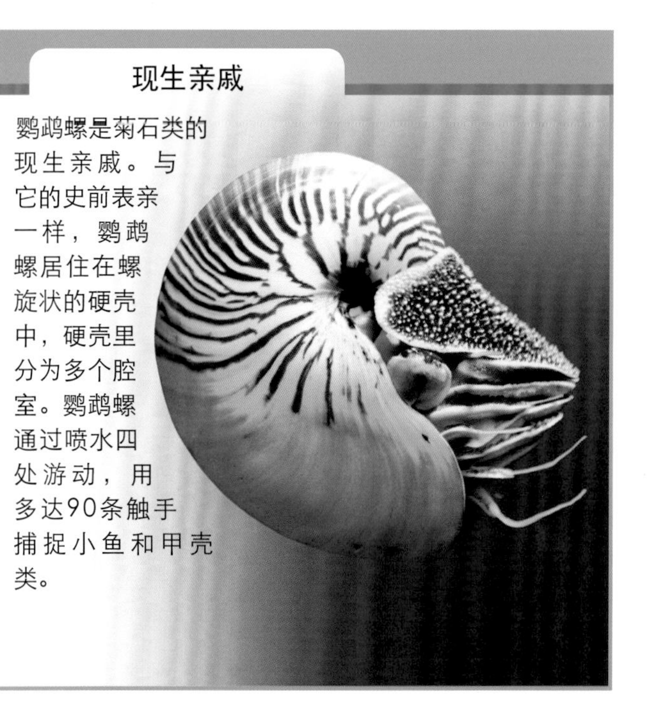

化石中的宝石

菊石化石可以像珠宝般璀璨夺目。当有的菊石化石被剖开并抛光后，它们看上去就像是上等的玻璃饰品。这是因为它们中空的外壳在数千万年间渐渐被水晶充填而成。还有的菊石化石表面呈现出珍珠般的色泽，反射出五颜六色的光彩，这使其成为了世界上最珍贵的宝石之一。

▼菊石长得越大，其螺旋状外壳内的腔室就越多。这件带菊石化石已有约1亿年的历史了。

稀有的珍宝

1981年，国际珠宝联合会将一种化石——加拿大的彩斑菊石认定为宝石。这种色彩明亮的新宝石仅存在于特定种类的菊石外壳表面，是地球上最少见的宝石之一，被认为是可与红钻石相媲美的稀有珍宝。这种宝石仅产于北美洲落基山脉的少数地区，目前多被用于制作高级奢华的贵重饰品。

珍珠色的菊石

菊石的外壳由文石构成，闪闪发光的文石也是珍珠的主要成分。大部分菊石化石的外壳部分已经全部腐朽消失，只残留它中空腔室的铸模。在那些保存极好的化石中，我们可以看到一层精致的文石层，它受到光照时会反射出五颜六色的光芒，这种现象被称为虹彩。

海贝化石

这两页所展示的贝壳可能看上去跟我们在海滩上捡到的没什么两样，但它们却都是拥有数千万年历史的海贝化石，有的甚至比恐龙的年纪还要老。因为外壳坚硬，贝壳通常能很好地化石化。它们大概是最易被发现的化石收藏品。大部分的海贝都是软体动物——如螺、蛤等软体无脊椎动物的外壳。

衣笠螺
(*Xenophora*)
上新世

尖嘴蛤
(*Oxytoma*)
早侏罗世

扇贝
(*Pinna*)
侏罗纪

钟塔螺
(*Campanile*)
始新世

荚蛤
(*Gervillaria*)
白垩纪

似栗蛤
(*Nuculana*)
始新世

裂缝螺
(*Rimella*)
始新世

枣螺
(*Bulla*)
更新世

环肋螺
(*Cirsotrema*)
上新世

蜁螺
(*Calliostoma*)
始新世

骨螺
(*Murexsul*)
上新世

家族真实档案

腹足类

这两页上所有的螺旋状贝壳都来自海生腹足类（包括螺和帽贝等）。跟庭院蜗牛（散大蜗牛）一样，有壳腹足类可以躲藏到它们的壳下或缩到壳中避开危险，其柔软的身体主要由一个巨大多肉的足部构成。

蜗牛

双壳类

这种软体动物有着两片可以闭合的硬壳，两片硬壳间由一个铰链相连。鸟蛤、蛤、扇贝、贻贝和牡蛎都是双壳类。

时期

软体动物最早可以回溯到距今5亿多年前的寒武纪。

缨幕
(Fimbria)
始新世
海扇
(Pecten)
中新世
刺偏口
(Chama)
始新世
全脐螺
(Euomphalus)
石炭纪
棒螺
(Clavilithes)
始新世
鸡冠蛎
(Rastellum)
白垩纪
云雀贝
(Modiolus)
白垩纪
芋螺
(Conus)
始新世
幔螺
(Velates)
始新世
雪蛤
(Chione)
中新世
僧帽蛤
(Cucullaea)
白垩纪
鸟蛤
(Acrosterigma)
上新世
爱科螺
(Ecphora)
上新世
（底端）
（顶端）
颗粒螺
(Granosolarium)
始新世
琵琶螺
(Ficopsis)
始新世
蛾螺
(Neptunea)
上新世

早期脊椎动物

▲**蛇螈** 这种早期脊椎动物的外表很像蛇，但它事实上是一种无足的两栖类。它身长可达70厘米，并利用锥形的尖牙来捕杀小型猎物。

脊椎动物是长有脊柱的动物。鱼类是最早的脊椎动物，它们出现于至少5亿年前的海洋中。这些最早的鱼类没有颌部，与现生鱼类区别非常大。

什么是脊椎动物？

一头驴、一条鳄鱼、一条鱼、一只鹦鹉和一只蛙都有着共同的特征——它们体内都有一个坚固的骨性支架——由脊椎骨连接而成的脊柱。因此，它们都是脊椎动物。

脊椎动物的族谱

尽管脊椎动物是我们最熟悉的动物，但它们只是动物王国中极小的一个组成部分。长有四肢的脊椎动物——四足动物，都是由鱼类演化而来的。

脊椎动物主要包括哺乳类、鸟类、爬行类、两栖类和鱼类等。

哺乳类

哺乳类可根据它们不同的繁殖方式分为3类。有胎盘类可直接产下发育完全的幼崽；有袋类产下的幼崽未发育完全；单孔类则靠产卵繁殖后代。

黑猩猩

◀ 沙鼠 啮齿类是哺乳类中数量最多的一族，其独特的大门牙是啃咬的利器。

▼ 非洲草原象 身为世界上现存最大的陆生动物，一头公象的肩高可达4米。

鸟类

世界上有1万种左右的鸟类，它们是掌握了飞行技巧的恐龙后裔。鸟类的羽毛除了帮助它们在空中飞翔，还能起到保暖的作用。

虎皮鹦鹉

▶ 美洲鸵鸟 并不是所有的鸟类都会飞。事实上，至少有40种鸟类，如这种美洲鸵鸟，已经丧失了飞行的能力。

▲ 游隼 这是世界上运动速度最快的动物之一。

看一看——内部一瞥

脊椎动物拥有脊柱和内骨骼，它们还有发达的神经系统和比无脊椎动物更大的脑部。脊椎动物的血液由心脏泵向全身各处进行循环，为它们的身体提供养分和氧气，同时带走废物。

▸ 骨骼是脊椎动物特有的重量很轻的生命器官。它可以凭借血液提供的养分生长（不像无脊椎动物，如螃蟹的硬壳则需要随着它们的成长而进行蜕换）。

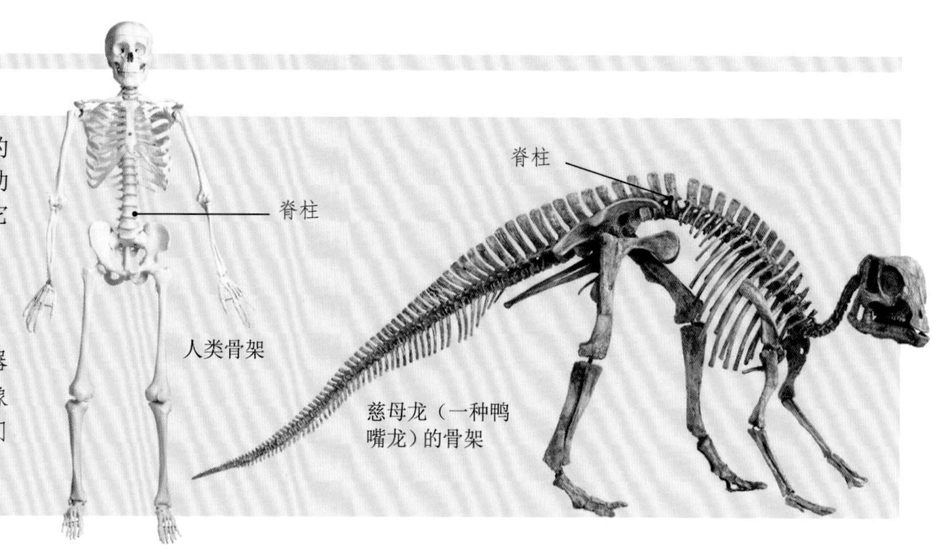

人类骨架

慈母龙（一种鸭嘴龙）的骨架

爬行类

与某些两栖类同期出现的爬行类是最早完全生活在陆地上的脊椎动物。它们的皮肤干燥，由鳞片覆盖着以保持水分——这是许多生活在缺乏水源的温暖地带的爬行类为适应环境做出的改变。

国王变色龙

▸ 乳蛇 有的爬行类在成长过程中必须经历蜕皮阶段，它们每年大约要蜕皮4～8次。

▾ 凯门鳄 早在距今约2亿年前凯门鳄就已经跟早期恐龙一起出现并繁荣发展了。

两栖类

现生两栖类拥有湿润柔软的皮肤，它们中的大部分物种除了用肺呼吸外还能通过皮肤吸收氧气。它们通常居住在陆地上，但生活环境必须要十分潮湿。大部分两栖类只能回到水中产卵。

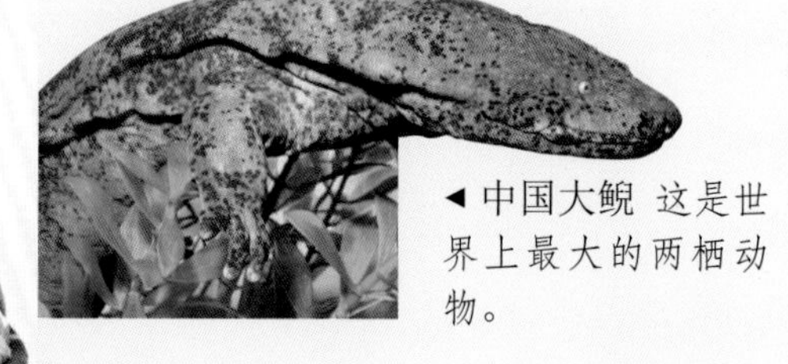

◂ 中国大鲵 这是世界上最大的两栖动物。

▸ 真螈 真螈会蜷曲在地下泥土中度过寒冬，它那明亮的体色警告掠食者自己具有毒性。

▾ 箭毒蛙 世界上有大约6800种蛙和蟾蜍，其中包括120种箭毒蛙。

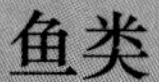

鱼类

鱼类是世界上最早的脊椎动物，如今它的种类占所有脊椎动物物种的半数以上。凭借着鳃，它们可以在水下呼吸。

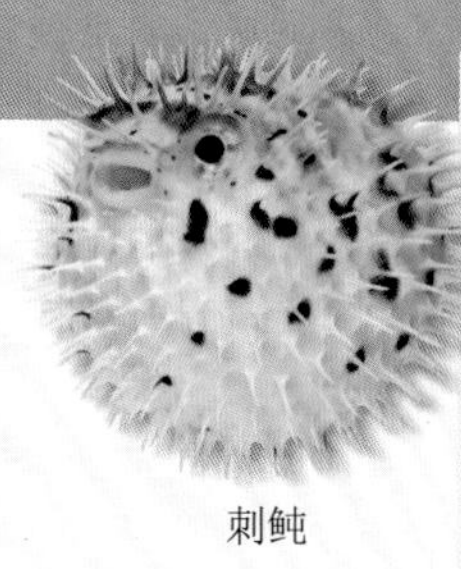

刺鲀

▾ 鲸鲨 这是世界上最大的鲨鱼。虽然它体形硕大，但却以浮游生物——漂浮在水中的微小生物为食。

▾ 聚集 为了安全起见，大量的鱼常常聚集成群来游动。

无颌鱼类

鱼类是最早的脊椎动物。原始鱼类和现生鱼类看上去完全不一样，因为原始鱼类的双颌还未演化完成。早期鱼类不能咀嚼，而是通过吸吮或刮、削来进食。它们的鳍很少，甚至有的没有鳍，因此只能像蝌蚪一样通过摇摆尾巴在水中游动。它们没有内骨骼，但有的在头部长着宽宽的骨性外壳——用于抵御巨型海蝎等掠食者的侵袭。

镰甲鱼

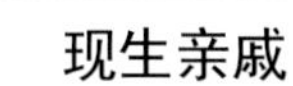

- **时期** 距今4.1亿年前
- **化石发现地** 欧洲
- **栖息地** 海底
- **身长** 35厘米

镰甲鱼的外貌奇特，长着扁平如桨的头部和狭窄的躯体，在泥盆纪的海底游弋觅食。镰甲鱼以什么为食至今是个谜团，因为它无颌的口部朝上开启而非向下，这使其难以铲起食物。与其他无颌鱼类一样，镰甲鱼长着具有保护功能的骨甲。

现生亲戚

现在，世界上仍存活着两种无颌鱼类——盲鳗类和七鳃鳗类（合称圆口类）。这两种鱼都状似鳗鱼，没有骨骼、鳞片和鱼鳍。盲鳗类以蠕虫和海洋动物尸体为食，七鳃鳗类则营寄生生活——它们利用自己无颌的口部附着到其他鱼类身上，以其血液为食。

七鳃鳗多齿的口部

家族真实档案

主要特征

- 有口无颌
- 许多无颌鱼类没有成对的鳍
- 通常没有胃部
- 通过摇摆肌肉发达的尾部游动

时期

有的无颌鱼类化石可回溯到距今超过5亿年前的寒武纪。多数无颌鱼类灭绝于距今3.5亿年前的晚泥盆世。

长鳞鱼

- **时期** 距今4.25亿年前
- **化石发现地** 欧洲
- **栖息地** 淡水江河湖泊
- **身长** 10厘米

尽管长鳞鱼没有长鱼鳍，但却是池塘溪流中身姿灵活的游泳能手。它以动植物的残骸为食，很可能利用敞开的口来吸吮碎屑进食。与其他大多数无颌鱼类不同，长鳞鱼的头部并没有骨性外壳，而是被细小的鳞片覆盖。

泽氏鱼

- **时期** 距今4.1亿年前
- **化石发现地** 欧洲
- **栖息地** 浅海与河流入海口
- **身长** 25厘米

泽氏鱼的头部呈马蹄状，由一个头盔状的硬壳所保护，其扁平的躯体则覆盖着鳞片。它的两只眼睛在头顶紧紧相靠（这种完美的双眼位置能帮助那些居住于海底的鱼类迅速发现掠食者）。与大部分无颌鱼类一样，泽氏鱼并没有牙齿，它位于身体腹侧的口中只有排列整齐的骨性薄片。它很可能以海底和河流入海口处的小型生物为食。

头甲鱼

- **时期** 距今4.1亿年前
- **化石发现地** 欧洲
- **栖息地** 淡水江河湖泊
- **身长** 22厘米

这种小型鱼类生活在江河湖泊中，很可能通过左右摇摆其宽宽的头盾翻搅淤泥，翻出躲藏其中的蠕虫和其他生物。它还可能以其他水生动物的食物残渣为食。它长着一对用来保持平衡的骨板和一个避免身体翻倒的背鳍。

萨卡班巴鱼

- **时期** 距今4.9亿年前
- **化石发现地** 玻利维亚
- **栖息地** 近海
- **身长** 30厘米

萨卡班巴鱼长着一个宽大的头盾和一个逐渐变窄、末端形成细小鳍的身体。这特殊的体形或许能使它像蝌蚪一般游动，并用永不闭合的口部吸食小片的食物。萨卡班巴鱼长有感觉器官，可以助其感受到物体在水中的移动，使其得以判断自己与猎物的距离，还能躲开掠食者的追击。

盾皮鱼类

盾皮鱼又叫甲胄鱼，是最早演化出巨大体形的鱼类，有的盾皮鱼跟现生鲨鱼差不多大。它们还是最早拥有致命武器——可咬合的双颌的鱼类。为了相互防御，这种史前鱼类演化出一身由层层骨板构成的甲胄。

伪鲛

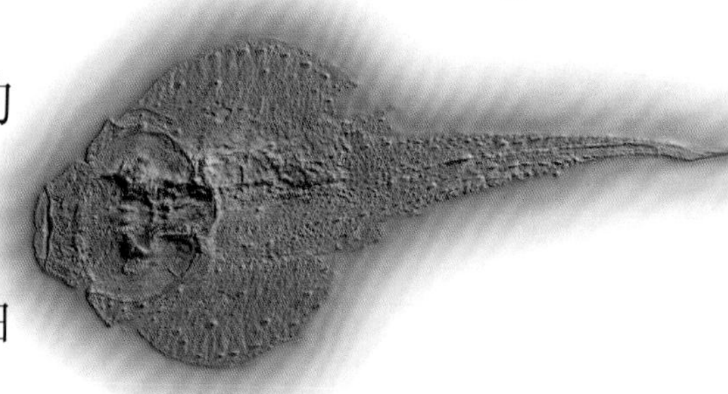

- **时期** 距今约4.1亿年前
- **化石发现地** 德国
- **栖息地** 浅海
- **身长** 25～30厘米

伪鲛是一种体形不大、身体扁平的鱼类。它拖着一条窄窄的尾巴，看上去很像现生刺鳐，但嘴巴却长在头顶而非腹侧。与其他盾皮鱼类不同，它的嘴里并没有骨板，而是长着用来捕猎的星状齿棘。

邓氏鱼

- **时期** 距今3.8亿年前
- **化石发现地** 美国、欧洲、摩洛哥
- **栖息地** 浅海
- **身长** 6米

邓氏鱼有时被描述为“海中暴龙”，它是最大的盾皮鱼类之一，体形大概跟一头大象差不多。它是残暴的海中杀手，拥有鱼类中最强劲的咬合力（可能只有巨齿鲨能与之匹敌）。它没有牙齿，取而代之的是长在双颌边缘呈鸟喙状的锐利骨板。某些邓氏鱼化石上的咬痕与这种特殊的颌部结构相吻合，这表明它们可能会同类相食。

▲可怖的双颌 邓氏鱼长着巨大的头颅和双颌。剪刀般锐利的骨板在其双颌边缘形成鸟喙状。它的咬合力十分强大，足以将混凝土咬开。

粒骨鱼

- **时期** 距今3.8亿～3.5亿年前
- **化石发现地** 北美洲、欧洲
- **栖息地** 浅水水域
- **身长** 40厘米

尽管体形十分袖珍，但粒骨鱼却是十分凶猛的掠食者。它可能常常趴在海床上等待，并伏击其他鱼类。它与邓氏鱼一样长着鸟喙状的嘴，用那刀刃般尖锐的边缘，从体形比它们大的猎物身上撕下肉块。它的化石显示它长着强壮有力的尾巴，这表明它是一个游泳健将。

罗福鱼

- **时期** 距今3.8亿年前
- **化石发现地** 澳大利亚
- **栖息地** 暗礁
- **身长** 30厘米

罗福鱼长得很奇怪，它有着长长的管状口鼻部，看上去有点像独角兽的角。科学家对这个口鼻部的用途十分不解，罗福鱼可能用它来挖掘海沙，寻找藏匿起来的猎物，或者也可能是雄性用来吸引雌性的装饰品。与其他盾皮鱼类一样，它没有牙齿，而是在嘴巴后部长着扁平的骨板，它很可能用这些骨板来压碎螃蟹等甲壳动物的外壳。

家族真实档案

主要特征

- 身披由骨板构成的甲胄
- 双颌长有具有牙齿功能的骨板
- 甲胄状骨板间留有间隙，让双颌得以开闭，身躯可以摇摆

时期

盾皮鱼类出现于距今约4.3亿年前的晚志留世，灭绝于距今约3.59亿年前的晚泥盆世。

鲨鱼和鳐鱼

鲨鱼的牙齿化石告诉我们这种海中杀手已经在海洋中遨游了超过4亿年之久——好一段惊人的漫长时间！鲨鱼和它们身体扁平的亲戚——鳐鱼同属软骨鱼类的古老家族。这些鱼类没有骨头，取而代之的是由十分有弹性的软骨构成的骨架。

背鳍
脊刺
鳃裂

家族真实档案

主要特征

- 一生中牙齿不断脱落和生长
- 骨架由软骨构成
- 没有肋骨
- 没有控制浮力的鱼鳔
- 鲨鱼必须不停游动，否则会下沉
- 与早期鱼类不同，它们的鳍是成对的，便于转向

时期

已知最早的鲨鱼和鳐鱼的化石可回溯到距今约4.2亿年前的晚志留世。

弓鲛

- **时期** 晚二叠世至晚白垩世
- **化石发现地** 欧洲、北美洲、亚洲、非洲
- **栖息地** 海洋
- **身长** 2米
- **食物** 小型海洋动物

弓鲛拥有经典的流线型身体，看上去像现生鲨鱼一样凶猛，但它的牙齿和鳍却与现生鲨鱼十分不同。它长着两种类型的牙齿：用于捕捉像鱼一样滑溜溜猎物的尖锐前牙和较为扁平钝圆、用来碾碎贝壳的后牙。在它的背鳍前方长着长长的刀锋状脊刺，可能用于帮助背鳍更好地切割水体，或用于抵御外敌。

环棘鱼

- **时期** 距今5400万～3800万年前
- **化石发现地** 美国
- **栖息地** 淡水池塘和湖泊
- **身长** 1米
- **食物** 螯虾、明虾和其他无脊椎动物

环棘鱼可能是刺鳐的亲戚。它的尾巴上的3根针状硬刺，可能能分泌毒液。它生活在湖底，或许还在河中活动，捕猎螯虾、小鱼，也有可能猎食贝类。环棘鱼的学名（*Heliobatis*）是“太阳鳐”的意思，这得名于它像太阳的光芒一样环绕于身体周边的鳍。

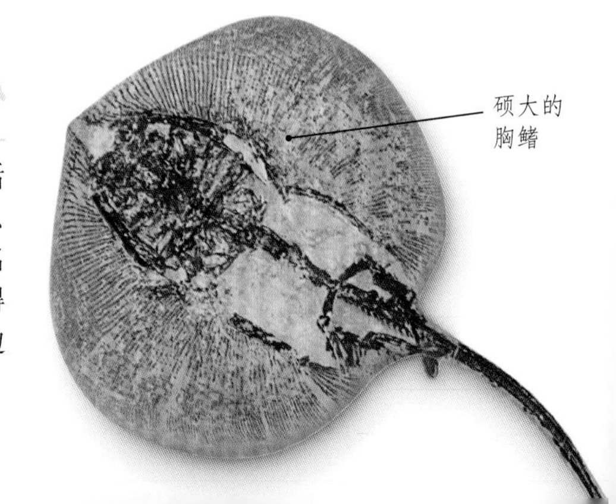

哈那鲨

- **时期** 距今5600万年前至今
- **化石发现地** 世界各地
- **栖息地** 冷水浅海
- **身长** 3米
- **食物** 鲨鱼、鳐鱼等，鱼类以及海豹和动物尸体

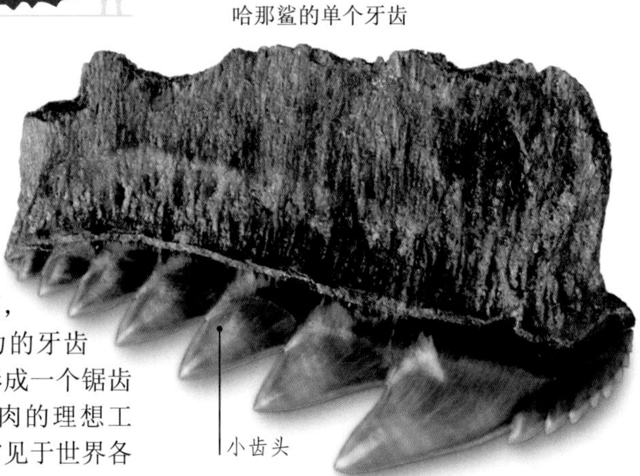

哈那鲨的单个牙齿

哈那鲨又名七鳃鲨，与大多数长着5个鳃裂的鲨鱼不同，它有7个鳃裂。它每个强有力的牙齿上都长着许多尖锐的突起，形成一个锯齿构造，这种锯齿状边缘是切肉的理想工具。哈那鲨今天仍然生存，常见于世界各地较寒冷的海域中。

角鲨

- **时期** 距今1.05亿～6600万年前
- **化石发现地** 世界各地
- **栖息地** 海洋
- **身长** 4.5米
- **食物** 主要为海洋生物

由于鲨鱼一生需要更换成千上万颗牙齿，所以它们的化石十分常见。人们发现了许多角鲨牙齿的化石，包括一颗嵌入鸭嘴龙脚部的牙齿。这个罕有的发现告诉我们角鲨有时也食用被冲入海中的动物尸体。

胸脊鲨

- **时期** 晚泥盆世至早石炭世
- **化石发现地** 北美洲、英国
- **栖息地** 海洋
- **身长** 1.5米
- **食物** 海洋动物

背鳍

齿状物

鞭子

胸脊鲨是所有史前鱼类中长相最怪异的一种，它形似熨衣板的背鳍顶端长着一撮像牙齿一样的鳞片（齿状物）。它的头上长着更多齿状鳞片，侧鳍后方则长着一根又长又尖的鞭子。这些特殊器官很可能只出现在雄性胸脊鲨身上，并可能是求偶的重要工具。胸脊鲨通常潜伏在沿岸的浅海中，四处搜寻小型鱼类和贝类为食。

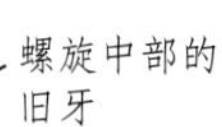

旋齿鲨

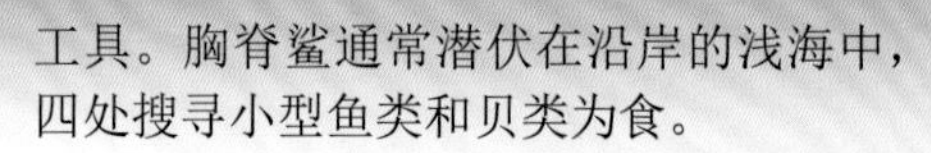

- **时期** 早二叠世
- **化石发现地** 世界各地
- **栖息地** 海洋
- **身长** 5.5米
- **食物** 海洋动物

这种长相怪异的鲨鱼因其下颌的牙齿呈螺旋状生长，形成一个如餐盘大小的圆盘而得名。目前人们只发现了旋齿鲨的牙齿，并且只知道这个螺旋盘状排列的牙齿位于下颌，但它的用途仍是个未解之谜。

螺旋中部的旧牙

螺旋外部的新牙

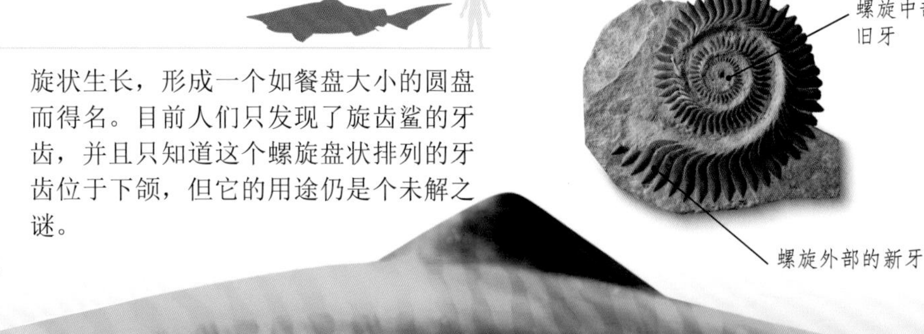

巨齿鲨

巨齿鲨可能是有史以来体形最大，最凶狠、可怕的掠食者。这种大得吓人的怪物是现生大白鲨的近亲，但比大白鲨还要大得多。巨齿鲨仅尾鳍高度就和大白鲨的身长相等。巨齿鲨在海中称霸超过2000万年之久，猎食鲸类、海豚和海豹。它依赖速度捕猎，并用巨大的双颌在捕捉猎物之后将猎物摇甩、撕裂成碎片。

新纪录创造者

一条发育完全的巨齿鲨的体重至少是现存最大的掠食性鱼类——大白鲨的20倍。

单位：亿年前

46	5.42	4.88	4.44	4.16	3.59	2.99	2.5
前寒武纪	寒武纪	奥陶纪	志留纪	泥盆纪	石炭纪	二叠纪	

巨齿鲨

- **时期** 距今2500万～150万年前
- **化石发现地** 欧洲、北美洲、南美洲、非洲、亚洲
- **栖息地** 温暖海域
- **身长** 20米

至今人们只发现了巨齿鲨的牙齿和椎骨化石。通过将其与现生鲨鱼对比，科学家们推测巨齿鲨的体重可能重达100吨，大约和30头大象一样重。它的牙齿化石常在海豹和海豚等海生动物化石上被发现，这表明这些动物可能是巨齿鲨的猎物。

巨大的牙齿

巨齿鲨名副其实，它长着超过250颗长达17厘米的牙齿。这些牙齿有着尖锐的锯齿状边缘，这种锯齿状结构是切割肉类的理想工具。

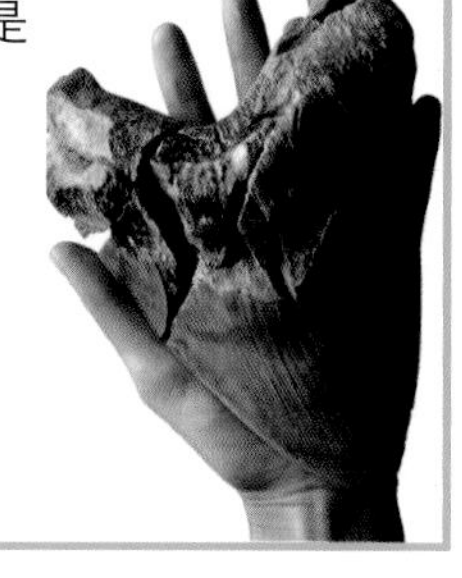

▲巨齿鲨的双颌化石从未被发现过，但科学家们通过增大大白鲨的双颌（图中）重建了它的模型。巨齿鲨的咬合力比暴龙要强5倍，它可以一口咬碎猎物，使猎物瞬间死亡。

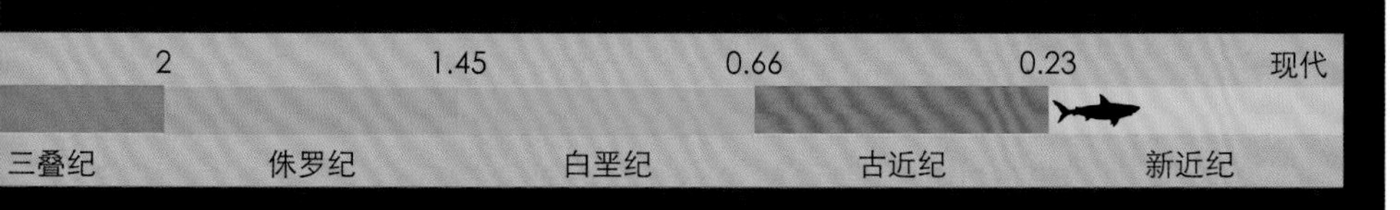

硬骨鱼类

距今约4亿年前，一群更加进步的鱼类开始在海洋中遨游。与统治了这片水域数百万年的鲨鱼不同，这些新生的鱼类长有由钙质加固的坚硬的骨骼，因而被称为硬骨鱼。硬骨鱼类演化出很多新的种类，现存的鱼类中超过95% 都属于硬骨鱼类。

剑射鱼

- **时期** 距今1.12亿～7000万年前
- **化石发现地** 北美洲
- **栖息地** 北美洲浅水水域
- **身长** 6米

剑射鱼长着肌肉发达的修长身躯，是强壮的游泳健将。它有巨大的口部，很可能常将巨大的猎物一口吞下。在一件剑射鱼化石的胃部，人们曾发现了2米长的鱼类残骸。可能这个猎物对剑射鱼来说太大了，以至于它在剑射鱼腹中的痛苦挣扎导致了剑射鱼的死亡。

利兹鱼

- **时期** 距今1.76亿～1.61亿年前
- **化石发现地** 欧洲、智利
- **栖息地** 海洋
- **身长** 9米

利兹鱼可能是有史以来最大的硬骨鱼类，它甚至比虎鲸还要大。然而，这个庞然大物却不是凶猛的掠食者，而是温柔无害的滤食者。它通过大口吸入再用力喷出海水的方式，用鳃来过滤水中的虾等小型动物为食。利兹鱼化石上的咬痕表明，它经常成为一类名为上龙类的巨大海生爬行动物的猎物。

家族真实档案

主要特征

- 由硬骨构成的骨架
- 大部分拥有辐射状鳍（鳍部由长长的线状骨支撑，使这些鱼类可以利用鳍控制游动的方向）
- 利用鱼鳔（有气室的浮囊）在水中漂浮

时期

硬骨鱼类最早出现在距今约3.95亿年前的泥盆纪，并繁衍至今，在我们的生活中依旧十分常见。

双棱鲱

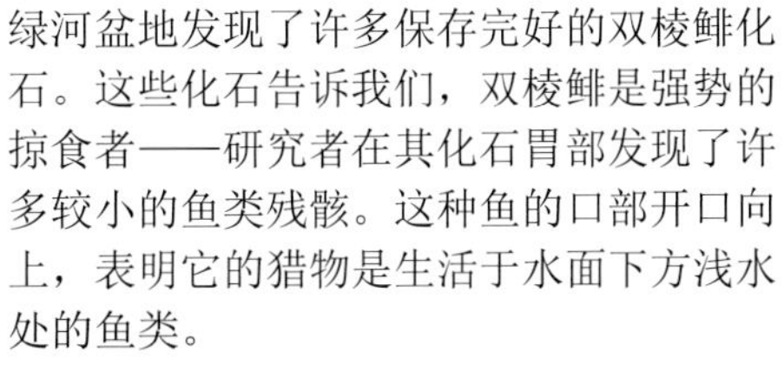

- **时期** 距今5500万～3400万年前
- **化石发现地** 美国、黎巴嫩、叙利亚、南美洲、非洲
- **栖息地** 湖泊
- **身长** 65厘米

双棱鲱是鲱鱼和沙丁鱼的亲戚，它生活在淡水江河湖泊中。人们在美国怀俄明州绿河盆地发现了许多保存完好的双棱鲱化石。这些化石告诉我们，双棱鲱是强势的掠食者——研究者在其化石胃部发现了许多较小的鱼类残骸。这种鱼的口部开口向上，表明它的猎物是生活于水面下方浅水处的鱼类。

始小鲈

- **时期** 距今5500万～3300万年前
- **化石发现地** 北美洲
- **栖息地** 淡水池塘和湖泊
- **身长** 15厘米

始小鲈生活在北美洲的深湖中，许多保存着完美细节的化石就发现于当地湖底的岩层中。它鳍部坚硬的棘刺可能是防卫的利器——棘刺可以刺穿那些试图将始小鲈吞进腹中的掠食者的口部。

鼻鱼

- **时期** 距今约5600万～4900万年前
- **化石发现地** 意大利
- **栖息地** 海洋
- **身长** 8厘米

这种鱼类是现生鼻鱼的近亲，鼻鱼因其前额具有形似独角的长刺而得名。这种史前鱼类很可能跟它的现生亲戚一样成群生活在珊瑚礁上。

艾氏鱼

- **时期** 距今5500万～3400万年前
- **化石发现地** 美国
- **栖息地** 北美洲的江河湖泊
- **身长** 25厘米

科学家们已在许多较大的鱼类化石的胃部发现了艾氏鱼的残骸。史前海洋中必定有成群结队的艾氏鱼四处游弋，使其成为大鱼唾手可得的猎物。数以百计保存完好的艾氏鱼化石发现于美国怀俄明州绿河盆地。1987年，怀俄明州把艾氏鱼化石定为该州的州化石。

鲈鱼

- **时期** 距今5500万～3700万年前
- **化石发现地** 美国
- **栖息地** 浅水水域
- **身长** 30厘米

鲈鱼是鲈鱼家族古老的一员，看上去和它的现生亲戚没什么区别。它的全身都覆盖着鳞片。在它隆起的背部长着两个背鳍，鳍上尖锐的背刺可以高高抬起以恐吓掠食者。像许多现生鲈鱼一样，它的躯体上可能布满条纹，用以在芦苇和水草丛中隐藏身影，躲避掠食者。它们成群游动，以昆虫、鱼卵和小型鱼类为食。

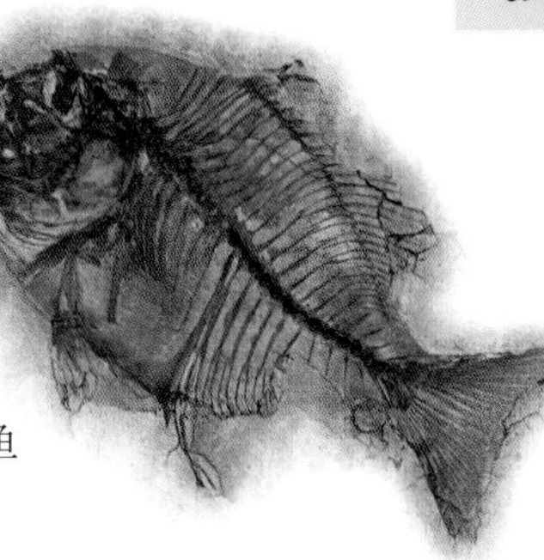

迈普鲈

- **时期** 距今5500万～4000万年前
- **化石发现地** 美国
- **栖息地** 海洋
- **身长** 25厘米

这件令人目瞪口呆的化石记录了迈普鲈吞食猎物的那一刻。这只迈普鲈正在努力将猎物整个吞入口中。迈普鲈是能够利用满口尖牙猎食自身一半大小的鱼类的猎手。

鳞齿鱼

这种硬骨鱼似乎是一种名为重爪龙的恐龙的主要食物，因为科学家们曾在这种恐龙的胃部发现过鳞齿鱼的鳞片和骨骼。鳞齿鱼的个头可不小，身长可达1.8米。它们的化石分布广泛，在世界各地都曾发现过。

▲牙齿 鳞齿鱼的牙齿化石化后看上去很像小石子，曾经被误认为是“蟾蜍石”，人们认为其拥有神奇的力量。

鳞齿鱼

- **时期** 距今1.99亿～7000万年前
- **化石发现地** 世界各地
- **栖息地** 北半球的湖泊
- **身长** 1.8米

科学家发现过保留有清晰鳞片印迹的完美的鳞齿鱼化石。鳞齿鱼体表的菱形鳞片可以反射光线，使它们活着时的身体闪闪发光。

单位：亿年前

46	5.42	4.88	4.44	4.16	3.59
前寒武纪	寒武纪	奥陶纪	志留纪	泥盆纪	石炭纪

吸盘嘴

鳞齿鱼捕猎的时候有一个绝招：它会将颌部向外推送，就像今天的鲤鱼那样，然后吸食贝类等猎物。贝类的外壳完全无法抵御这种鱼坚硬的钉状牙齿。

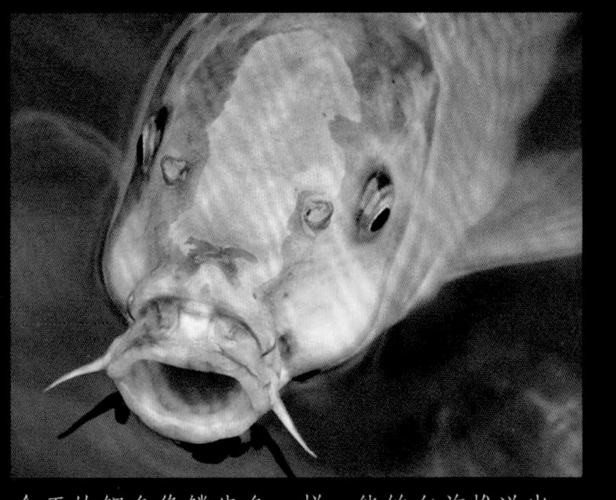

今天的鲤鱼像鳞齿鱼一样，能够向前推送出它们的双颌。

你知道吗？

我们的牙齿，以及所有脊椎动物的牙齿，其实都是由史前鱼类的鳞片演化来的。鳞齿鱼的鳞片外部覆盖的硬壳含有釉质，这种物质也是我们牙齿的组成成分。甚至这些鳞片的显微结构，看上去都跟人类的牙齿十分相似。

2.99	2.51	2	1.45	0.66	0.23	现代
二叠纪	三叠纪	侏罗纪	白垩纪	古近纪	新近纪	

肉鳍鱼类

这类鱼不再使用它们的鳍在水中游动，而是开始用鳍“走”在珊瑚礁的间隙中，推动自己沿着海底前进。随着岁月的流逝，它们的鳍变得粗壮有力、肌肉发达，开始了腿部演化的进程。这些被称为肉鳍鱼类的脊椎动物，是最早从水中登陆，并在陆地上生活的动物。

家族真实档案

主要特征

- 由骨头支撑的结实、圆润的鳍（叶形）
- 用鳃在水中呼吸
- 有些长有类似肺的气室，用于在陆地上呼吸空气

时期

这种鱼类最早出现在距今5.05亿～4.4亿年前。尽管很多肉鳍鱼类灭绝于距今6600万年前的晚白垩世，但这个家族今天仍然存在。

真掌鳍鱼

- **时期** 距今3.85亿年前
- **化石发现地** 北美洲、格陵兰岛、英国、拉脱维亚、爱沙尼亚
- **栖息地** 海洋
- **身长** 1.5米

像大多数鱼类一样，真掌鳍鱼身披鱼鳞并且长有鳍。然而，支撑它们鳍部的骨骼和最早的两栖类的非常相似。真掌鳍鱼是潜伏在海藻丛中的猎手，时刻等待着伏击路过的猎物。

潘氏鱼

- **时期** 距今4亿年前
- **化石发现地** 拉脱维亚、立陶宛、爱沙尼亚、俄罗斯
- **栖息地** 海洋
- **身长** 1.5米

虽然潘氏鱼仍旧被称为鱼，但是它已经能够使用前鳍支撑，爬到陆地上待一会儿了。它和今日的鱼类一样，都有成对的鳍并且全身覆满鳞片。它的鳍与两栖类的更为相似，内部有骨头支撑。在水下时它靠鳃呼吸，但是位于头顶的一个小洞可能连接着一个类似肺的气室，使它得以在陆地上呼吸。

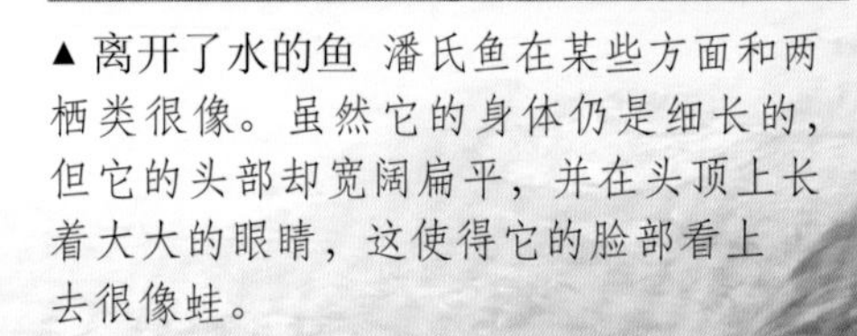

▲ 离开了水的鱼 潘氏鱼在某些方面和两栖类很像。虽然它的身体仍是细长的，但它的头部却宽阔扁平，并在头顶上长着大大的眼睛，这使得它的脸部看上去很像蛙。

提塔利克鱼

- **时期** 距今3.75亿年前
- **化石发现地** 加拿大
- **栖息地** 浅水海域
- **身长** 1米

这种奇怪的动物看上去很像鱼类和蝾螈的杂交种。它的眼睛长在扁平头部的顶端——可能为了供它窥视水上的动静；长有关节的颈部使它能够转动脑袋。它的“鳍”上长有手腕和肩关节，甚至还有简单的足趾。提塔利克鱼并不能真正地行走，但它很可能可以扭出水面，并用鳍将身体撑起来。

双鳍鱼

■ **时期** 距今3.7亿年前
■ **化石发现地** 英国、北美洲
■ **栖息地** 河流和湖泊
■ **身长** 35厘米

双鳍鱼属于肺鱼类，是现生肺鱼的近亲（肺鱼是一种可以呼吸空气，并在洞穴中休眠以度过旱季的奇怪鱼类）。大且平的鳃腔表明，双鳍鱼依靠鳃而不是肺部呼吸。它坚硬的牙齿可能能咬碎贝类的外壳。此外，其头部还覆盖有骨质的硬板。

骨鳞鱼

■ **时期** 距今3.9亿年前
■ **化石发现地** 英国、拉脱维亚、立陶宛、爱沙尼亚
■ **栖息地** 浅水湖泊
■ **身长** 50厘米

骨鳞鱼得名于其身上覆盖的大大的方形鳞片。它身上的鳞片和骨头都被同一种类似人类牙齿中的釉质的物质包裹着。在泥盆纪，这种鱼生活在苏格兰北部的湖泊里。

大盖鱼

■ **时期** 距今7000万年前
■ **化石发现地** 英国、捷克
■ **栖息地** 海洋
■ **身长** 55厘米

大盖鱼属于一个我们称为腔棘鱼的古老鱼类家族，它们拥有肉质的鳍，并能用类似我们移动四肢的方式运动鳍部。腔棘鱼类一度被认为是鱼类和陆地动物之间的过渡种类。但是，科学家如今认为它们并不是陆地动物的直系祖先。

现生亲戚

1983年，南非的渔民在捕鲨网中发现了一条奇怪的鱼，并将其交给了当地的科学家。令人震惊的是，那竟然是一条腔棘鱼——一直以来被认为灭绝于恐龙时代的物种。这条“活化石”的发现堪称20世纪最伟大的动物发现之一。

征服陆地

我们知道，今天陆地上生活的动物都是亿万年前从水中演化而来的。为了到陆地上生活，这些动物必须克服一些障碍——毕竟，鳍或者是鳍状肢在陆地上并没有太大用处。让我们来看看这些变化是如何发生的吧。

▶ 原水蝎螈 这种两栖类以鱼为食，却并不生活在水中。它们用肺呼吸，是最早用肺呼吸的动物之一。

从鳍到腿

动物的腿是从鱼类的鳍演化而来的。最早演化出腿的动物——四足动物长有4条腿，并且每条腿的末端都长有足趾，有的动物的足趾甚至多达8根！

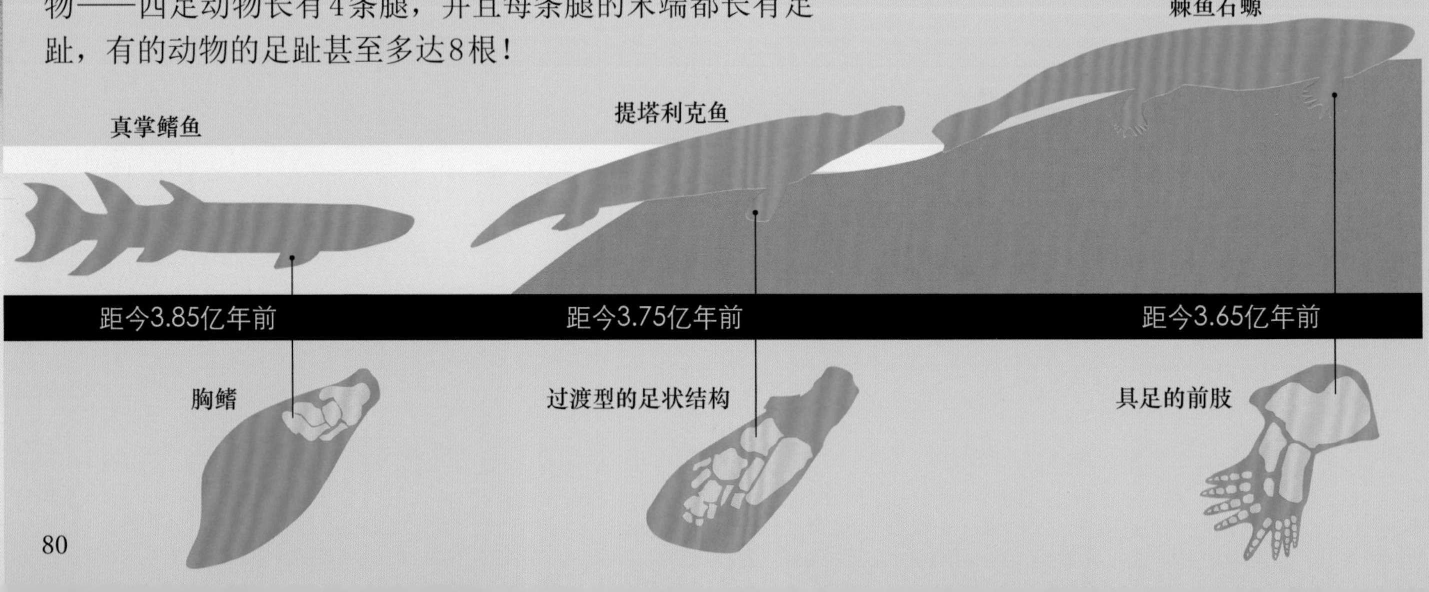

真掌鳍鱼

距今3.85亿年前

胸鳍

提塔利克鱼

距今3.75亿年前

过渡型的足状结构

棘鱼石螈

距今3.65亿年前

具足的前肢

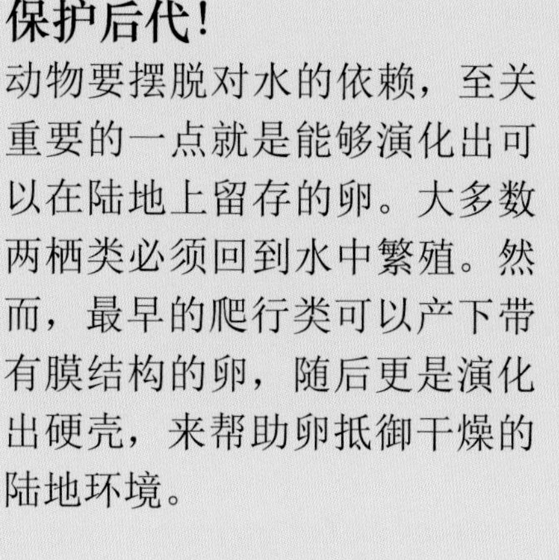

保护后代！

动物要摆脱对水的依赖，至关重要的一点就是能够演化出可以在陆地上留存的卵。大多数两栖类必须回到水中繁殖。然而，最早的爬行类可以产下带有膜结构的卵，随后更是演化出硬壳，来帮助卵抵御干燥的陆地环境。

▲不需要水 龟卵因为有外壳和内部膜结构，所以不会变干。

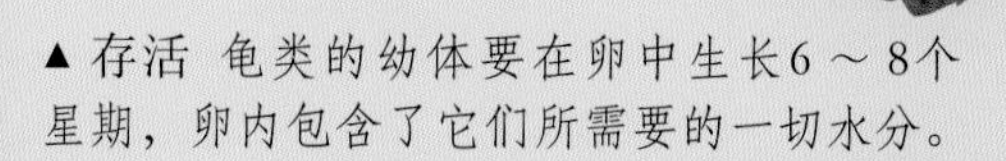

▲存活 龟类的幼体要在卵中生长6～8个星期，卵内包含了它们所需要的一切水分。

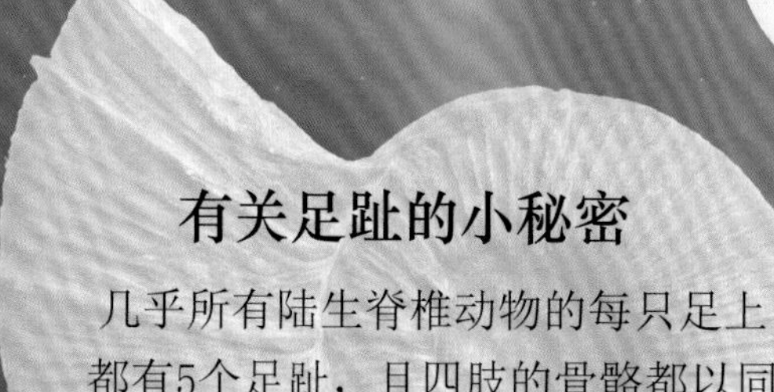

有关足趾的小秘密

几乎所有陆生脊椎动物的每只足上都有5个足趾，且四肢的骨骼都以同样的方式排列。这是因为它们都是由同一个祖先演化而来的——这位早期的陆上先驱之一正好长有5个足趾。

▼古老的龟类的历史大概可以追溯到距今约2.2亿年前。

呼吸空气

陆生动物直接从空气中吸收氧气，而不像鱼类那样依靠鳃从水中获取氧气。一些早期的鱼类演化出肺部结构，以帮助它们在水面呼吸空气。一些鱼类保留了肺部，这在它们开始逐渐登陆时起到至关重要的作用。距今4亿多年前，最早登陆的鱼类中就包括肺鱼类。

古肺鱼在距今4亿多年前的泥盆纪曾遍布全球。

▲最早的足迹 这些距今约3.18亿年前的足迹化石是2010年在加拿大发现的。这些足迹化石属于史前的爬行类，可能是最早的陆地动物遗留下来的。

两栖类

两栖类是一部分时间生活在水中，另一部分时间生活在陆地上的动物。它们在距今约3.7亿年前由鱼类进化而来，鳍逐渐演变为成形的腿，使其可以在陆地上行走。两栖类是最早的四足动物，它们是现存所有四足动物的祖先——从蛙到老鼠，从大象到人类，都是它们的后代。

鱼石螈

- **时期** 距今3.7亿年前
- **化石发现地** 格陵兰岛
- **栖息地** 北部浅海海域
- **身长** 约1.5米

鱼石螈的头部、身体和尾鳍都很像鱼，但是它却长着像蛙一样的蹼足。在陆地上时，它用肺呼吸。它的肩部肌肉十分强壮有力，用于在陆地上支撑它的身体重量，并帮助它四处爬行。它常在浅水里捕食鱼类和其他动物。

足部化石

蜥螈

- **时期** 距今2.9亿年前
- **化石发现地** 美国、德国
- **栖息地** 北美洲和西欧的沼泽地带
- **身长** 约60厘米

很多年以来，蜥螈一直被认为是一种早期的爬行类，因为它们拥有粗壮的腿，很适合在陆地上生活。然而，科学家发现一种与蜥螈亲缘关系很近的动物在幼年期长有像蝌蚪一样的外部鳃，这暗示蜥螈应该也有类似结构。所以，即便成年蜥螈生活在陆地上，它们在幼年时期仍可能完全在水中度过。成年雄性蜥螈拥有厚重的头骨，用于在求偶竞争中攻击对手。

蛇螈

- **时期** 距今3亿年前
- **化石发现地** 美国、捷克
- **栖息地** 北美洲和西欧的沼泽地带
- **身长** 约90厘米

蛇螈属于一个特殊的两栖类族群，这个族群演化出类似蛇类的身躯，并失去了四肢。它们长有成排的尖细牙齿，其牙齿结构跟一些无毒蛇的很相似。

小鲵螈

- **时期** 距今3亿年前
- **化石发现地** 捷克
- **栖息地** 东欧的沼泽地带
- **身长** 将近15厘米

小鲵螈（见下图）看起来就像一条四肢并不发达的小蝾螈。它长着用于在水中呼吸的鳃，并像鱼类一样通过左右摇摆其扁平的尾巴游动。它们的大部分时间似乎都生活在沼泽、河流、湖泊和池塘里，捕猎小鱼和虾类为食。

小鲵螈

引螈

- **时期** 距今2.95亿年前
- **化石发现地** 北美洲
- **栖息地** 北美洲和西欧的沼泽地带
- **身长** 约1.8米

引螈是当时最大的陆地动物之一，看上去就像一条胖乎乎的鳄鱼。它有一个长长的吻部，硕大有力的双颌里长满了锐利的尖牙。引螈无法完成咀嚼的动作，只能像今天的鳄鱼一样，靠不停地向后上方扬起头部，来完成吞咽口中食物的过程。引螈长着强有力的四肢，但由于身体非常笨重而四肢短小，它在陆地上只能缓慢地移动。

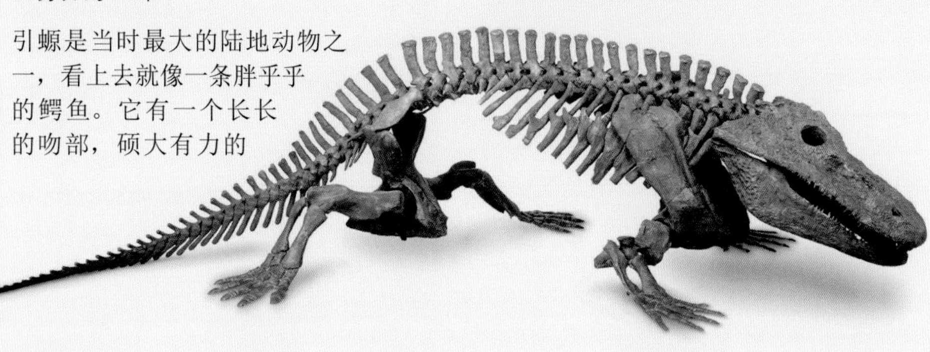

厚蛙螈

- **时期** 距今3.5亿年前
- **化石发现地** 英国、美国
- **栖息地** 欧洲北部的浅水水域
- **身长** 约1.5米

因为其细弱的四肢几乎不可能支撑它在陆地上行走，所以这种奇怪的生物可能只生活在水中。但它却是一种巨大且强悍的掠食者，巨大的嘴里长着两排锋利的牙齿，能在猎物经过的瞬间捕食它们。厚蛙螈长着巨大的眼睛，这表明它可以在夜间泥泞、阴暗的水域中捕猎。

棘螈

- **时期** 距今3.65亿年前
- **化石发现地** 格陵兰岛
- **栖息地** 北方的河流和沼泽地带
- **身长** 约60厘米

棘螈被认为是第一种可以短暂爬离水域生活的四足动物。它既长着肺也长有鳃，并可能主要生活在浅浅的沼泽地带。与它的鱼类亲戚不同，棘螈的前肢上长有8个具蹼的足趾。

家族真实档案

主要特征

- 长有腕关节和肘关节的四肢
- 截然不同的手指和脚趾
- 在水中产卵
- 幼体像鱼一样

时期

在距今3.7亿～4亿年前的泥盆纪，两栖类由鱼类演化而来。

双螈

在晚石炭世，陆地上覆盖着茂密的热带森林和沼泽地。巨大的昆虫飞舞着发出嗡嗡的响声，而新近演化出来的两栖类（见82～83页）则在昆虫身后追逐它们。新演化的两栖类中有的跟短吻鳄差不多大，但也有的体形细小，和蝾螈差不多大，如双螈。双螈身上有许多现生蛙类和蝾螈的特征，可能是这些动物的祖先。

▲骨架 这件发现于美国俄亥俄州的双螈化石已有超过3.5亿年的历史。化石中双螈那宽宽的头部和巨大的眼眶依然清晰可见。

皮肤呼吸者

发现双螈的化石点在石炭纪曾是一片河流三角洲。这种动物很可能生活在河流附近的溪谷或沼泽地间。像很多其他的两栖类一样，它可能通过湿润的皮肤进行呼吸，但它必须待在潮湿的地方，以防皮肤干裂。

双螈

- **时期** 距今3亿年前
- **化石发现地** 美国
- **栖息地** 北美洲和西欧的沼泽地带
- **身长** 15厘米
- **食物** 可能以昆虫为食

双螈长着用以搜寻猎物的大眼睛。它很可能会像蛙类一样蹲着不动，然后猎杀靠近身边的昆虫。和许多现生两栖类一样，它很可能需要回到水中才能产卵。

单位：亿年前

46	5.42	4.88	4.44	4.16
前寒武纪	寒武纪	奥陶纪	志留纪	泥盆

现生亲戚

蝾螈与蛙有着亲缘关系，但是蝾螈的身体更为细长一些。它住在潮湿的地方并且能够通过湿润的皮肤进行呼吸。有的蝾螈在水中产卵，卵孵化出的幼体在水中用鳃呼吸。其他一些蝾螈则完全在陆地上繁殖。

早期植物

植物可以划分为孢子植物（如苔藓和蕨类）和种子植物（如被子植物）。现在，世界上已知的植物种类超过40万种，但它们都是从哪里来的呢？

开端

最早的植物是藻类——结构简单，以阳光为能量来源的水生生物。最早的藻类生长在海中。随着时间的推移，它们逐渐扩散到淡水水域和陆地上潮湿的地方。

移居陆地

早在至少4亿年前，植物就开始生长在陆地上了。最早的陆生植物是十分矮小的似苔藓类植物，并没有真正的叶子、根部和花。

不凡的“种子”

早期植物的孢囊里含有很多孢子。这些孢子是微小的细胞，它们被一层坚硬的外壳包裹着。成百上千的孢子被释放到空气中，在潮湿的地方落地后生出新的植物。一些现生的植物，如苔藓和蕨类，仍然通过孢子繁殖。

孢子植物必须在潮湿的环境中才能繁衍后代。

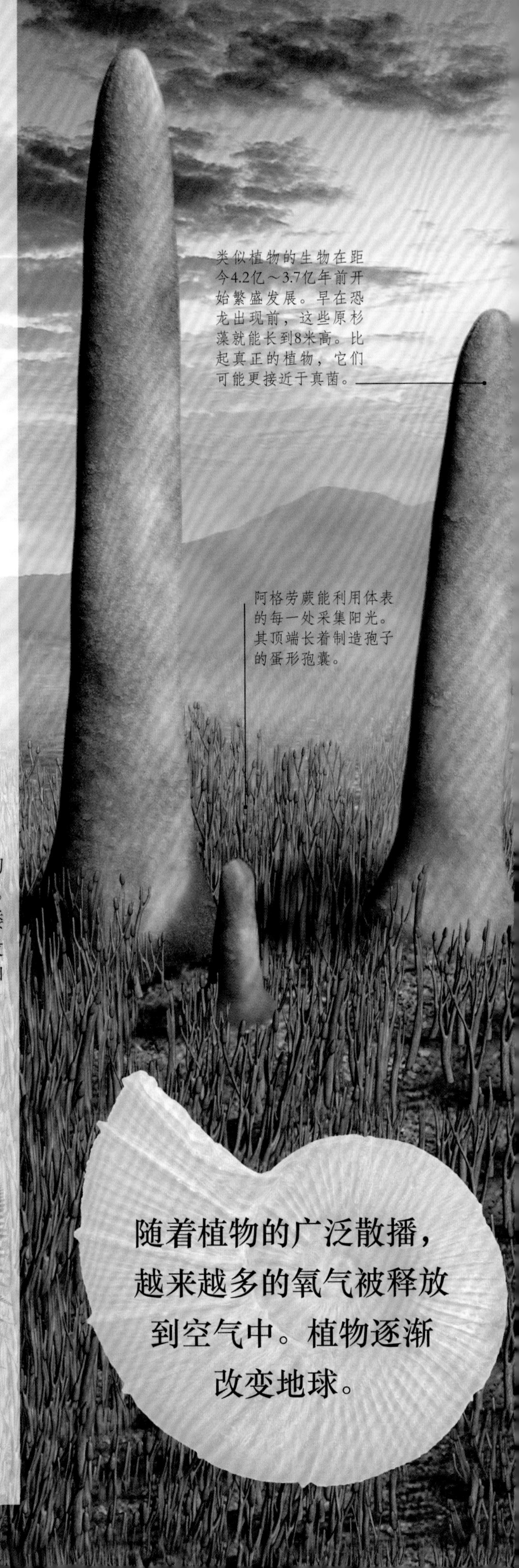

类似植物的生物在距今4.2亿～3.7亿年前开始繁盛发展。早在恐龙出现前，这些原杉藻就能长到8米高。比起真正的植物，它们可能更接近于真菌。

阿格劳蕨能利用体表的每一处采集阳光。其顶端长着制造孢子的蛋形孢囊。

随着植物的广泛散播，越来越多的氧气被释放到空气中。植物逐渐改变地球。

光蕨类是最古老的维管植物之一。它们出现于距今4.25亿年前，最高不超过10厘米。

▼威氏苏铁 这些粗矮的树木在侏罗纪和白垩纪就遍布世界各地，可算是恐龙的老相识了。这种植物已经演化出类似花的部分。想知道更多关于花出现的故事，请参阅224～225页。

陆地植物的散播

当植物（如上图所示的石松类植物）演化出能够将水分输送到茎部的细胞后，它们开始长得更高并在陆地上散播得更远。后来，植物演化出产生种子的能力。与孢子相比，种子可以在更干旱的地方发芽。然后，茂密的森林出现了，大地到处充满生机。

早期的种子

这株植物看上去就像结了果实，但事实上那是它赖以繁殖的种子。种子是被两层保护膜包围起来的大孢子。髓木可以长到小树般大小，大约出现于距今3.25亿年前。

幕后推手

随着树林的繁荣生长，植物逐渐开始争夺更多的光照，树木的茎部因而演化得越来越高，那些与现生植物看上去差不多的物种亦开始出现。树蕨就是其中一个典型的例子，这种植物早在数亿年前就和恐龙一同存在。

针叶林

在恐龙时代，森林由高塔般的针叶树组成。这些树木长着厚实的针状叶子，以适应炎热干燥的气候。猴谜树（又称智利松）便是一种自当时繁衍至今的古针叶树。

波斯特鳄

在恐龙繁盛于地球之前，这是一片由巨大的爬行类统治着的广袤陆地。早在三叠纪，波斯特鳄便是北美地区的顶级掠食者之一，它是鳄鱼家族的近亲。这种可怕的动物和最早的小型恐龙生活在一起，并很有可能以后者为食。

烈焰末日

波斯特鳄所属的爬行类族群灭绝于晚三叠世，其罪魁祸首可能是火山爆发引起的气候变化。它的灭绝为恐龙在随后的侏罗纪时期崛起并统治世界扫清了道路。

单位：亿年前

46	5.42	4.88	4.44	4.16	3.59
前寒武纪	寒武纪	奥陶纪	志留纪	泥盆纪	石炭纪

波斯特鳄

▲大鼻头 波斯特鳄拥有巨大的脑袋和硕大的鼻孔，因此它可能依靠异常发达的嗅觉来搜寻猎物。

- **时期** 距今2.3亿～2亿年前
- **化石发现地** 美国
- **栖息地** 北美洲丛林
- **大小** 4.5米
- **食物** 肉类、小型爬行动物

波斯特鳄属于劳氏鳄类。与蜥蜴外展的四肢不同，劳氏鳄长着柱状的直立于地面的腿，这表明它们与后来出现的肉食性恐龙一样，都是身手敏捷的食肉动物。它们的腰带与恐龙的有很大不同，而脚踝的构造则与鳄鱼的非常相似。波斯特鳄拥有弯曲且呈匕首状的利齿，可以轻易地撕裂猎物。人们曾在一件波斯特鳄化石的腹中发现过4种不同的动物遗骸化石。

双足还是四足?

波斯特鳄拥有粗壮的后肢和细小的前肢，这意味着它可能像恐龙一样用后肢行走。然而，有的科学家仍然认为它通常以四足着地的方式行走；另外一些科学家则认为它只有在需要冲刺的时候才用后肢发力。

2.99	2.51	2	1.45	0.66	0.23	现代
二叠纪	三叠纪	侏罗纪	白垩纪	古近纪	新近纪	

灵鳄

灵鳄不但长得像恐龙，跑起来也像恐龙，饮食习惯很有可能也跟恐龙的差不多，但它并不是恐龙。这种生活在三叠纪的动物跟鳄鱼同属于爬行类族谱中的一个分支，只不过它演化出了与似鸟龙类（兽脚类恐龙的一个分支）相似的体形，后者出现于距今8000万年前。

灵鳄

- **时期** 距今2.1亿年前
- **化石发现地** 美国
- **栖息地** 北美洲西部的丛林
- **身长** 1.5～3米
- **食物** 未知，但很可能为杂食

灵鳄长着短小的前肢，常用后肢走路，并抬着长尾巴来保持平衡。它长着大大的眼睛和鸟类一般的小脑袋。像灵鳄这样的爬行类在晚三叠世十分常见，但它们似乎都因火山爆发引起的气候变化而灭绝。

现生松果

▲ 谁需要牙齿？灵鳄长有喙嘴却没有牙齿，这让人们难以推测它的饮食习惯。或许它用喙嘴来啄食松果或蛋类，也有可能捕猎小型动物为食。

单位：亿年前

46	5.42	4.88	4.44	4.16	3.59
前寒武纪	寒武纪	奥陶纪	志留纪	泥盆纪	石炭纪

▲灵鳄与恐龙有许多相同的特征，如大大的眼睛、短小的前肢和无牙的喙嘴。然而，它的脚踝构造却与鳄鱼的更相近。

你知道吗？

灵鳄的学名（*Effigia*）源自于1947年其化石发现地——美国新墨西哥州幽灵牧场。灵鳄没有辜负这个特殊的名字——它的化石在博物馆未经处理的岩块中隐藏了近60年。也就是说，直到2006年，当岩块被打开时，这种动物才被人们发现。

鳄形类

鳄形类和恐龙、翼龙一样是主龙类（意为“占主导地位的爬行类统治者”）家族中的一支。有的鳄形类体形很小，有的则十分庞大。它们既可以生活在陆地上，也可以生活在海洋中。像它们的现生亲戚——鳄鱼一样，它们是活跃的掠食者，时刻准备伏击路过的鱼类或陆生动物。

喙头鳄

- **时期** 距今2亿年前
- **化石发现地** 南非
- **栖息地** 陆地
- **身长** 1～1.5米
- **食物** 小型陆生动物

喙头鳄是较早期的鳄形类之一，它长着细长的四肢，这暗示着它能飞奔着追逐猎物或逃离天敌。迄今为止，已发现的喙头鳄化石只有一个头骨和一些腿骨。这件头骨化石有着类似鸟类头部的气腔结构，这种结构隐含了鳄形类和鸟类之间的演化联系。

地龙

- **时期** 距今1.65亿～1.4亿年前
- **化石发现地** 欧洲、北美洲、加勒比地区
- **栖息地** 海洋
- **身长** 3米
- **食物** 鱼类

当科学家们最早发现这一物种的化石时，他们认为它生活在陆地上，于是将其命名为*Geosaurus*（地龙），意为“陆地上的爬行动物”。现在，人们了解到这种动物的大部分时间其实都在水下度过。地龙拥有比大多数鳄形类更长、更窄的吻部，它的嘴里很可能还长有一个特殊的腺体，用以去除饮用水中的盐分。

家族真实档案

主要特征
- 修长的身体
- 短小而强壮的四肢
- 强有力的双颌
- 锋利的牙齿

时期
鳄形类最早出现于距今2.25亿年前的晚三叠世，它们是现生鳄鱼的祖先。

达克龙

- **时期** 距今1.65亿～1.4亿年前
- **化石发现地** 世界各地
- **栖息地** 浅海
- **身长** 4～5米
- **食物** 鱼类、乌贼和海洋爬行类

达克龙是一种凶猛的海生肉食性动物。它长着如肉食性恐龙般的巨大脑袋以及锯齿状的牙齿，并拥有强大的咬合力，可以轻松地撕裂其他海洋爬行类，粉碎菊石的外壳。它的四肢已演化为桨状，尾巴亦成为更利于身体前进的鱼尾状，这些特征使得达克龙在水中的行动更加自如，可以追逐并战胜比自己大很多的动物。

狮鼻鳄

- **时期** 距今7000万年前
- **化石发现地** 马达加斯加
- **栖息地** 森林
- **身长** 1.2米
- **食物** 植物，或许也进食少量昆虫

与普通的鳄形类不同，狮鼻鳄有着粗短的脑袋和钝圆的面部。更有趣的是，这种爬行类的牙齿表明它很有可能是植食者，偶尔也以昆虫为食。最近的研究表明狮鼻鳄的尾巴可能要比下图所示的短得多。

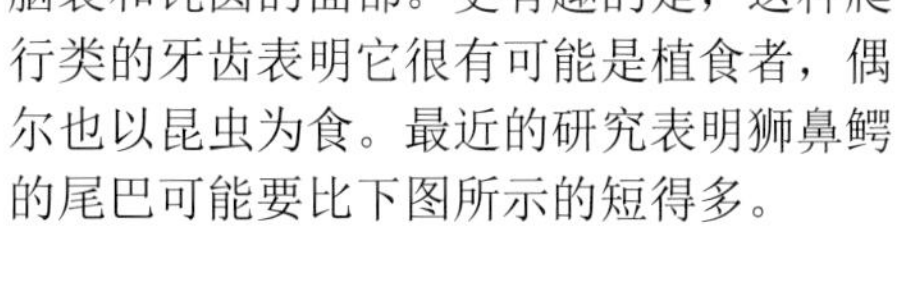

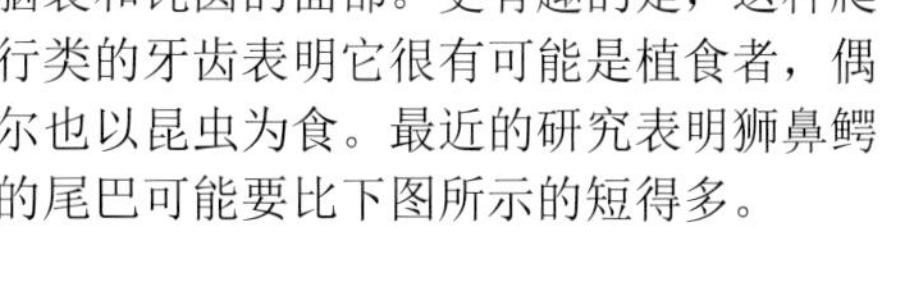

狭蜥鳄

- **时期** 距今2亿～1.45亿年前
- **化石发现地** 欧洲、非洲
- **栖息地** 河口和沿海水域
- **身长** 1～4米
- **食物** 鱼类

狭蜥鳄是生活在河口水域的鳄形类，但它可能会到岸上产蛋。虽然它已演化出适应游泳的修长身躯，但四肢还没有演化为鳍状肢。它长着较为单薄的吻部，但有着便于捕食鱼类的利齿。它的全身被重重的盔甲所覆盖，以保护其不受掠食者的侵害。

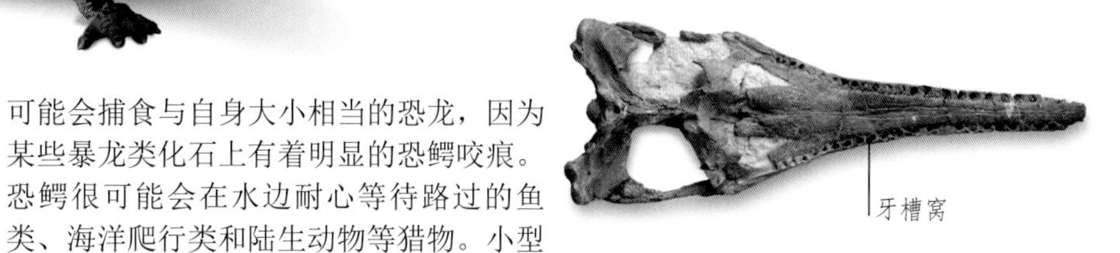

恐鳄

- **时期** 距今7000万～6600万年前
- **化石发现地** 美国、墨西哥
- **栖息地** 沼泽
- **身长** 10米
- **食物** 鱼类、中到大型恐龙

恐鳄是最大的史前鳄鱼之一，它的体形比现生最大的鳄鱼还要大5倍。这种鳄鱼很可能会捕食与自身大小相当的恐龙，因为某些暴龙类化石上有着明显的恐鳄咬痕。恐鳄很可能会在水边耐心等待路过的鱼类、海洋爬行类和陆生动物等猎物。小型猎物在被其捕杀后囫囵吞下，而较大的猎物则会被恐鳄撕成碎块。

▲水中梦魇 狭蜥鳄像现生鳄鱼一样，以将猎物拖下水溺毙的方式捕食。

翼龙

在恐龙头顶上的天空中，活跃着会飞翔的爬行类——翼龙。它们不是恐龙，而是恐龙的近亲。风神翼龙是迄今最大的翼龙之一，这种庞大动物的体形大约和一只成年长颈鹿差不多，但其翼展可横跨整个网球场。

风神翼龙

- **时期** 距今7000万～6600万年前
- **化石发现地** 美国
- **栖息地** 平原和林地
- **大小** 翼展10～11米

这种翼龙的翼展比一架小型飞机还要长，但是它的骨骼却相当轻盈，仅重约250千克。它可以在白天进行远距离飞翔，搜寻小型恐龙或恐龙幼崽，并用其巨大且无牙的双颌捕食它们。风神翼龙是有史以来最大的飞行动物之一。

家族真实档案

主要特征

- 翼龙的翅膀由横跨长长的翼指和腿部之间的皮肤构成
- 有的翼龙长有头冠
- 大大的眼睛
- 窄长的颌部
- 中空的骨骼
- 能拍打翅膀

时期

翼龙最早出现于距今2.15亿年前的晚三叠世，一直存活到距今6600万年前的晚白垩世。

翼手龙

■ **时期** 距今1.5亿～1.44亿年前
■ **化石发现地** 德国
■ **栖息地** 沿海
■ **大小** 长30厘米

大量被发现的保存完整的骨架化石使翼手龙成为最广为人知的翼龙之一。翼手龙的尾巴很短，长着比早期翼龙更长的颈部，这些特征使翼手龙比其祖先更善于翱翔天际。

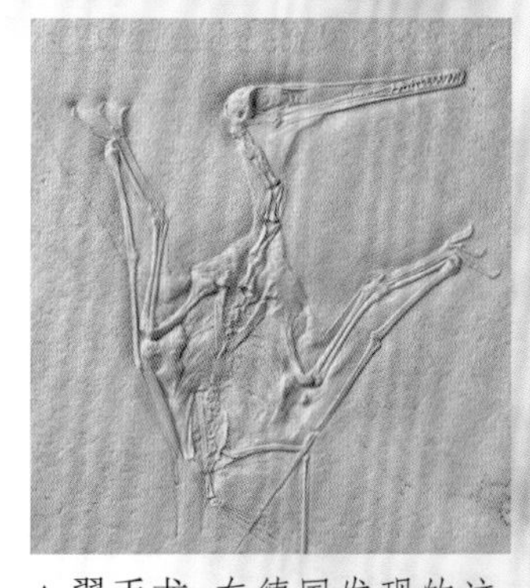

▲翼手龙 在德国发现的这块化石是已知最完整，保存最完好的翼龙化石之一。

翼手龙

无齿翼龙

■ **时期** 距今8800万～8000万年前
■ **化石发现地** 北美洲
■ **栖息地** 沿海
■ **大小** 翼展 7～9米

无齿翼龙是体形最大的翼龙之一。无齿翼龙过着群居生活。它们在海面上巡弋并搜寻鱼类，一旦锁定目标，便用细长的尖喙将猎物叼起。它们巨大的头冠可能用于展示与求偶。

►无齿翼龙很可能像信天翁那样飞翔，它们展开巨大的双翼升上高空翱翔，只偶尔鼓动一下。

双型齿翼龙

■ **时期** 距今2亿～1.8亿年前
■ **化石发现地** 不列颠群岛
■ **栖息地** 沿海林地
■ **大小** 长60厘米

双型齿翼龙的头部几乎占到其身长的1/3，它拥有两种牙齿，这在翼龙中十分少见。它可能会猎杀小型脊椎动物，以如蜥蜴般的爬行类为食。双型齿翼龙在接触到猎物的瞬间以快速闭合双颌来捕食。

喙嘴龙

■ **时期** 距今1.5亿年前
■ **化石发现地** 欧洲、非洲
■ **栖息地** 沿海、沿江
■ **大小** 长40厘米

凭借其纤细尖锐的牙齿、嗉囊和窄长的颌部，喙嘴龙完全适应在沿海环境中生活。它长长的尾巴末端长着菱形皮膜，这也许可以帮助它滑翔。

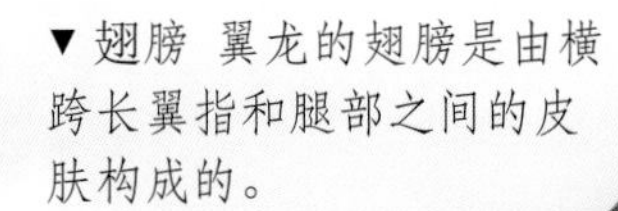

▼翅膀 翼龙的翅膀是由横跨长翼指和腿部之间的皮肤构成的。

真双型齿翼龙

真双型齿翼龙是最早飞上蓝天的翼龙之一，它利用由坚韧皮膜构成的翅膀来飞行。它的前肢很长，与延长的第四指骨形成双翼。翅膀上覆盖的皮膜和肌肉束则从双翼向后肢方向延伸。真双型齿翼龙那强健的胸部和前肢肌肉使其成为空中的霸主。

长齿的食鱼者

真双型齿翼龙的颌部只有人的一个手指那么短，但其中却密密麻麻地挤着100多颗牙齿。它的门牙像獠牙一般向外伸出，这使其能轻易地叼住滑溜溜的鱼，其后部的牙齿则像人类的颊齿一般，有着许多小突起，用以咀嚼食物。

单位：亿年前

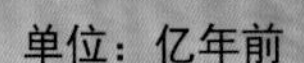

46	5.42	4.88	4.44	4.16	3.59
前寒武纪	寒武纪	奥陶纪	志留纪	泥盆纪	石炭纪

真双型齿翼龙

■ **时期** 距今2.1亿年前
■ **化石发现地** 意大利、格陵兰岛
■ **栖息地** 沿海地带
■ **身长** 1米
■ **食物** 鱼类

这种小型爬行类是最早的翼龙之一，它有着长长的尾巴和短小的颈部，这些特征在晚期翼龙身上都已消失。真双型齿翼龙在空中滑行着猎食接近水面的鱼类，可能也捕食昆虫。其骨质长尾末端长着一个菱形的皮膜，这能帮助它在飞行时掌控方向。

幻龙类

在中三叠世，当最早的恐龙准备在陆地上扩张的时候，幻龙类还在海洋家园中繁衍着。幻龙类有点类似今天的海豹和海狮，是由陆地动物逐渐演化而成的捕鱼能手。它们还不能完全适应水中的生活，有些幻龙类还长着爪形足，这标志着它们仍旧能在陆地上行走。

肿肋龙

- **时期** 距今2.25亿年前
- **化石发现地** 意大利、瑞士
- **栖息地** 海洋
- **身长** 30～40厘米
- **食物** 鱼类

肿肋龙有时被列为幻龙类，有时却又被独立划分为幻龙类的近亲种类（肿肋龙类）。它是一种拥有修长的身体、长长的脖子和长尾巴的小型动物。它通过像波浪一样摆动身体来游动，用其桨状的四肢掌控方向并保持平衡。已知的大部分肿肋龙化石都发现于海相沉积岩中。

▲细长的身体 肿肋龙将四肢收起，紧贴在身体两侧，使身体看起来像蛇一样细长。它那修长、肌肉发达的尾巴富有爆发力，可以使它在水中疾游。

单位：亿年前

5.42	4.88	4.44	4.16	3.59	2.99
寒武纪	奥陶纪	志留纪	泥盆纪	石炭纪	二叠纪

◀游泳 幻龙很可能像水獭般游泳，它通过挥舞长而有力的尾巴来推动身体在波浪中穿行。它的蹼足则更适合在陆地上行走，但同时也能帮助幻龙在水中迅速地扭动、转身以追逐猎物。

幻龙

- **时期** 距今2.4亿～2.1亿年前
- **化石发现地** 欧洲、北非、俄罗斯、中国
- **栖息地** 海洋
- **身长** 1.2～4米
- **食物** 鱼类

幻龙很可能像海豹一样在水中捕猎，在岸边休憩。它拥有适合捕捉鱼类的细长针状牙齿。这些牙齿上下相扣形成笼状，可以将猎物困在口中。幻龙长着肌肉发达的长颈，一些专家认为它可以利用其长颈玩类似声东击西的小把戏，如像鳄鱼一样扭头突袭路过的鱼类。

2.51 2 1.45 0.66 0.23 现代

三叠纪 侏罗纪 白垩纪 古近纪 新近纪

蛇颈龙类

在侏罗纪和白垩纪，恐龙统治着陆地，而海洋则被一种巨大的肉食性爬行类——蛇颈龙类主宰着。蛇颈龙主要有两个类型：长着蛇状长颈和细小、精巧头部的长颈蛇颈龙，以及拥有硕大脑袋和布满尖牙大颌的短颈蛇颈龙（上龙类）。

薄片龙

- **时期** 距今9900万～6600万年前
- **化石发现地** 美国
- **栖息地** 海洋
- **身长** 14米
- **食物** 鱼类、乌贼、贝类

薄片龙的脖颈与余下的身体部分一样长。1868年，当它首次被发现时，科学家们把它的长脖子误认为是它的尾巴，还把它的脑袋安在了尾巴尖上。薄片龙长长的脖子自有它的用途——当它在海底缓慢游荡时，这条长脖子可以伸到海床上捕食猎物。

▲ 薄片龙的长颈究竟有多灵活？这一直是专家们热议的话题。有些科学家认为它会像蛇的身体那样柔韧，可以盘旋而上或者直立越出海面。其他科学家则认为这条长颈较硬，但具有足够的灵活性，可以向身体两侧弯曲。

家族真实档案

主要特征

- 长颈蛇颈龙有长长的脖子和细小的脑袋；短颈蛇颈龙则拥有短短的脖子和巨大的脑袋
- 4个巨大的鳍状肢
- 许多尖利的牙齿

时期

蛇颈龙出现在距今约2亿年前的早侏罗世，它们在6600万年前的白垩纪终结时灭绝。

蛇颈龙

- **时期** 距今2亿年前
- **化石发现地** 不列颠群岛、德国
- **栖息地** 海洋
- **身长** 3～5米
- **食物** 鱼类、乌贼等软体动物

蛇颈龙属于海洋爬行类，长着像乌龟一样宽的身躯和修长的颈部。它会像乌龟一样通过划动鳍状肢在水中行进，而它的尾巴则因为太短而起不到什么作用。蛇颈龙游弋在鱼群中，左右摆动它长长的脖子来捕猎。蛇颈龙U形双颌可以大幅度张开，并用圆锥形的牙齿捕获猎物。

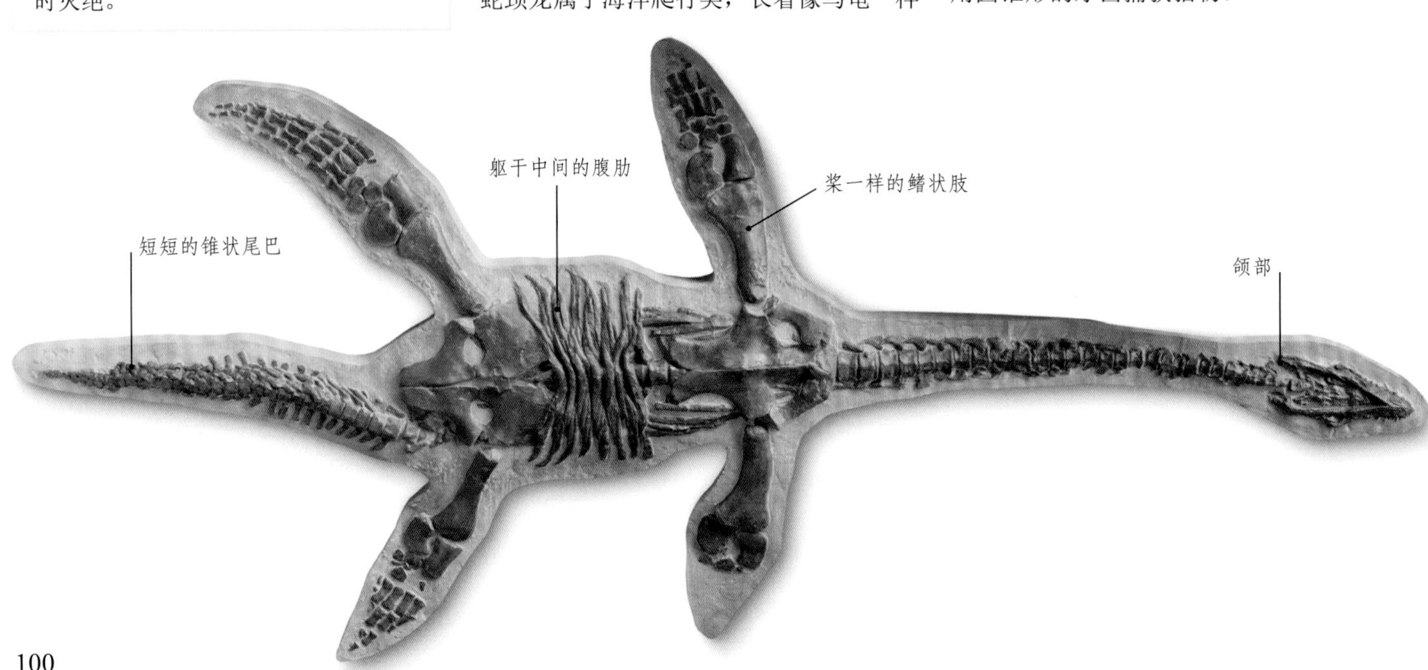

滑齿龙

- **时期** 距今1.65亿～1.5亿年前
- **化石发现地** 不列颠群岛、法国、俄罗斯、德国
- **栖息地** 海洋
- **身长** 5～7米
- **食物** 大型乌贼、鱼龙类

滑齿龙是有史以来最强大的肉食性动物之一，它那巨大双颌的咬合力可能比暴龙还要强。它可以很轻易地叼起一辆中型汽车并将其咬成两半。科学家认为，滑齿龙的嗅觉十分发达，这有助于它在难以用视力发现目标的深海中捕猎。

滑齿龙的每块脊椎骨的横截面都有一个餐盘大小。

克柔龙

- **时期** 距今6600万年前
- **化石发现地** 澳大利亚、哥伦比亚
- **栖息地** 海洋
- **身长** 10米
- **食物** 海洋爬行类、鱼类、软体动物

克柔龙是最大的海洋爬行类之一。仅其头部就可长达3米，比一个成人的身长要长得多。这种巨兽会像鳄鱼一样张开巨大的双颌，用香蕉般大小的牙齿咬住猎物。化石中其胃部的残留物表明它会以其他海洋爬行类，包括其他蛇颈龙类为食。跟所有蛇颈龙类一样，它需要浮到水面上呼吸。

尼斯湖水怪

是否有蛇颈龙存活至今呢？关于英国尼斯湖水怪的故事想必大家早就耳熟能详了。可是，即使有很多人声称他们曾亲眼见过尼斯湖水怪，甚至有人拍下了水怪的照片，然而关于尼斯湖水怪真实存在的科学证据至今仍未被发现。这些传闻可信吗？

独家报道！

下图这张著名的照片于1934年被首次发表于一份英文报纸上。据说这是有关尼斯湖水怪的第一张照片，引起了当时人们极大的兴趣。然而，1994年，人们却得知这个怪物根本是弄虚作假而来，它只不过是一个被安装上木脑袋和颈部的玩具潜水艇。

▲著名的照片 关于尼斯湖水怪最著名的照片被称为“外科医生的照片”，因为它是由一名来自伦敦的医生罗伯特·K. 威尔逊拍摄的。

▲尼斯湖位于英国境内，是一个长约37千米的湖泊。除了它的大小之外，科学家们还认为尼斯湖里根本没有足够的鱼类来满足尼斯湖水怪这般巨大的捕猎者。

电脑复原的尼斯湖水怪形象

为什么是蛇颈龙?

诸如“外科医生的照片”等影像都显示尼斯湖水怪是个形似蛇颈龙的长颈生物。这些资料启发了一些人，他们认为尼斯湖水怪可能是从恐龙时代存活至今，并隐匿在水底的动物。但是，此地的水温对于这种巨大的爬行类而言很可能太低了，如果真有尼斯湖水怪，它也会在上一个冰期就被冻成冰块了。

蛇颈龙化石

◂蛇颈龙骨骼化石 就像尼斯湖水怪照片里显示的一样，蛇颈龙有长脖子和小脑袋。但事实上，它们的脖子可能太脆弱了，根本无法将脑袋抬离水面那么高。

菱龙

1848年，当矿工们在英国约克郡的一个采石场发现了一个被嵌在岩石中的巨大生物骨骼化石时，他们都震惊了。他们发现了侏罗纪时代的海洋中最可怕的肉食性动物之一——菱龙。侏罗纪时代的海洋被两种爬行类，即类似海豚的鱼龙类和类似蜥蜴却有着长脖子的蛇颈龙类所主宰。菱龙则属于蛇颈龙家族。

单位：亿年前

46	5.42	4.88	4.44	4.16	3.59	2.99
前寒武纪	寒武纪	奥陶纪	志留纪	泥盆纪	石炭纪	二叠纪

致命的一击

菱龙利用锥状的尖牙来袭击大型猎物。跟鳄鱼一样，它们会通过猛烈地扭动身躯来撕裂猎物，以便于吞咽。

保护色

跟现生的大型海生动物一样，菱龙很可能腹部呈白色，而背部皮肤颜色较深。这是一种被称为反荫蔽的保护色，使得海生动物无论是从上方还是从下方都难以被天敌发现。

2	1.45	0.66	0.23	现代
三叠纪	侏罗纪	白垩纪	古近纪	新近纪

菱龙

- **时期** 距今2亿～1.95亿年前
- **化石发现地** 英国、德国
- **栖息地** 沿海
- **身长** 5～7米
- **食物** 乌贼、海洋爬行类

菱龙属上龙类——一类脖子较短的蛇颈龙。它利用敏锐的视觉和嗅觉捕猎，很可能通过流过嘴巴和鼻孔的海水来获取猎物的气味。上龙类化石的胃内容物表明它们会捕食乌贼、鱼类，甚至其他蛇颈龙类。

▶鳍状肢 菱龙会像挥动翅膀一般，在水中摆动4个有力的鳍状肢游动，有如我们今天看到的企鹅在水中滑行。

鱼龙类

鱼龙类是史上最大的海生爬行类。它们是从陆生爬行类演化而来，已经极好地适应了水中生活，其中还有一些最后演化出类似海豚的形态。跟海豚一样，它们在水中捕猎、繁殖、分娩，但是必须回到水面呼吸空气。

家族真实档案

主要特征

- 巨大的眼睛，拥有良好的水下视力
- 用来划水和保持平衡的鳍
- 垂直尾鳍
- 胎生而非卵生
- 用肺呼吸空气

时期

鱼龙生活在距今约2.45亿年前的三叠纪，至距今约9000万年前的白垩纪。

肖尼鱼龙

- **时期** 距今2.25亿～2.08亿年前
- **化石发现地** 北美洲
- **栖息地** 海洋
- **身长** 可达20米
- **食物** 鱼类、乌贼

肖尼鱼龙像是鲸鱼与海豚的结合体，有着庞大的身躯和细长的吻部。肖尼鱼龙长着巨大的眼睛，却没有牙齿，是深海中的乌贼猎手。在加拿大发现的一件肖尼鱼龙化石长达20米，与鲸鱼的身长差不多。肖尼鱼龙是迄今为止发现的最大的鱼龙。

大眼鱼龙

- **时期** 距今1.65亿～1.5亿年前
- **化石发现地** 欧洲、北美洲、阿根廷
- **栖息地** 海洋
- **身长** 5米
- **食物** 鱼类、乌贼和贝类

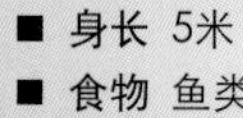

相对于其体形而言，大眼鱼龙拥有所有史前动物中最大的眼睛。它的眼睛有葡萄柚大小，几乎占满整个脑袋。它的视力在黑暗中尤其良好，它可能以此在深海捕猎。这样一来，为了长时间在深海捕猎，它还必须具备超强的闭气法。

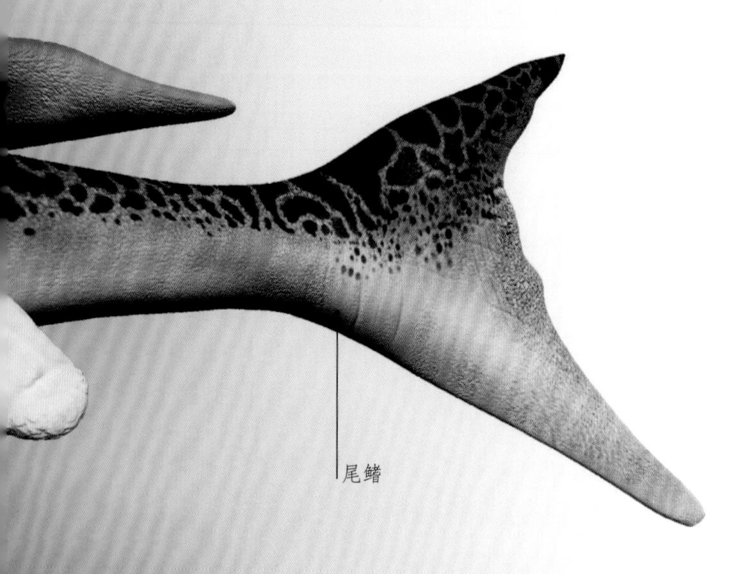

混鱼龙

- **时期** 距今2.3亿年前
- **化石发现地** 世界各地
- **栖息地** 海洋
- **身长** 可达1米
- **食物** 鱼类

混鱼龙是最小的鱼龙类之一。它通过左右摆动尾巴游水前进，很可能会突然加速，出其不意地攻击鱼群。它利用狭长吻部上长满的一字排开的利齿捕捉猎物。混鱼龙的化石在世界各地均有发现，这表明它们当时分布在整个海洋中。

鱼龙

- **时期** 距今1.9亿年前
- **化石发现地** 不列颠群岛、比利时、德国
- **栖息地** 海洋
- **身长** 长1.8米
- **食物** 鱼类

鱼龙是体形较小、吻部细长的一种鱼龙类。它有数十颗尖锐的针状牙齿，用以捕捉乌贼或者其他软体动物。对鱼龙耳骨的研究表明，它并不像海豚那样具有出色的听力，在水中无法使用回声定位系统辨别物体。

狭翼鱼龙

早在海豚出现以前，侏罗纪的海洋中就已生活着一群海生爬行类。它们无论是体形还是生活方式都非常近似海豚，这就是鱼龙类。狭翼鱼龙是一种鱼龙，其一生都在海洋中度过，以猎捕鱼类、枪乌贼和其他海洋动物为食。

背鳍

很多大型化石只剩下骨骼可见。但是在这件特殊的狭翼鱼龙化石中，我们可以看到鳍、尾巴以及其他软组织。

脊柱向下弯曲以支撑尾巴。

短小的后肢

狭翼鱼龙

- 时期 早中侏罗世
- 化石发现地 阿根廷、英国、法国、德国
- 栖息地 浅海
- 大小 长4米

像它的近亲——鱼龙一样，狭翼鱼龙有着类似海豚的体形和长满利齿、适合捕鱼的吻部。流线型的躯体和肌肉发达的鳍部使其游速最高可达100千米/时，这使其能够像龙卷风一般闯入鱼群中，并乘乱捕捉猎物。

狭翼鱼龙的研究

保存完好的狭翼鱼龙化石表明，它是一个游泳健将——至少跟现生游速最快的鱼类旗鼓相当。

长满牙齿的用于捕捉猎物的吻部

颌部

鼻孔

巨大的眼眶

单位：亿年前

2.51	2	1.45	0.66
三叠纪	侏罗纪	白垩纪	

幼崽的诞生

虽然鱼龙生活在上亿年前，但我们知道，这种海洋动物并非卵生而是胎生。我们是怎么知道的呢？因为记录雌性鱼龙产崽过程（总是尾部先娩出）的化石已被发现。但是，科学家认为鱼龙双亲在产下幼崽后并不去照料、抚养它们的下一代。

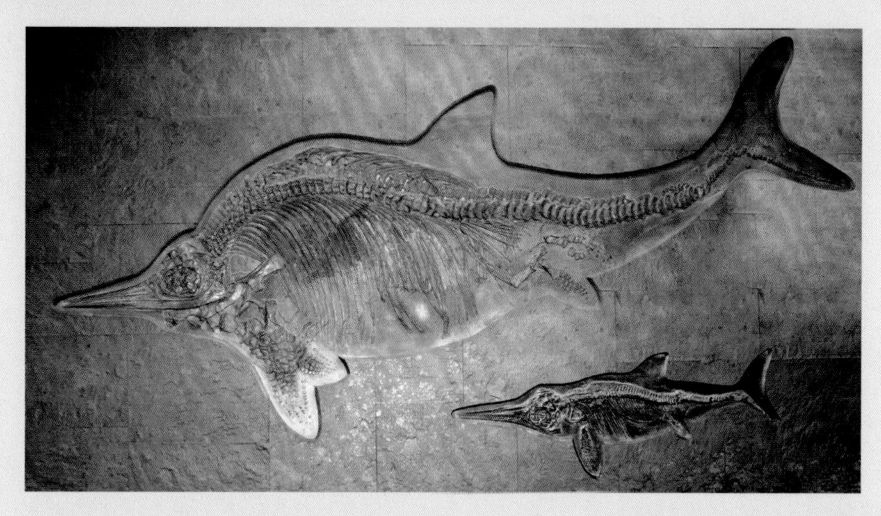

► 年幼的鱼龙 这条小狭翼鱼龙很可能出生后就得自食其力。

年轻的化石猎人

1830年，英国地质学家亨利·德·拉贝赫画了一幅奇妙的水彩画，他想通过出售这幅作品来为自己的朋友筹钱。他的这位朋友名叫玛丽·安宁。这幅作品则是第一次有人绘制史前生物的复原图。更令人称道的是，这幅画上所有的动物都是安宁发现的。

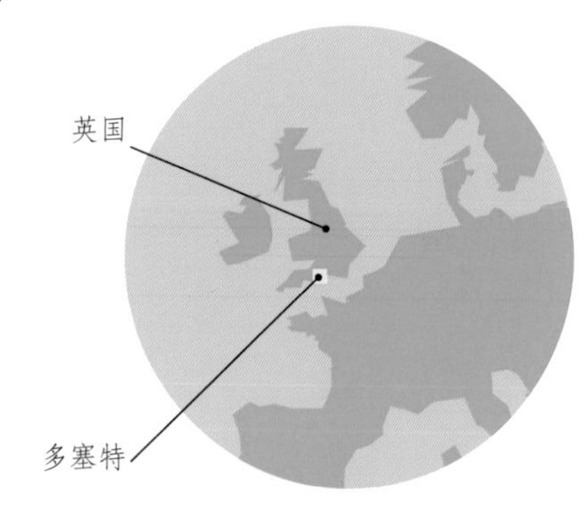

回望过去
德·拉贝赫将其画作命名为“亘古的多塞特”。画中描绘的动物全部来自安宁在英国多塞特海岸发现的化石。这幅画的复制品在19世纪的科学界广为流传，引发了人们对史前生命的思索。

谁是玛丽·安宁？

当玛丽·安宁（1799～1847）的哥哥在海滩上发现了一个大型动物化石的头部时，安宁只有11岁。她后来成为最有名的自学成才的化石猎人。可是安宁从未得到过她应有的待遇，因为女性在19世纪的化石猎人中是那么弱势。

那是什么？

安宁用了好几个月的时间发掘出她一生中第一件化石。这件化石后来被命名为*Ichthyosaurus*（鱼龙），意思是“鱼类爬行动物”。这种海洋爬行类游弋于恐龙时代的海洋中。

▲ 好大的眼睛 巨大的眼眶表明鱼龙依靠视觉捕猎。它们甚至可以在漆黑的夜晚或深海中捕食猎物。

◀ 隐藏的宝藏 安宁发现化石的莱姆里杰斯海湾峭壁，迄今仍是一处能带来惊人发现的化石点。

更惊人的发现

离安宁家不远处的悬崖上蕴藏着丰富的侏罗纪化石。1823年，她在那里发现了第一件蛇颈龙化石，并于1828年发现了第一件翼龙化石。她在出售每一件化石之前都会认真地将它们记录下来。

珍贵的笔记

安宁的生活并不轻松，她一生大部分时间都在贫困中度过。她和哥哥是10个兄弟姊妹中仅存的。虽然她并没有接受过教育，但她自学了关于化石的知识，将采集到的每件化石的信息记录下来，还为它们绘制了详细的素描。随着时间的推移，她所发现的卓越的化石终于得到广泛的认可。

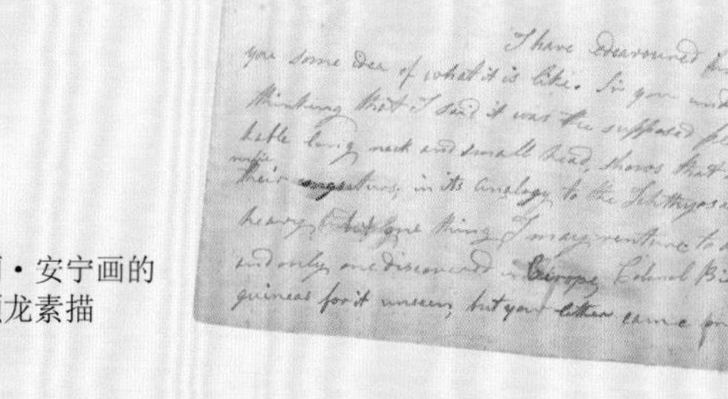

玛丽·安宁画的蛇颈龙素描

早期脊椎动物

沧龙

- **时期** 距今7000万～6600万年前
- **化石发现地** 美国、比利时、日本、荷兰、新西兰、摩洛哥、土耳其
- **栖息地** 海洋
- **身长** 约15米
- **食物** 鱼类、乌贼和贝类

沧龙是体形最大的沧龙类之一。它看起来有点像是长着鳍状肢的鳄鱼，在低速的波浪中摆动长长的躯体来游动。它们虽然无法快速地长距离游动，但可能有相当不俗的爆发速度。科学家们认为沧龙生活在阳光充足的海面，捕猎那些行动缓慢的猎物。龟壳和菊石化石上都曾经发现过牙痕，那是沧龙巨大的锥形牙齿所留下的。沧龙一直存活到白垩纪终结，和恐龙一起销声匿迹了。

沧龙类

就在白垩纪即将结束之前，海洋中依然生活着一些只有神话传说中才有的如海怪般恐怖且巨大的海中怪兽，它们就是沧龙。沧龙是现生蜥蜴和蛇的近亲，它们的祖先是小型的陆生蜥蜴，为了觅食而慢慢向水域生活演化。为了适应海中的生活，它们的四肢演化为鳍状肢，躯体也借助海水的浮力而变得越来越大。

家族真实档案

主要特征
- 长着鳍的如蜥蜴般的躯体
- 强有力的双颌上排列着锋利的牙齿
- 在水面上呼吸空气

时期
沧龙类生活在距今8500万～6600万年前的晚白垩世，并在白垩纪末期的物种大灭绝中与恐龙等大型爬行动物一起消逝了。

在白垩纪，海洋从北美洲中部将这块大陆一分为二。其泥泞的海床现在已经变成了坚硬的岩石，形成了北美洲的尼奥布拉拉白垩层。这里蕴藏着种类丰富的化石宝藏，包括许多蛇颈龙类和沧龙类的化石。

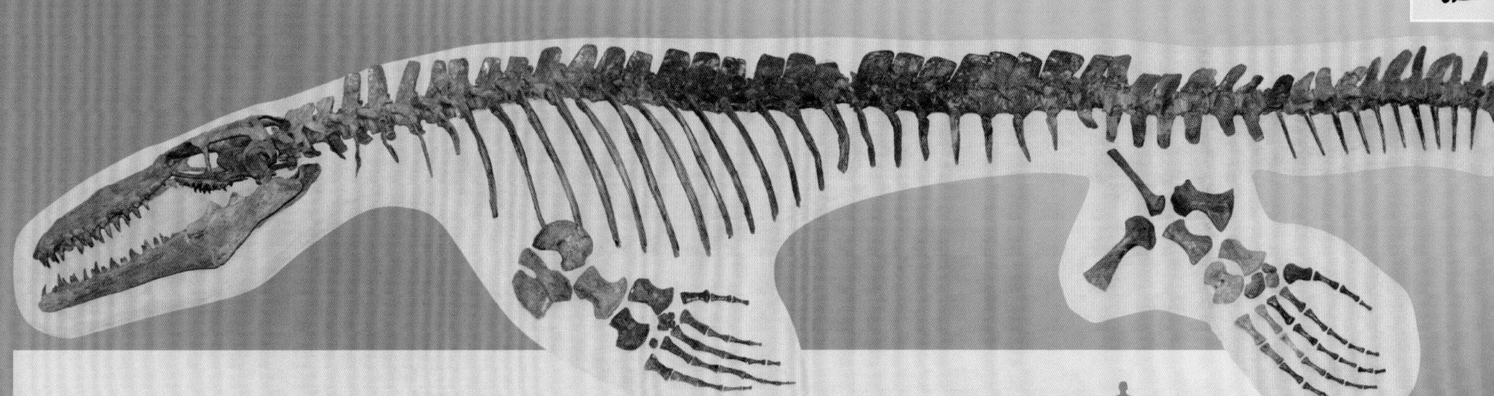

板果龙

- **时期** 距今8500万～8000万年前
- **化石发现地** 世界各地
- **栖息地** 海洋
- **身长** 4.2米

板果龙并不是最大的沧龙类，但却是数量最多的沧龙类之一。板果龙化石发现于世界各地，以北美洲的奈尔布拉勒地区尤为常见。与其他沧龙类一样，板果龙利用其肌肉发达的尾巴在水中蜿蜒前进。板果龙的牙齿比其他沧龙类的要小且少一些，这表明它食用较软的猎物，如鱼类和乌贼等。人们曾经在一块板果龙化石的腹部发现过鱼骨头和鱼鳞——那是它最后的晚餐。

恐龙和鸟类

▲ 采石场的化石发现 恐龙足迹化石发现于世界各地。采石场有时会有一些惊人的化石发现。图中是玻利维亚首都苏克雷的一个采石场，人们在那里发现了恐龙奔过岩面的足迹化石群。

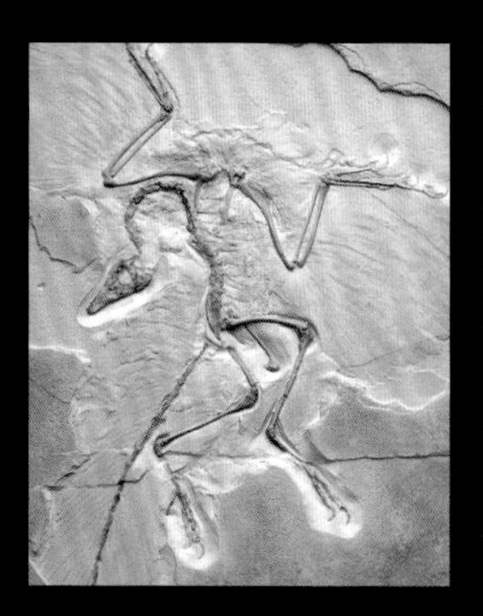

恐龙曾是地球上的陆地霸主，它们统治陆地的时间长达1.6亿年，这令人难以想象。恐龙并未完全灭绝，因为它们的后代——鸟类，一直存活至今。

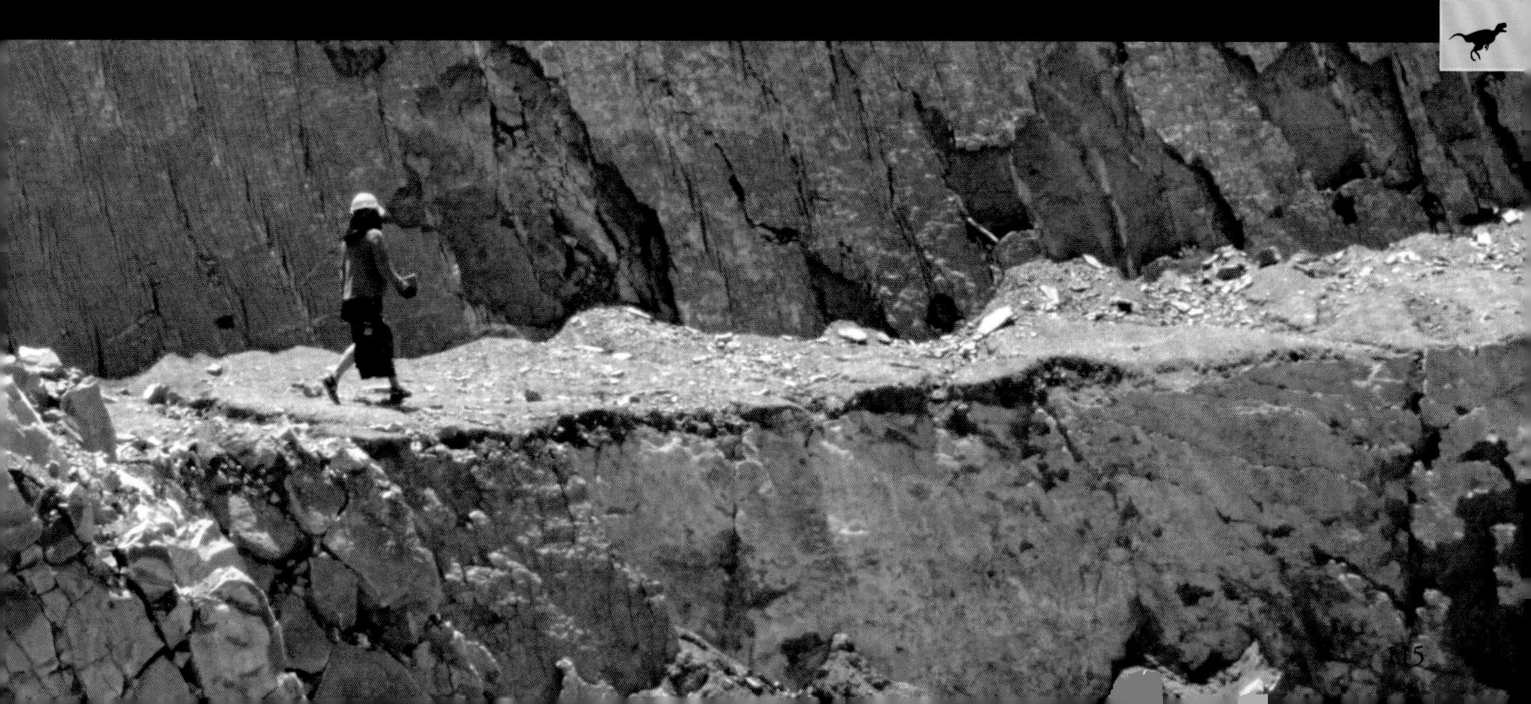

致命的颌部

巨大的颌部肌肉所赋予暴龙的咬合力较之历史上任何陆生动物可能都要强大。暴龙呈钉状的牙齿表面为釉质，如岩石般坚硬。一口咬下去，猎物即便不立刻死亡，也会因被穿透骨头、皮肤和肌肉而受到致命的伤害。

什么是恐龙？

恐龙存在时间长达1.6亿年（相比之下，人类的存在时间还不到100万年）。恐龙的体形大小不一，小的只有鸽子那么大，大的则如笨重巨大的卡车。最近的化石证据表明，许多恐龙都长有与现生鸟类相类似的羽毛。

◀我们还活着！绝大多数科学家相信，现生的鸟类是一类小型肉食性恐龙的后代。

真实档案

主要特征

- 生活在陆地上
- 筑巢、下蛋
- 大部分有鳞状皮肤（有些有羽毛）
- 长尾巴，但尾巴不拖地
- 直立行走，后肢如柱子
- 大型恐龙的颅骨上有开孔，这有助于减轻体重（只有甲龙类的头骨是实心的）
- 脚趾着地行走
- 四肢上有爪

恐龙与现生爬行动物不同的是，它们的四肢可以直立着地，就像哺乳动物那样。有的恐龙用四肢行走，有的只用后肢，而有些用四肢和后肢都可以行走。

▲恐龙 用后肢直立行走。

▲鳄鱼 肘膝弯曲行走。

▲蜥蜴 行走时四肢与身体成直角。

家族树

恐龙可分为两大类：蜥臀目和鸟臀目。往下还可以进一步细分，如下图所示。然而，最近有人认为，兽脚类（兽脚亚目）和鸟臀目之间的关系比它们和蜥脚形类（蜥脚形亚目，包括原蜥脚类和蜥脚类）之间的关系更近。

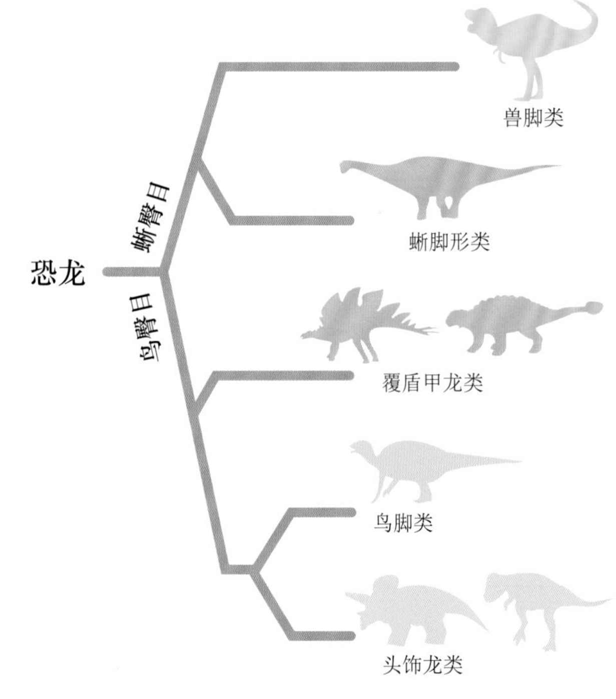

覆盾甲龙类

也称装甲恐龙，植食性恐龙的一支，体形庞大，用四足行走。它们身上武装有盔甲、骨板和棘刺来保护自己。这类恐龙中的一些物种甚至在眼睑上都长有甲片！

◀钉状龙的背部从头到尾长有两排钉状骨板。

兽脚类

所有肉食性恐龙都属于蜥臀目，它们组成的支系叫兽脚类。这个支系就是鸟类的祖先。成员中体形大小不一。小如美颌龙，只有鸡一般大小；巨型者如棘龙，身躯庞大。

◀棘龙具有沿背部生长的巨大的背帆。

蜥脚形类

这个分支包括迄今为止陆地上体重最重、体形最长的动物。它们是植食性动物，需要不停地进食以满足身体能量所需。

▲腕龙 相对于它们的身体，蜥脚类恐龙的脑袋很小。

鸟脚类

这种植食性恐龙都用后足站立行走，因此它们可以将前肢腾出来抓取食物。这种恐龙的繁衍获得极大成功，在当时随处可见。如今世界各地都发现有这类恐龙的化石。

头饰龙类

这个分支的恐龙也都是植食性的，它们头上长有骨质颈盾。它们有的用后足行走，有的用四足着地行走。在白垩纪，这是一类常见的恐龙，其中包括著名的三角龙。

▲禽龙是鸟脚类的一种，也是第二种被命名的恐龙。

▲野牛龙长着向前弯曲的角。

小型鸟臀目

恐龙家族树分为两个分支：蜥臀目和鸟臀目。鸟臀目是植食性动物，它们的颌部长有喙，用于咬下叶子；肚子很大，有助于消化食物。尽管有些鸟臀目是体形庞大、四足行走的巨龙，但大多还是体形较小、两足行走的植食性动物，它们终日在灌木丛和树林里疾行，寻找食物，同时避开掠食者。

家族真实档案

主要特征
- 植食性
- 颌部有喙
- 耻骨向后
- 腹部很大，有助于消化食物

时期

鸟臀目恐龙的生活年代从距今2亿年前的早侏罗世开始，一直到距今6600万年前的晚白垩世。

畸齿龙

- **时期** 距今2亿～1.9亿年前
- **化石发现地** 南非
- **栖息地** 灌木丛
- **身长** 1米
- **食物** 绿叶植物、块茎植物，很可能还吃昆虫

与大多数只有一种牙齿的恐龙不同，畸齿龙有3种牙齿。它那锋利的前牙可以切咬下坚韧的植物，然后再用后牙捣碎成浆。同时它还长有犬牙状的大牙齿用来保护自己、与掠食者搏斗。其颌部突出，长着角质喙，很可能是用来采摘叶子的。

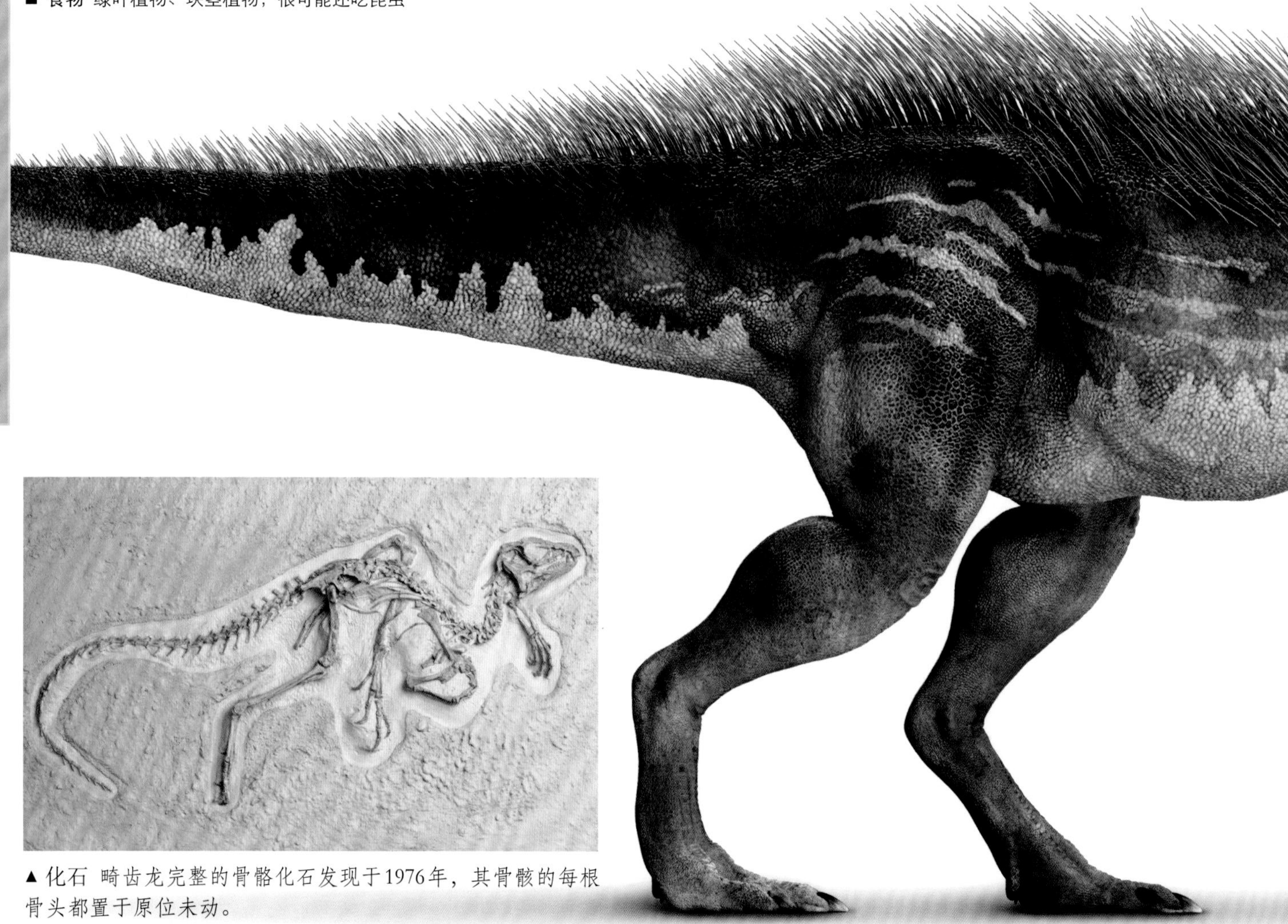

▲化石 畸齿龙完整的骨骼化石发现于1976年，其骨骸的每根骨头都置于原位未动。

棱齿龙

■ **时期** 距今1.25亿～1.2亿年前
■ **化石发现地** 英国、西班牙
■ **栖息地** 森林
■ **身长** 2米
■ **食物** 植物

棱齿龙和现生的鹿很相像，用叶状小牙嚼食细枝嫩叶。大量的足迹化石表明这种恐龙像鹿一样群居，但此结论还未得到最终确定。棱齿龙僵硬的尾巴和修长的四肢表明它们拥有快速的地面奔跑能力，同时利用尾巴平衡身体。快速奔跑能使其逃离掠食者的追杀。

雷利诺龙

■ **时期** 距今1.05亿年前
■ **化石发现地** 澳大利亚
■ **栖息地** 森林
■ **身长** 2米
■ **食物** 植物

雷利诺龙的栖息地靠近南极，虽然白垩纪的南极气候要比今天暖和，但在极地的冬天，雷利诺龙每年也得在黑暗中生活长达几个月。它长着大大的眼睛，这有助于它在黑暗中看得更清楚，以躲避掠食者。雷利诺龙可能是温血动物。

莱索托龙

■ **时期** 距今2亿～1.9亿年前
■ **化石发现地** 南非
■ **栖息地** 沙漠绿洲
■ **身长** 1米
■ **食物** 叶子，或许也吃动物尸体和昆虫

这种恐龙是根据其发现地——非洲南部的莱索托来命名的，其化石于1978年首次发现。科学家认为莱索托龙与现生瞪羚相似，以低矮植物为食，一旦发现掠食者立即迅速逃走。它的上下排牙齿都很小，形状就像箭头一样。

奥斯尼尔洛龙

■ **时期** 距今1.55亿～1.45亿年前
■ **化石发现地** 美国
■ **栖息地** 平原
■ **身长** 2米
■ **食物** 植物

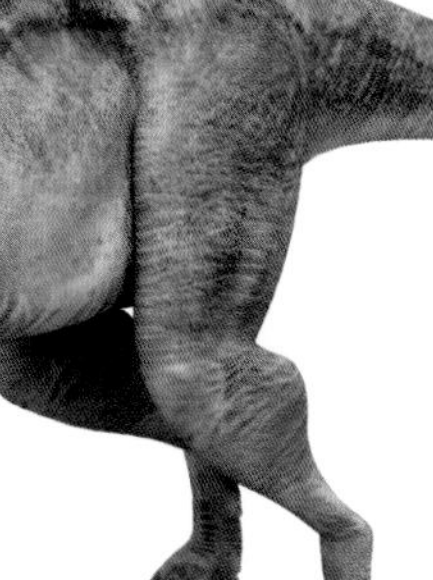

奥斯尼尔洛龙靠它强壮的后肢迅速移动，是天生的奔跑好手。它的前肢短且羸弱，指掌很小。化石证据表明它的牙齿切缘长有许多小的脊状突起，很适合切碎叶子。它的脊柱化石表明其颈部很短。

肿头龙

这种植食性恐龙的头上长有一个神秘的坚硬的骨质圆顶。这圆顶是干什么用的？原有理论认为雄性肿头龙像公羊那样用头互相撞击打斗，但它们的脖子是弯曲的，这样很可能使不上劲儿。另外一种理论认为它们像长颈鹿那样，把沉重的脑袋向两边摆动来进行打斗。不过，也许它们那花哨的头部仅用于求偶时吸引异性。

最后的恐龙

肿头龙生活在白垩纪最末期，是恐龙大灭绝事件的见证者之一。

你知道吗？

人们对肿头龙的认识仅仅来自于一件保存完整的头骨（其复制品如下图所示）和少量的头骨碎片。在头顶厚实的骨质圆顶上，分布有流苏状的骨质突起和尖棘，这些结构可能是用来求偶的。肿头龙的牙齿很小，眼睛很大。

肿头龙

- **时期** 距今6600万年前
- **化石发现地** 北美洲
- **栖息地** 森林
- **身长** 5米
- **食物** 植物、小果、种子

肿头龙的化石并不多见，将它的化石与其亲戚们进行比较后，科学家猜想这种恐龙的身长几乎比得上一辆旅行车。它的躯体或许很庞大，但修长的后肢表明它可以快速奔跑。小小的牙齿表明肿头龙以易消化的植物为食，或许肿头龙也是一种杂食动物，既吃植物，也吃蛋类等一些荤食。

角龙类

植食性的角龙类恐龙体形大小不一，小的如绵羊般大小，大型巨兽则比大象还大。它们或许群居生活，觅食范围包括北美洲和亚洲的森林、草原。它们有巨型的类似鹦鹉嘴般的喙，可用来啃咬植物。头上高高耸立的大角和庞大的颈盾，使得它们看起来蔚为壮观。

家族真实档案

主要特征

- 巨大的有钩的喙嘴用于啃咬植物
- 数百个有着凿状边缘的牙齿，可像剪刀般切碎叶子
- 大角和颈盾主要用于求偶
- 后肢很短
- 四足的各指（趾）上有蹄状爪

时期

这些恐龙在距今约8000万年前的白垩纪兴盛一时。最后的角龙类在距今6600万年前的白垩纪物种大灭绝事件中全部灭绝。

野牛龙

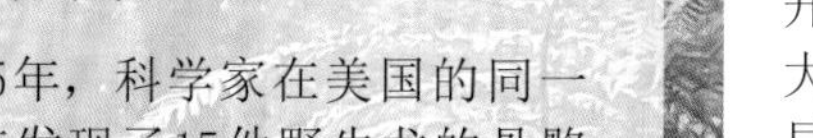

- **时期** 距今7400万～6600万年前
- **化石发现地** 美国
- **栖息地** 林地
- **身长** 6米
- **食物** 植物

1985年，科学家在美国的同一地点发现了15件野牛龙的骨骼化石，这些骨骼或许是一群野牛龙在遭遇洪水或山体滑坡时集体死亡所留下的。野牛龙长有引人瞩目的边缘为波浪状的颈盾和两只尖尖的向上的长角。长角或许可用来搏斗，也可用来求偶。

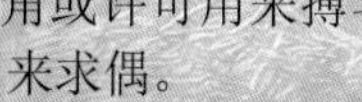

开角龙

- **时期** 距今7400万～6600万年前
- **化石发现地** 北美洲
- **栖息地** 林地
- **身长** 5米
- **食物** 棕榈叶和苏铁类植物

开角龙覆盖着皮肤的颈盾上有一个巨大的开口。颈盾可向上翘起，以吸引异性或吓走掠食者。据推测，颈盾可能有着斑斓的色彩。

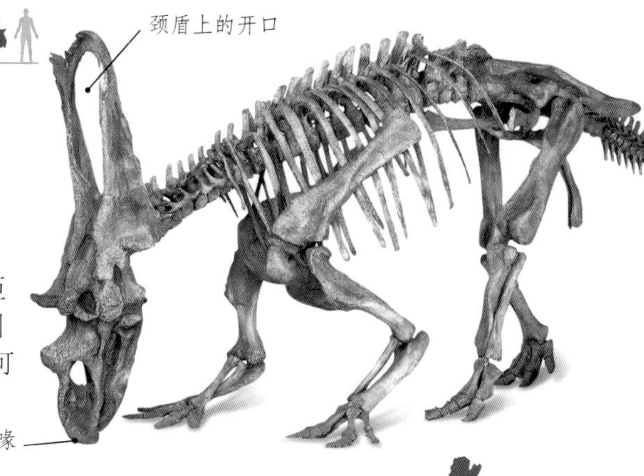

戟龙

- **时期** 距今7400万～6600万年前
- **化石发现地** 北美洲
- **栖息地** 开阔的林地
- **身长** 5.2米
- **食物** 苏铁和蕨类植物

戟龙那蔚为壮观的颈盾上，炫耀似地长着6根长约60厘米的尖棘。尖棘的作用可能是用来装饰，以吸引异性。戟龙有大而深的吻部，上面长有巨大的鼻孔，还有一只短而钝的角。它那锋利的牙齿可以咬断坚韧的植物，并且可以终生生长。

五角龙

- **时期** 距今7400万～6600万年前
- **化石发现地** 美国
- **栖息地** 森林平原
- **身长** 5～8米
- **食物** 植物

这种恐龙最引人注目的特征是它那庞大的头部。根据骨骼碎片拼装出的颅骨化石推测，其头部有3米多长，这使得它成为有史以来陆地上脑袋最长的动物。五角龙的脸上有5只角——吻部上有一只角，额头上有两只弯曲的角，脸颊两边还各有一只小角。

原角龙

- **时期** 距今7400万～6600万年前
- **化石发现地** 蒙古
- **栖息地** 沙漠
- **身长** 1.8米
- **食物** 沙漠植物

人们在蒙古戈壁找到了许多保存完好的这种小型恐龙的化石。原角龙的头部后面有宽阔的颈盾，颈盾会随年龄增长逐渐扩展，且雄性的更大一些。它那宽宽的铲状的爪子，可能是用于挖掘洞穴。

三角龙

三角龙看上去就像一只巨型犀牛，其体重相当于一辆10吨的大卡车。它之所以得名“三角”，是因为它的鼻子上长有一只短角，额头上又长有两只长角。三角龙用它的角和褶饰吸引异性，就像鹿用鹿角求偶一样。

搏斗疤痕

三角龙头骨上留下了可怕的暴龙牙印，这表明距今几千万年前，这两种恐龙曾有过激烈搏斗。一只三角龙额头上的角甚至被活生生地折断了。

三角龙

- **时期** 距今7000万～6600万年前
- **化石发现地** 北美洲
- **栖息地** 林地
- **身长** 9米
- **食物** 森林植物

三角龙的脖子相当灵活，这使其不仅能吃到树叶，也可以吃地面上的植物。强有力的鹦鹉嘴般的喙可让它咬下坚韧的植物，如棕榈叶、蕨类植物、苏铁等。它的牙齿就像剪刀一样，可以把植物剪下并切碎。

▶ 颈盾 三角龙的脑袋后边有一圈骨质颈盾。人们曾经以为三角龙的颈盾和角是用来自卫的，现在的观点则多倾向于在交配季节吸引异性。

▶ 牛角龙 牛角龙很像三角龙，但前者的颈盾更大，而且上面还有一个开口。一些科学家仍不能确定是否能把牛角龙作为一个独立的物种，不知道它长大成年后，颈盾上的开口得以封闭，是否就变成了三角龙。

禽龙类

禽龙类是晚侏罗世至早白垩世最常见和分布最广泛的恐龙。它们大小不一，有的很小，以至于难以归类；有的体形庞大，长着一张像马一样的长脸。但所有的种类都长有喙嘴用于啃咬植物。禽龙类还包括大型的鸭嘴龙科。

家族真实档案

主要特征

- 喙嘴里没有用来切咬植物的牙齿
- 蹄状爪
- 颌部可活动，用于咀嚼植物
- 僵硬的尾巴

时期

禽龙类繁衍了很长的时间，它们出现于距今1.56亿年前的晚侏罗世，直到距今6600万年前的晚白垩世才告灭绝。

禽龙

- **时期** 距今1.35亿～1.25亿年前
- **化石发现地** 比利时、德国、法国、西班牙、英国
- **栖息地** 林地
- **身长** 9米
- **食物** 植物

19世纪20年代，人们发现了禽龙的骨骼化石，它是第二种被鉴定为恐龙的史前生物。其学名（*Iguanodon*）的意思是“鬣蜥的牙齿”，因为它的牙齿看上去就和鬣蜥的一样，只不过要放大20倍！禽龙和大象一样大，主要靠四足行走，以低矮植物为食。它的后肢比前肢粗壮得多，这使得禽龙可以站立起来并用两足奔跑。

▶ 灵巧的前足 禽龙前足的中间三指可以并拢在一起形成蹄状爪。小指可以弯曲，以便抓住物体。拇指上则有可怕的尖爪用于自卫。

橡树龙

■ **时期** 距今1.55亿～1.45亿年前
■ **化石发现地** 美国
■ **栖息地** 林地
■ **身长** 3米
■ **食物** 叶子和树芽

这种体态轻盈的小型植食性恐龙长有长而有力的后肢，这表明它的奔跑速度极快。它的尾巴僵硬，可在快速奔跑时保持身体平衡，也可通过左右摆动尾巴来急转弯，以越过障碍物或是甩掉追赶的掠食者。

短小的前肢或许表明这种恐龙无法用四足行走。

马一样的长脸

弯龙

■ **时期** 距今1.55亿～1.45亿年前
■ **化石发现地** 美国
■ **栖息地** 开阔的林地
■ **身长** 5米
■ **食物** 低矮的草本植物和灌木

弯龙是最常见的禽龙类之一，看起来就像是缩小版的禽龙，它同样也长着一张像马一样的长脸和喙嘴。前足也和禽龙的一样，有蹄状的中间三指和拇指尖爪。

穆塔布拉龙

■ **时期** 距今1亿～9800万年前
■ **化石发现地** 澳大利亚
■ **栖息地** 林地
■ **身长** 7米
■ **食物** 植物

穆塔布拉龙的吻部顶端向上隆起，这个构造使其拥有一个拱形的鼻子。利用这个大大的鼻腔，穆塔布拉龙可以发出鸣叫声，或是把吸入鼻腔内的冷空气加温。穆塔布拉龙吻部的外形和大小具有个体间的差异，或许还随着年龄和性别的差别而各有区别。

腱龙

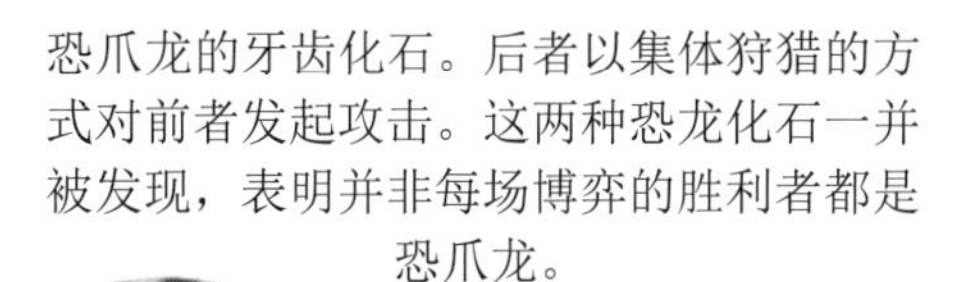

■ **时期** 距今1.15亿～1.08亿年前
■ **化石发现地** 美国
■ **栖息地** 林地
■ **身长** 7米
■ **食物** 植物

有些恐龙是因为成为其他恐龙的佳肴而出名的，腱龙就不幸成为其中之一。人们在找到这种植食性恐龙的同时，往往还能发现凶猛的小型肉食性恐龙——恐爪龙的牙齿化石。后者以集体狩猎的方式对前者发起攻击。这两种恐龙化石一并被发现，表明并非每场博弈的胜利者都是恐爪龙。

鸭嘴龙类

鸭嘴龙类恐龙是一类大型植食性恐龙，它们因长着独特的鸭嘴而得名。这种嘴便于从树上咬下叶子。据推测，鸭嘴龙类会大量群居在一起，其中某些种类在产蛋之后还会照顾幼龙。

慈母龙

- **时期** 距今8000万～7400万年前
- **化石发现地** 美国
- **栖息地** 海岸平原
- **身长** 9米
- **食物** 植物

在美国的蒙大拿州，科学家发现许多聚集在一起的碗状慈母龙巢穴。这个化石发现地很可能是成年慈母龙集体筑巢、抚养照顾幼龙的场所。慈母龙的这种习性就像现生海鸟一样。

▲ 家庭生活 人们在美国蒙大拿州的慈母龙巢穴里发现了石化的蛋壳碎片和幼年慈母龙化石。幼龙的存在表明这种恐龙和鸟类一样，刚出生的幼崽在巢穴里得到父母的照顾。这不像龟类，龟类在新生命孵化出来前就离开了巢穴。

家族真实档案

主要特征

- 长着鸭嘴
- 嘴巴后部长着大量牙齿，用以磨碎叶子
- 前肢只有后肢的一半长
- 许多鸭嘴龙类头顶上有造型独特的头冠

时期

鸭嘴龙类生活在距今1亿～6600万年前的晚白垩世。

鸭嘴龙

- **时期** 距今8000万～7400万年前
- **化石发现地** 北美洲
- **栖息地** 林地
- **身长** 9米
- **食物** 叶子和嫩枝

这是北美洲发现的第一种恐龙。鸭嘴龙用没有牙齿的喙嘴撕扯下嫩枝和绿叶，然后再用嘴巴后部的小牙将食物磨碎。

短冠龙

- **时期** 距今7500万～6600万年前
- **化石发现地** 北美洲
- **栖息地** 林地
- **身长** 9米
- **食物** 蕨类植物、木兰和针叶树

短冠龙吻部很深，头骨呈长方形，头顶上有一个扁平、桨状的头冠。雄性的头冠比雌性的更宽、更大。2000年，人们在美国蒙大拿州找到了一件近乎完美的短冠龙骨骼化石，化石显示它身体的大部分皮肤覆盖有鳞片。

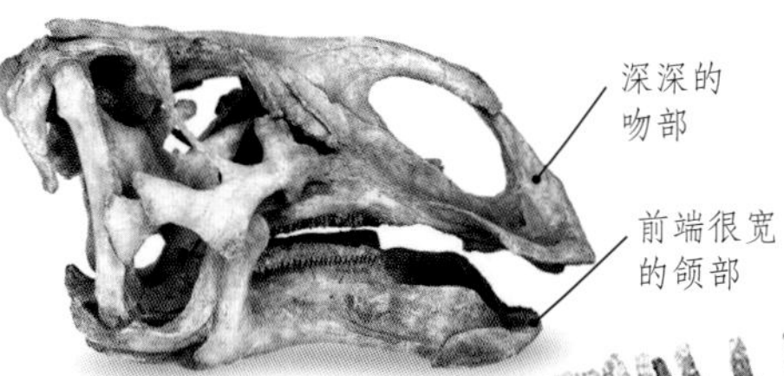

副栉龙

- **时期** 距今7600万～7400万年前
- **化石发现地** 北美洲
- **栖息地** 林地
- **身长** 9米
- **食物** 叶子、种子和松针

这种恐龙的头上有一个长管状的头冠，内有中空的管。副栉龙很可能会将空气从管中吹出，从而发出鸣叫声，与同伴们取得联系。它那沉重的躯体、发达的肌肉和宽阔的肩膀有助于它行走在森林中时推开那些茂密的灌木丛。

赖氏龙

- **时期** 距今7600万～7400万年前
- **化石发现地** 加拿大
- **栖息地** 林地
- **身长** 9米
- **食物** 低矮的叶子、果实和种子

赖氏龙中空的头冠呈手斧形，这个独特的构造使得它们可以迅速认出种群中的其他成员。赖氏龙头冠的形态存在性别差异，雄性可能会利用头冠来向雌性求偶。

细长的股骨

▲僵硬的尾巴 所有鸭嘴龙都长有一条僵硬的与地面保持平行的尾巴。尾部椎骨间紧密联锁，防止尾巴下垂。

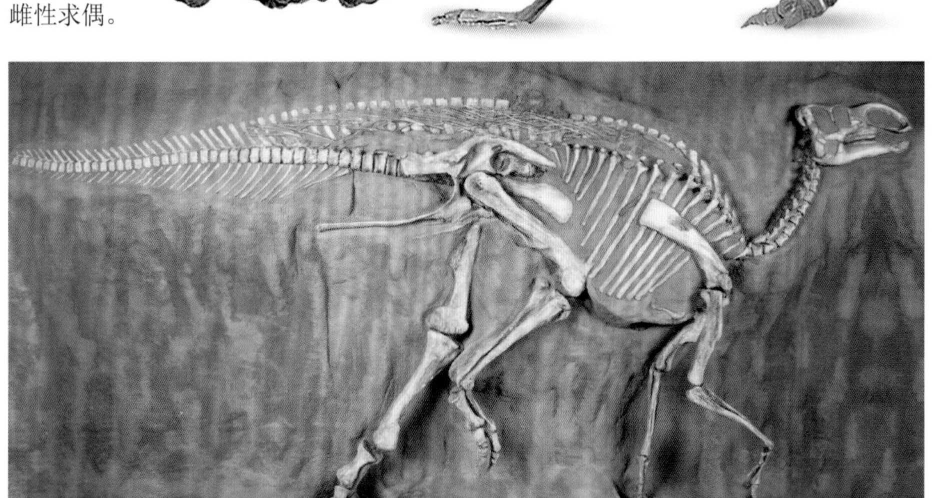

格里芬龙

- **时期** 距今8500万～6600万年前
- **化石发现地** 北美洲
- **栖息地** 林地
- **身长** 9米
- **食物** 植物

格里芬龙钩状的大鼻子看上去像圆形的喙嘴。竞争双方会用鼻子撞击和推搡对方进行打斗。相对其他的鸭嘴龙类，格里芬龙的前肢很长，可以帮助它们抓到更高处的叶子。皮肤印痕表明这种恐龙背部有金字塔状的鳞片。

恐龙粪便

或许恐龙化石中最令人惊喜的就是粪化石了——也就是石化的粪便。自19世纪30年代，粪化石首次得到确认之后，全世界都陆续发现了粪化石。粪化石可以让我们知晓恐龙更多的信息，最重要的是，可以让我们知道恐龙吃什么。

不同寻常的收藏品

凯伦·钦是研究恐龙粪化石的世界级学者，她收集有大量的粪化石。她把化石切成薄片放到显微镜下观察，想看清楚粪便里面的东西——到底是细小的骨头，还是叶子或是种子。

物尽其用

实际上，早在19世纪，英国的一些矿场已经开始开采粪化石并把它们用作肥料。这是因为粪化石中富含一种叫作磷酸盐的物质，这对于农作物的快速生长是非常有帮助的。

真实档案

凯伦·钦在植食性恐龙的粪化石中发现了一些微小的洞穴。根据这个线索，她发现蜣螂（俗称屎克螂）在恐龙时代起就开始清理粪便，直至今日。

▲蜣螂推着大大的粪球。

最大的粪化石之一

下图中的巨型粪化石中包含带有肉食性恐龙咬痕的骨头残渣，这只食肉恐龙的体形据推测有母牛般大小。科学家认为，这坨长达38厘米的粪便为暴龙所留。在这坨粪便附近还发现了一些碎块，这表明粪便原本还要更大一些。由于恐龙粪化石很少能原样保存下来，因此要弄清哪种粪化石为哪种恐龙所留是件棘手的事情。

▲碎块 在这坨暴龙的粪便里含有骨头碎块，这表明掠食者是连骨头带肉一起吞咽的。

化石原来是粪便!

化石猎人玛丽·安宁（见110～111页）在一件化石骨架的腹部区域发现有石块。经观察，她发现这是石化的鱼骨，并且对其进行了描述。基于这个发现，科学家威廉·巴克兰将这种化石命名为*coprolites*，意为“粪化石”。

盔龙

人们在北美洲找到了几件完整的盔龙骨骼化石，这使其成为最为人所熟知的鸭嘴龙类恐龙之一。在距今7500万年前，这种长有头冠和鸭嘴的恐龙集体漫步在北美洲的沼泽和林地间。头冠的作用或许相当于喇叭，以此来和群体成员保持联系。

林地家园

和大多数鸭嘴龙类一样，盔龙生活在北美洲落基山脉附近那郁郁葱葱的温带平原上。它们的吻部比起其他鸭嘴龙类的要更小，更娇弱，这表明它们的食物以嫩叶和水果为主。

看看其头部

盔龙学名（*Corythosaurus*）的意思是“戴头盔的爬行动物”——科学家根据其头顶上的头冠来如此命名。这个学名使人们不由得联想起古希腊士兵戴的头盔。

单位：亿年前

2.51	2	1.45	0.66
三叠纪	侏罗纪	白垩纪	

盔龙

- **时期** 距今7600万～7400万年前
- **化石发现地** 加拿大、北美洲
- **栖息地** 森林和沼泽
- **身长** 9米
- **食物** 叶子、种子和松针

盔龙是一种大型的鸭嘴龙类。它高高的背椎上覆盖着皮褶，从而形成一道纵行于背部的脊状突。到了头顶的头冠处，脊状突尤为显著，以此来吸引异性。

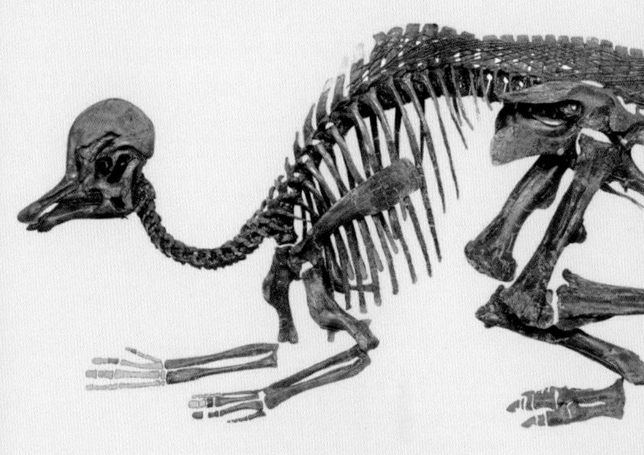

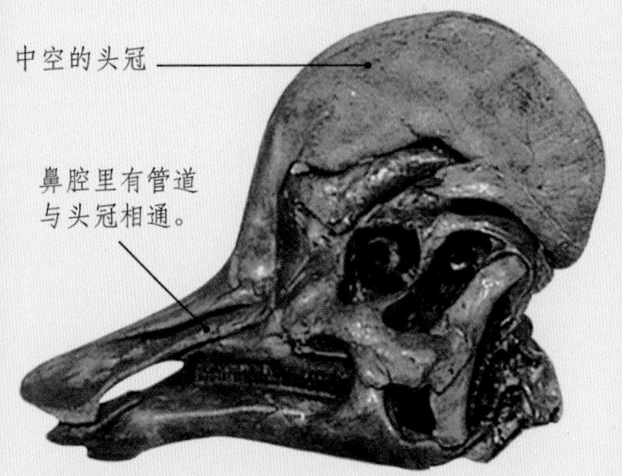

▲ **头骨** 盔龙的头冠或许可起到喇叭的作用——放大声音，把叫声传得更远。叫声或许还可作为警报提醒同伴：有掠食者潜伏在附近！

▲ **石化的皮肤** 在发现的盔龙化石中，有些还保存有完好的皮肤印痕。其中一些印痕显示盔龙的腹部有奇怪的疣状突起。

埃德蒙顿龙

埃德蒙顿龙的身体有两个火车头那么大，是最大的鸭嘴龙类之一。它与其他的巨型恐龙（如三角龙和暴龙）同时生活于距今6600万年前。埃德蒙顿龙有一个柔软、圆润的头冠。和其他的鸭嘴龙类一样，埃德蒙顿龙长有鸭嘴状的喙嘴用于啃咬叶子。

▲嘴巴 埃德蒙顿龙长有宽阔的喙嘴用来啃咬叶子。嘴巴后部则长有数百颗细牙用于咀嚼食物。旧牙不断被新牙取代，新牙需要一整年的时间才能长出来。

▶高高直立 埃德蒙顿龙用四足行走，能弯下身子吃地面上的植物。它也能用后足站立，以吃到高处的叶子，但它无法只靠后足奔跑。

埃德蒙顿龙

- **时期** 距今7500万～6600万年前
- **化石发现地** 美国、加拿大
- **栖息地** 北美洲的沼泽
- **身长** 13米
- **食物** 植物

埃德蒙顿龙得名于加拿大艾伯塔省的埃德蒙顿市，1917年人们就是在那里找到了这种恐龙的第一块化石。埃德蒙顿龙重达4吨，是最大的鸭嘴龙类之一。埃德蒙顿龙鼻孔周围的骨头凹陷，内含充气囊，这样可以靠吹气来发声。

木乃伊化的埃德蒙顿龙

保存下来的皮肤印痕

恐龙木乃伊

人们找到了一些保存得非常完好的埃德蒙顿龙化石，其中包括身体已木乃伊化的化石，上面保留下了皮肤印痕和其他软组织的痕迹。看样子这些恐龙死于一个燥热的地方，因此它们死后尸体很快变干，从而阻止了软组织分解。随着时间推移，恐龙木乃伊被泥沙覆盖，皮肤印痕得以保存下来。

▲皮肤印痕 石化的皮肤印痕表明埃德蒙顿龙长着鳞状皮肤，上面有大的突起。

肢龙

肢龙最引人瞩目之处是它的盔甲。几排骨质饰钉（其中的一些大如拳头）和尖棘，从这种早侏罗世植食性恐龙的头顶一直覆盖到尾巴。由于披着沉重的盔甲，肢龙行动迟缓，并且不得不用四足行走，这样比用两足行动更方便些。当然，肢龙的主要御敌方式并不是奔跑。

你知道吗？

肢龙是由一位名叫哈里森·詹姆斯的英国矿工于1858年发现的，这也是第一具被发现的恐龙骨架化石。化石镶嵌在异常坚硬、不易被侵蚀的石灰岩内，因此这批化石隐藏了一百多年而没被发现。到了20世纪60年代，科学家利用酸性物质将石灰岩溶解，肢龙的整具骨架化石才得以呈现在人们眼前。

单位：亿年前

2.51	2	1.45	0.66
三叠纪	侏罗纪	白垩纪	

肢龙

- **时期** 距今2.08亿～1.95亿年前
- **化石发现地** 英国、美国
- **栖息地** 西欧和北美洲的林地
- **身长** 4米
- **食物** 植物

所有肢龙化石都发现于海相地层的沉积物中，但是这种恐龙并非海生动物。或许它们只是生活在海边，或者由于陆地上的洪水淹死了一批肢龙，并把尸体冲到海里，所以造成了这种现象。作为植食性恐龙，肢龙以低矮植物为食，并用它们尖尖的牙齿把叶子切碎。这种恐龙生活在早侏罗世，是覆盾甲龙类的早期成员之一。

剑龙类

佚罗纪的林地上随处可见身躯庞大、四足行走的植食性恐龙——剑龙类。剑龙类成员通常在肩膀和尾巴上都长有用来御敌的棘刺，另外背上还长有两排骨板。骨板的用途尚未明了，据猜测可能是用于求偶或调控体温。

▼棘刺 肩膀两边各有一根大肩棘，尾巴上则排列着几对尾刺。这些棘刺有助于击退掠食者。

▶运动姿势 从这具骨架来看，剑龙是弓着背的，但实际上剑龙是抬着头、尾巴平直，躯干与地面平行的体态。

剑龙

- **时期** 距今1.5亿～1.45亿年前
- **化石发现地** 美国、葡萄牙
- **栖息地** 林地
- **身长** 9米
- **食物** 植物

在这种著名恐龙的背部长有菱形的大骨板。虽然骨板使恐龙看起来更大、更吓人，但这些骨板并不能很好地起到防御作用。剑龙演化出这些骨板很可能是用于社交或求偶。剑龙嘴前端的角质喙没有牙齿，嘴巴后端长有成排的牙齿，用来咬碎叶子并把食物研磨成浆状。剑龙的嘴巴只能做简单的上下开合运动。

华阳龙

- **时期** 距今1.65亿年前
- **化石发现地** 中国
- **栖息地** 河谷
- **身长** 4米
- **食物** 蕨类植物、叶子和苏铁类果实

华阳龙是早期的剑龙类之一，与后期的其他剑龙类不同的是，华阳龙的吻部更短更宽，上颌前端还长有牙齿。华阳龙的四肢几乎一样长，其他的剑龙类则是后肢长、前肢短。

家族真实档案

主要特征

- 颈部、背部和尾巴上遍布着两排骨板或尖棘
- 头部狭长
- 嘴前端呈喙状
- 足趾为蹄状
- 四足行走

时期

距今1.76亿年前的中侏罗世至1亿年前的早白垩世。

每片骨板上面都覆盖着一层坚硬的角质样皮肤。

沱江龙

- **时期** 距今1.6亿～1.5亿年前
- **化石发现地** 中国
- **栖息地** 林地
- **身长** 7米
- **食物** 植物

科学家找到了保存得极其完整的沱江龙骨骼化石。沱江龙生活在中国，是剑龙的近亲。它沿着背部及臀部长有长三角形的骨板，不过颈部上的骨板要小得多。和其他的剑龙类一样，沱江龙的尾巴末端也长着可怕的尾刺，当受到掠食者袭击或与同类争斗时，它猛扫尾巴，用尾刺打击对方。

狭长的颌部内长有的小牙用来咀嚼叶子。

钉状龙

钉状龙是生活在如今非洲中部的一种剑龙类。钉状龙学名（*Kentrosaurus*）的意思是“有尖刺的爬行动物”。因为它的肩膀、背部和尾巴都长满可怕的棘刺，这使得肉食性恐龙难以靠近它。

走出非洲

敦达古鲁位于非洲坦桑尼亚的一片干旱森林地带，是著名的恐龙化石产地。此地发现了大约900块钉状龙骨骼化石，其后人们利用这些化石拼装成两具完整的钉状龙骨架模型。

▲骨架模型 最近的研究表明，摆放在许多博物馆里的钉状龙骨架模型的姿势都是错误的。实际情况很可能是钉状龙的尾巴平直抬离地面，四肢也并非向外伸展。

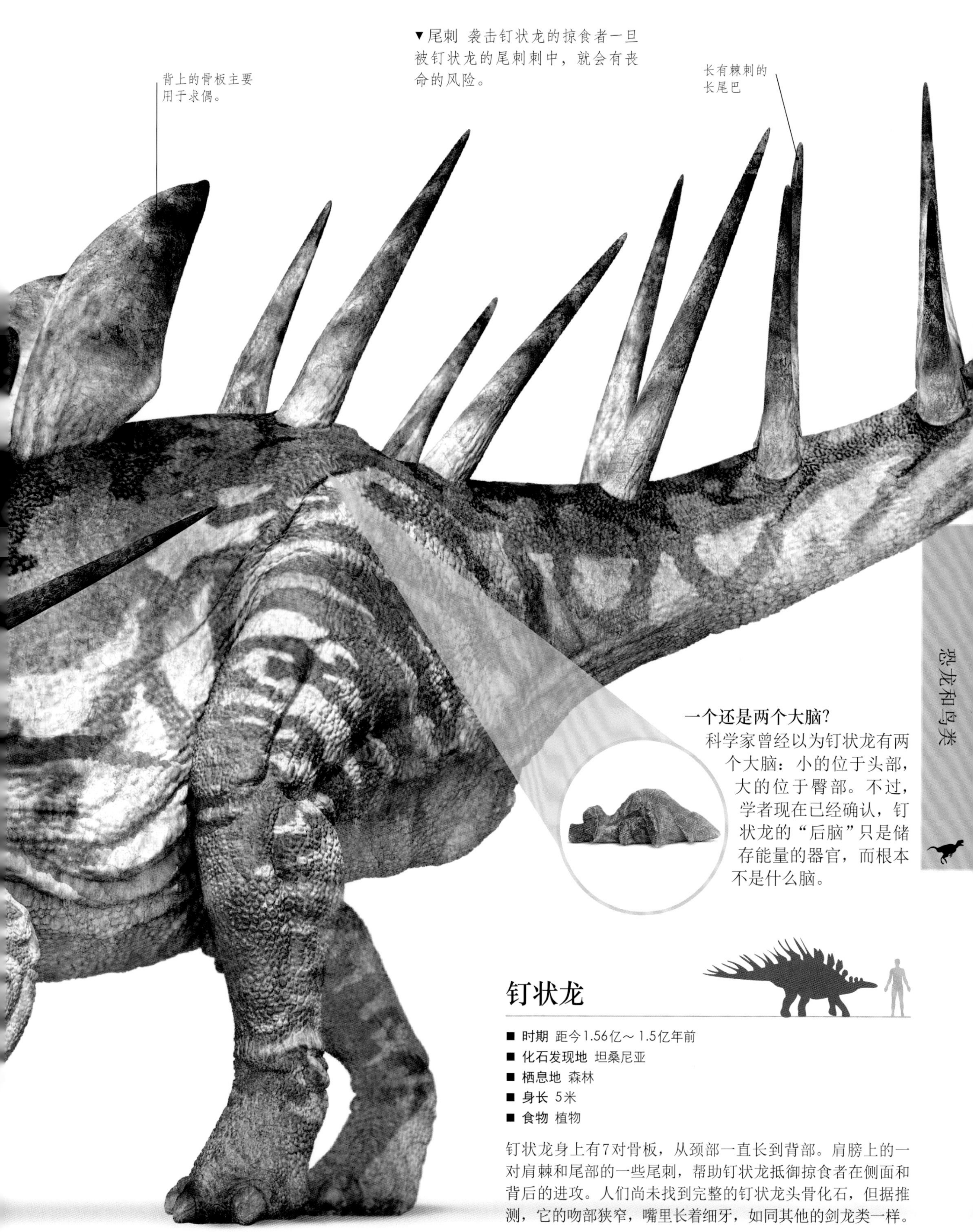

▼尾刺 袭击钉状龙的掠食者一旦被钉状龙的尾刺刺中，就会有丧命的风险。

一个还是两个大脑？

科学家曾经以为钉状龙有两个大脑：小的位于头部，大的位于臀部。不过，学者现在已经确认，钉状龙的“后脑”只是储存能量的器官，而根本不是什么脑。

钉状龙

- **时期** 距今1.56亿～1.5亿年前
- **化石发现地** 坦桑尼亚
- **栖息地** 森林
- **身长** 5米
- **食物** 植物

钉状龙身上有7对骨板，从颈部一直长到背部。肩膀上的一对肩棘和尾部的一些尾刺，帮助钉状龙抵御掠食者在侧面和背后的进攻。人们尚未找到完整的钉状龙头骨化石，但据推测，它的吻部狭窄，嘴里长着细牙，如同其他的剑龙类一样。

甲龙类

这类恐龙又名装甲恐龙或坦克恐龙，它们的体形就像坦克一样。它们那敦实的躯体外面披着一层用于防卫的盔甲似的骨板，身上还长有棘刺。骨板和棘刺都是骨质的，并覆盖在皮肤表面。如果没有这身铠甲，这些植食性恐龙在面对比它们灵活得多、体形也更大的掠食者时，就只有束手就擒的份儿了。

家族真实档案

主要特征
- 披着沉重盔甲的身躯
- 四足行走
- 具角质喙，牙齿通常长在下颌
- 有些甲龙类长有尾锤，头部后面长有角
- 结节龙类（甲龙类中的一类成员）的肩膀上长有巨大的棘刺

时期

甲龙类生活在侏罗纪和白垩纪。

埃德蒙顿甲龙

- **时期** 距今7500万～6600万年前
- **化石发现地** 北美洲
- **栖息地** 林地
- **身长** 7米
- **食物** 低矮植物

肩膀上的棘刺

它的体重是犀牛的两倍，两边肩膀上还耀武扬威地长着巨大的棘刺。埃德蒙顿甲龙就是用这些长矛一般的棘刺对掠食者发起攻击，并把它们赶跑。一些科学家认为，埃德蒙顿甲龙会用肩膀上这些致命的棘刺与同类争斗，以夺取领地或配偶。

甲龙

- **时期** 距今7000万～6600万年前
- **化石发现地** 北美洲
- **栖息地** 林地
- **身长** 6米
- **食物** 低矮的植物

这种甲龙类恐龙的躯干扁平，数百片骨板遍布在它那厚厚的皮肤上，甚至连眼睑上都覆盖有小甲片。甲片由皮内成骨所形成，就像鳄鱼皮肤表面的甲片一样。甲龙还长有巨大的尾锤，当有掠食者来袭时，它就挥动尾锤，力量之大足以击碎对手的骨头。

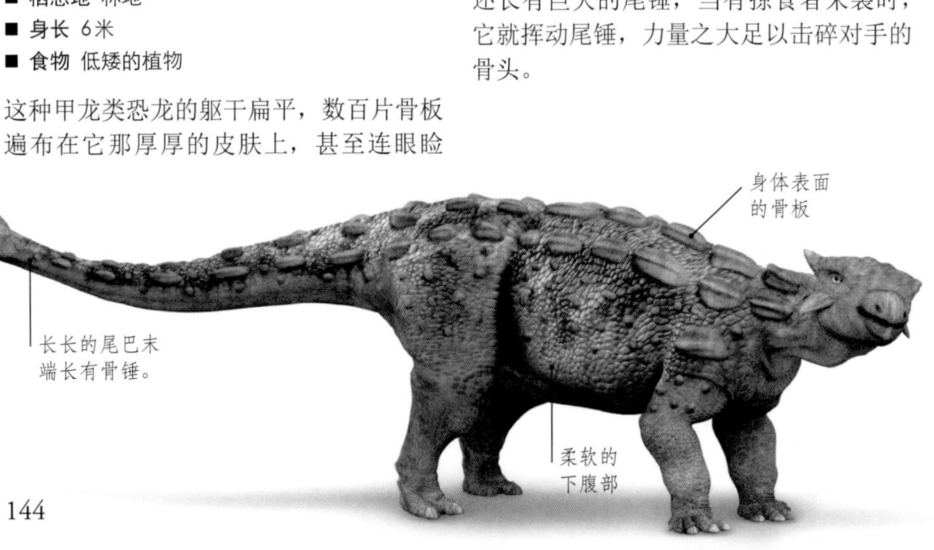

敏迷龙

- **时期** 距今1.2亿～1.15亿年前
- **化石发现地** 澳大利亚
- **栖息地** 灌木丛和多树平原
- **身长** 3米
- **食物** 叶子、种子、小型果实

敏迷龙是最小的甲龙类之一。它的身上甚至腹部都覆盖着圆形的小甲片。背部突起的骨板支撑着背肌。喙嘴很尖，长有叶状小牙，牙齿边缘有锯齿。保存在敏迷龙腹部的食物残渣表明，这种恐龙吃叶子、种子和一些小型果实。

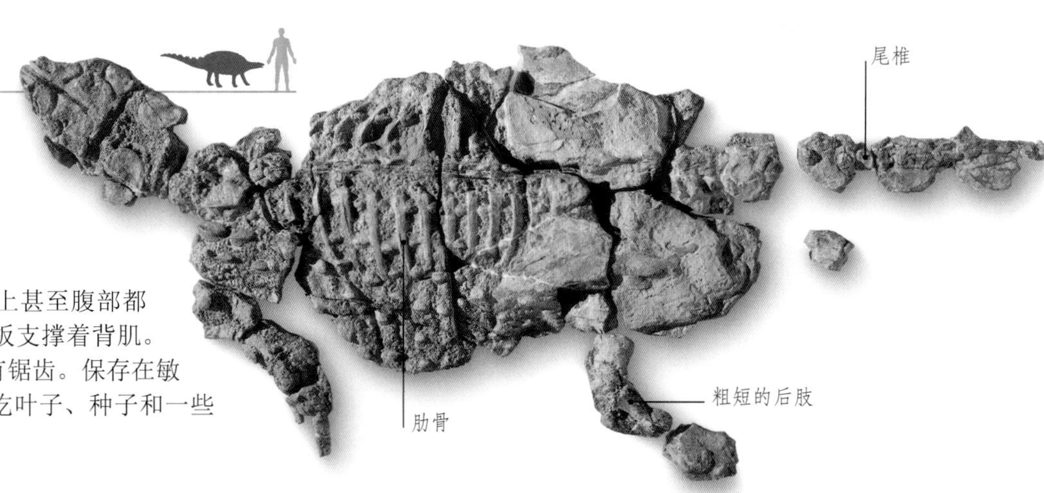

加斯顿龙

- **时期** 距今1.25亿年前
- **化石发现地** 美国
- **栖息地** 林地
- **身长** 4米
- **食物** 植物

只有铤而走险的最凶猛的掠食者才敢去袭击加斯顿龙。加斯顿龙就像一座活碉堡，从头到尾都覆盖着成排的刀片一样的巨大骨棘。这种恐龙没有尾锤，但它的尾巴上长有棘刺，横扫尾巴也可以给对手造成重伤。头骨顶端为圆盔状，且格外厚实。雄性加斯顿龙或许会用头部互相撞击打斗，以争夺领地或配偶。

怪嘴龙

- **时期** 距今1.55亿～1.45亿年前
- **化石发现地** 美国
- **栖息地** 林地
- **身长** 4米
- **食物** 低矮植物

怪嘴龙具有许多甲龙类独一无二的特征。和其他的甲龙类不同，怪嘴龙上颌前端长有牙齿；甲片则是中空的。另外，这种恐龙的鼻孔是直通的，而其他甲龙类的鼻孔都是奇怪的环状结构。

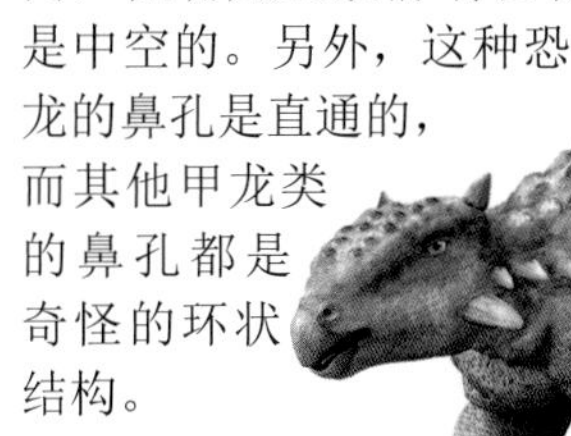

楯甲龙

- **时期** 距今1.2亿～1.1亿年前
- **化石发现地** 美国
- **栖息地** 林地
- **身长** 5米
- **食物** 植物

掠食者如果想袭击这种恐龙的颈部的话，那就得冒巨大风险，因为楯甲龙的颈部长满可怕的棘刺。它的背部和尾巴覆盖着厚厚的甲片，就像盾牌一样，这就是楯甲龙一名的由来。盾甲由小骨板拼搭而成，小骨板像瓦片一样互相堆积在一起。

包头龙

包头龙是最大的甲龙类之一。它的身体是犀牛的两倍，身上披着沉重的铠甲。尽管身体笨重，但它的四肢有力且足部相当灵活。当靠四肢和铠甲无法有效御敌时，包头龙足以致掠食者毙命的尾锤可救自己一命。

包头龙

- **时期** 距今7000万～6600万年前
- **化石发现地** 北美洲
- **栖息地** 北美洲的林地
- **身长** 6米

▲ 用于自卫的尾巴 包头龙长有沉重的尾锤。当摆动尾巴时，尾锤可给予袭击者致命的打击。但这种恐龙有一个弱点——其柔软的腹部没有铠甲保护。

自从1902年在加拿大发现包头龙的化石以来，人们找到的包头龙化石已超过40件。其中的一些保存得近乎完美，这使得包头龙成为人们了解最多的甲龙类。它的盔甲由骨板组成，大多由皮肤上直接长出。活体包头龙的骨板上还覆盖着一层角质物。有些骨板中间有一道脊，这使得包头龙看起来就像长着刺一样。

头部的甲片

眼睑上也武装着甲片。

◀ 全副武装 覆盖在包头龙头部的甲片，像铺路石一样排列。甲片甚至还覆盖在其眼睑上，就像活动的百叶窗一样，可以盖住并保护眼睛。

▼ 包头龙的身躯强壮、体位低、身披坚硬的盔甲，堪称恐龙中的“蝙蝠侠战车”。

中间带脊的甲片

股骨

敦实粗壮的肱骨支
撑着笨重的身体。

头部的甲片

宽宽的喙状嘴
里长有小牙。

蹄状爪

单位：亿年前

2.51	2	1.45	0.66
三叠纪	侏罗纪	白垩纪	

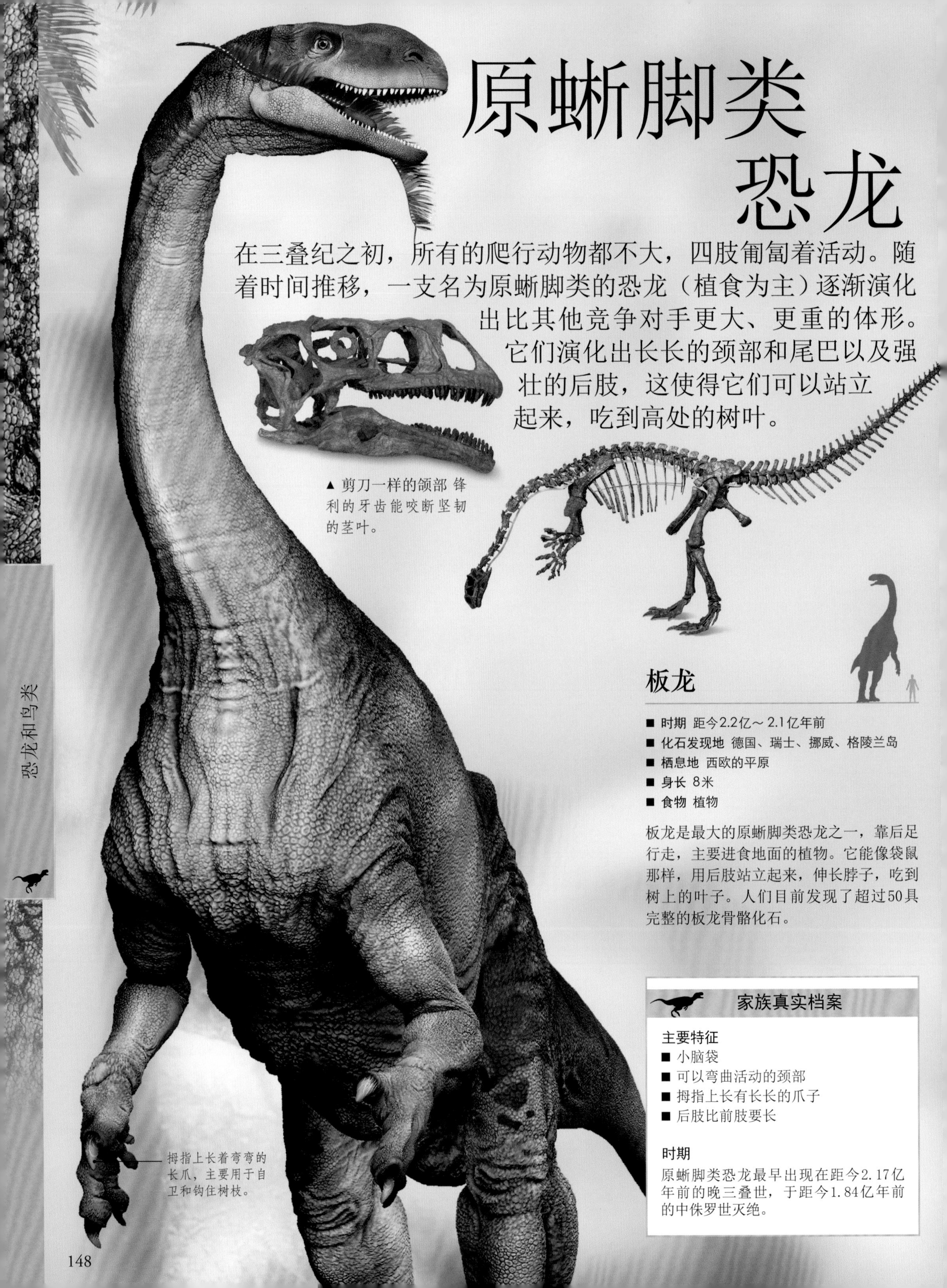

原蜥脚类恐龙

在三叠纪之初，所有的爬行动物都不大，四肢匍匐着活动。随着时间推移，一支名为原蜥脚类的恐龙（植食为主）逐渐演化出比其他竞争对手更大、更重的体形。它们演化出长长的颈部和尾巴以及强壮的后肢，这使得它们可以站立起来，吃到高处的树叶。

▲ 剪刀一样的颌部 锋利的牙齿能咬断坚韧的茎叶。

拇指上长着弯弯的长爪，主要用于自卫和钩住树枝。

板龙

- 时期 距今2.2亿～2.1亿年前
- 化石发现地 德国、瑞士、挪威、格陵兰岛
- 栖息地 西欧的平原
- 身长 8米
- 食物 植物

板龙是最大的原蜥脚类恐龙之一，靠后足行走，主要进食地面的植物。它能像袋鼠那样，用后肢站立起来，伸长脖子，吃到树上的叶子。人们目前发现了超过50具完整的板龙骨骼化石。

家族真实档案

主要特征

- 小脑袋
- 可以弯曲活动的颈部
- 拇指上长有长长的爪子
- 后肢比前肢要长

时期

原蜥脚类恐龙最早出现在距今2.17亿年前的晚三叠世，于距今1.84亿年前的中侏罗世灭绝。

大椎龙

- **时期** 距今2亿～1.83亿年前
- **化石发现地** 南非
- **栖息地** 南非的林地
- **身长** 4～6米
- **食物** 植物

大椎龙的前足有5指，可用来抓住并扯下树枝，或是用拇指上的长爪把植物撕成碎片。粗糙的小牙齿表明，大椎龙是一种杂食动物。由于在它的骨骼化石中发现有石子，因此这种恐龙或许会吞下小石块以助消化。迄今人们在南非找到了几件完整的大椎龙骨骼和头骨化石，另外还发现了一些含有胚胎的蛋化石。

伸展长尾巴以保持身体平衡。

◀ 强壮的身体 大椎龙的后肢有着发达的肌肉，这使得它可以站立起来，吃到树上的叶子。

槽齿龙

- **时期** 距今2.25亿～2.08亿年前
- **化石发现地** 不列颠群岛
- **栖息地** 西欧沿海森林密布的岛上
- **身长** 2米
- **食物** 植物

槽齿龙是人们找到的第一种原蜥脚类恐龙，其牙齿呈异乎寻常的叶状，还带有锯齿。和今天的蜥蜴不同，这种原蜥脚类恐龙的牙齿像插头一样插在不同的“插槽”里，而现生蜥蜴的牙齿是与颌骨生长在一起的。由于槽齿龙的个头比其他的亲戚们都要小，因此科学家推测这种恐龙可能是生活在岛屿上——因为一般的岛屿动物的体形都较小。人们在古洞穴里找到了许多槽齿龙的化石，这可能是由于海平面上升，骨骼被冲积到那里去的。

密布的牙齿可以把树枝上的叶子啃咬干净。

禄丰龙

- **时期** 距今2亿～1.8亿年前
- **化石发现地** 中国
- **栖息地** 亚洲的林地
- **身长** 6米
- **食物** 植物，包括苏铁类和针叶树的叶子

禄丰龙是一种身体笨重、四肢粗壮的恐龙，头部深且狭窄，吻部和颌部周围布满骨质的肿块。它的牙齿密布呈刀片状，这使得恐龙可以吃下坚韧的植物，或啃咬树上的叶子。这种恐龙也可能吃小动物。在大部分时间里，禄丰龙可能是靠后足行走，这样它就可以站立起来，吃到高处的枝叶。粗壮的前足上长有长长的指，拇指上还长有巨大的钩爪。

你知道吗？

在第二次世界大战期间，一枚炸弹击中了英国布里斯托尔市博物馆，摧毁了收藏其中的珍贵化石——槽齿龙化石。这块化石是英国保存的最古老的恐龙化石。万幸的是，部分骨骼化石保存了下来，游客至今仍能在博物馆中看到它们。

蜥脚类恐龙和它们的亲戚

这些身体笨重的巨兽是迄今为止陆地上最大的动物。它们的脖子异乎寻常地长，这使得它们可以吃到其他恐龙吃不到的食物，就像今天的长颈鹿一样，可以吃到树顶上的叶子。由于身躯过于沉重，它们不得不长出柱子一般的四肢来支撑身体。和其他的恐龙不同，蜥脚类恐龙通常靠四足行走。

▲腕龙用它那勺状的牙齿从针叶树、蕨类植物等的顶端咬下叶子。它每天可以进食200千克的嫩枝叶。

腕龙

- 时期 距今1.5亿～1.45亿年前
- 化石发现地 美国
- 栖息地 平原
- 身长 23米
- 食物 树顶上的叶子和针叶树的嫩枝

腕龙是最大的蜥脚类恐龙之一，体重达30～50吨，相当于非洲象的10倍，这简直令人难以置信！腕龙长长的脖子使其可以吃到高达15米的树上的叶子，这是长颈鹿取食高度的两倍。

家族真实档案

主要特征

- 头部很小，身体很长
- 长脖子可以自由活动
- 长长的尾巴像鞭子一样

时期

蜥脚类恐龙最早出现于距今2.27亿年前的晚三叠世，于距今6600万年前的晚白垩世灭绝。

巨脚龙

- **时期** 距今1.89亿～1.76亿年前
- **化石发现地** 印度
- **栖息地** 开阔的林地
- **身长** 18米
- **食物** 植物

巨脚龙头部很短，脖子由许多节长长的颈椎骨支撑，四肢纤细。其牙齿化石表明这种恐龙与其他的蜥脚类恐龙不同，它们的牙齿很锋利，并且边缘呈锯齿状。

粗壮的脖子

大肚子可以容纳恐龙每天狼吞虎咽吞食下的叶子。

圆顶龙

- **时期** 距今1.5亿～1.4亿年前
- **化石发现地** 美国
- **栖息地** 开阔的林地
- **身长** 18米
- **食物** 坚韧的树叶

在美国发现有大量的圆顶龙化石，这使其成为最为人所熟知的蜥脚类恐龙之一。粗壮的颈部使其可以吃到低矮处的植物，而其他那些更大型的蜥脚类恐龙则难以做到这一点。圆顶龙某些中空的骨头里有巨大的气腔与肺部相通，这些气腔不仅有助于它减轻体重，也是圆顶龙学名（*Camarasaurus*）的由来，意思是“有气腔的爬行动物”。

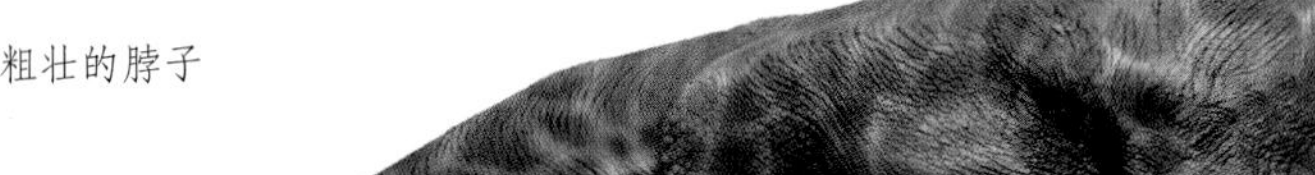

▲ 庞大的头部 圆顶龙头部呈箱状，吻部很钝，鼻孔粗大。

马门溪龙

- **时期** 距今1.55亿～1.45亿年前
- **化石发现地** 中国
- **栖息地** 三角洲和树木丛生的平原
- **身长** 26米
- **食物** 植物

马门溪龙是以其化石发现地中国四川宜宾马门溪来命名的。这种恐龙的脖子是迄今所有恐龙中最长的。它的头部没有腕龙那么尖，肩膀也更小、更低矮。

▲ 长脖子 马门溪龙的长脖子由19节颈椎骨支撑，可以向两边自由摆动，这使得它可以轻易吃到身旁的食物。

火山齿龙

- **时期** 早侏罗世
- **化石发现地** 津巴布韦
- **栖息地** 树木丛生的平原
- **身长** 7米
- **食物** 植物

这种恐龙之所以如此得名是因为它的第一块化石发现于火山附近的岩层中。和其他的蜥脚类恐龙一样，火山齿龙在陆地上行动迟缓。它那柱子般粗短的四肢是用来支撑沉重的身体，而不是用来奔跑的。

与象足相似的足部

近蜥龙

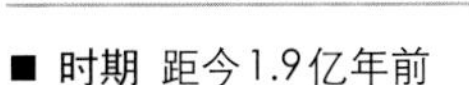

- **时期** 距今1.9亿年前
- **化石发现地** 美国
- **栖息地** 林地
- **身长** 2米
- **食物** 树叶

近蜥龙是蜥脚类恐龙的远亲。和大部分的恐龙一样，这种恐龙也是用后足行走。它的吻部狭窄，主要以植物为食，但有时可能也会吃一些小动物。

恐龙的身体构造

恐龙的解剖结构是怎么样的呢？植食性和肉食性恐龙的消化系统有差别吗？很显然，借助于化石证据，我们对不同恐龙的身体内部结构已经有了一定的认识，如下图的模型所示。

植食性恐龙

包头龙以进食坚韧植物为生，因此需要一个分解植物的消化系统。这种恐龙不会咀嚼，只能用它细小的叶状后牙把食物碾碎，然后吞入囊袋状的胃里。胃是一个由肌肉组成的器官，植物纤维在胃里被搅拌，进而被分解。许多现生鸟类和爬行动物都长有这样一个囊袋状的胃。

▲包头龙是一种甲龙类恐龙，这种恐龙全副武装，有着坚硬的皮革状皮肤和骨板（见144～147页）。

肉食性恐龙

以食肉牛龙为例，肉食性恐龙的消化系统与我们所熟知的现生爬行动物，如鳄鱼等的相类似。与植食性恐龙相比，肉食性恐龙的肠子更短，肝脏更大。肉食性恐龙的心脏和肺也更大，因为在追赶猎物时它们需要吸进更多空气。

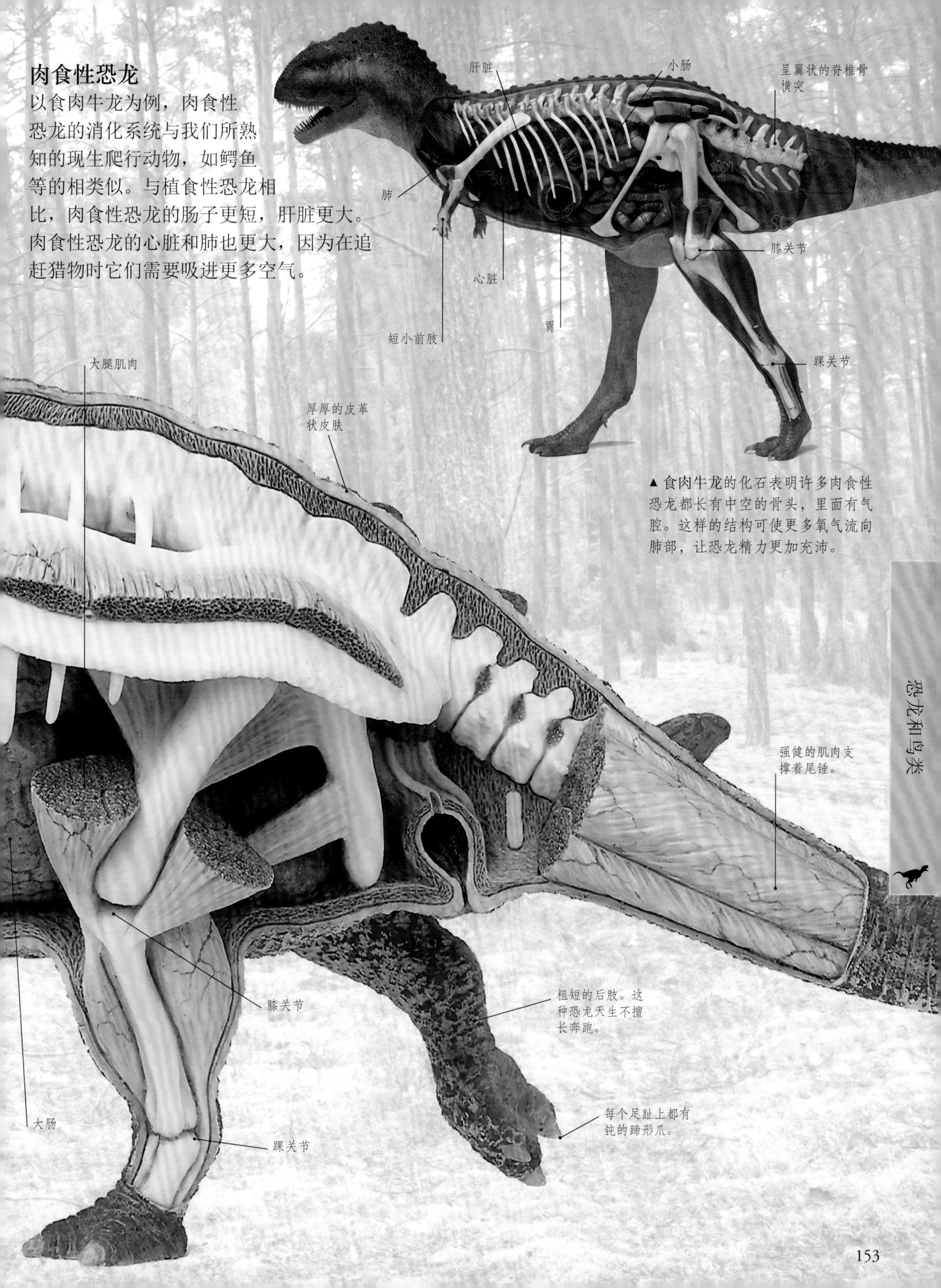

▲食肉牛龙的化石表明许多肉食性恐龙都长有中空的骨头，里面有气腔。这样的结构可使更多氧气流向肺部，让恐龙精力更加充沛。

单位：亿年前
2.51
2
1.45
0.66
三叠纪
侏罗纪
白垩纪

伊森龙

蜥脚类恐龙是陆地上最大的动物。有些蜥脚类恐龙的身长比蓝鲸还要长，体重可相当于12头大象。伊森龙则是一种较小型的蜥脚类恐龙。和其他的蜥脚类恐龙一样，伊森龙的化石证据表明它们群居。为了安全起见，这种恐龙以家庭为单位，或是大群一起生活。伊森龙生活在晚三叠世，是已知最早的蜥脚类恐龙之一。

伊森龙

- **时期** 距今2.16亿～1.99亿年前
- **化石发现地** 泰国
- **栖息地** 森林和沼泽
- **身长** 12米
- **食物** 植物

伊森龙化石发现于泰国的伊森地区。遗憾的是，人们只找到这种恐龙的化石残骸，包括一些脊椎骨、肋骨和65厘米长的股骨。即便如此，通过与其他亲戚对比，科学家仍对这种恐龙知之甚多。伊森龙用四足行走以支撑它笨重的身体，但也能用后肢站立以吃到高处的树叶。它的头部可能很小，为了啃咬叶子，其牙齿应该呈勺状。

梁龙类

梁龙类是一类四足行走的巨型植食性恐龙。它们的脖子之长令人诧异，尾巴则比脖子还要长，就像鞭子一样，除了能保持身体平衡之外，还可以用来御敌。它们的后肢长于前肢，可以借助尾巴的支撑，把身体立起来。双腔龙是梁龙类中最大的一种，它的身体足有一个足球场那么长，体重与蓝鲸相当。

家族真实档案

主要特征

- 可以自由弯曲活动的长脖子
- 细长的尾巴
- 身躯庞大，头部却很小

时期

梁龙类最早出现于距今1.7亿年前的中侏罗世，在距今9900万年前的晚白垩世之初灭绝。

叉龙

- **时期** 距今1.5亿年前
- **化石发现地** 坦桑尼亚
- **栖息地** 林地
- **身长** 12米
- **食物** 植物

比起其他的梁龙类来，叉龙的脖子要短一些，因此它可能是以灌木丛为食物而不是树叶。它的尾巴也较短，这表明其尾巴不用作鞭子御敌。这种恐龙的脖子和背部长有背棘，每根骨棘之间有一层皮肤，从而形成一面“帆”。帆状物的作用可能是用来调节体温，也或许是用来自卫，或与族群中的其他成员相互识别。

梁龙

■ **时期** 距今1.5亿～1.45亿年前
■ **化石发现地** 美国
■ **栖息地** 平原
■ **身长** 25米
■ **食物** 叶子

根据一件完整的骨骼化石，我们知道了梁龙是身长最长的恐龙之一。梁龙可能从脖子、背部一直到尾部都长有背棘。它的尾巴长得惊人——竟然与身体的其余部分等长，这使得它能以惊人的速度挥动尾巴，给予对手鞭笞一样的打击。梁龙的脖子几乎是长颈鹿的3倍长，可以高高仰起。脊椎骨十分强壮，足以支撑它那笨重的身躯，不过这些骨头却是中空的。一些科学家认为梁龙以横扫的方式进食树叶，用它那长在颌部前端的钉状齿从树枝上咬下树叶；另外一些科学家则认为这种恐龙不能高高仰起头，因此很可能是摆动头部，吃低矮处的灌木。梁龙生长得很快，大约10年就可以长成成年个体。

▲骨桥 梁龙的脊柱就像是悬索桥上的缆索一样牵拉着它长长的脖子和尾巴。缆索承受着桥面（脖子和尾巴）的重量，并把重量向桥墩（四肢）传送，桥墩则牢牢地锚定在地面。

阿马加龙

■ **时期** 距今1.3亿年前
■ **化石发现地** 阿根廷
■ **栖息地** 林地
■ **身长** 11米
■ **食物** 植物

这种梁龙类恐龙的体形相对较小，脖子很短。与众不同的是，它的颈部和背上长着两排背棘，到了尾部则合并成一排。每根骨棘之间可能有皮质膜相连，在背部形成两面“帆”。这种恐龙为何背上长有“帆”，至今仍是一个谜。有学者猜测阿马加龙的背上根本就没有“帆”，这些骨棘只是摇动时能发出“咔嗒咔嗒”的响声。

◀巨大的足迹 在美国的莫里森组地层中，人们找到了许多巨型梁龙类（如迷惑龙和梁龙）的骨骼及足迹化石，同时一起发现的还有它们所吃的树木等植物化石。

迷惑龙

■ **时期** 距今1.5亿年前
■ **化石发现地** 美国
■ **栖息地** 林地
■ **身长** 23米
■ **食物** 植物

迷惑龙的体重相当于4头大象，同时它还有另一个更广为人知的名字——雷龙。一些科学家认为，迷惑龙并非靠站立来吃到高树上的叶子，而是用它那强壮的四肢、沉重的身体把树干推倒后，吃到树上的叶子，这种行为就像今天的大象一样。它那宽阔的嘴巴前端排列着像铅笔一样粗的牙齿。

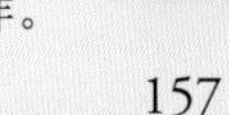

重龙

- **时期** 距今1.55亿～1.45亿年前
- **化石发现地** 美国
- **栖息地** 北美洲的平原
- **身长** 28米
- **食物** 植物

第一具重龙骨骼化石发现于19世纪末期的“骨头大战”，当时的许多化石猎人为了胜过对手彼此竞争，新的化石发现层出不穷。1922年，在美国犹他州卡内基采石场一下子发现了3件重龙的骨骼化石，这表明这种恐龙很可能是群居的。

吞食石块

重龙大型的钉状齿很适合从树上钩下叶子，但并不适合咀嚼食物。因此有些科学家认为它必须吞下石块来帮助研磨胃部的食物，但最新的研究表明重龙是靠肠道细菌来帮助消化食物的。

颈部是竖立伸展的吗?

1993年，一具重龙骨架模型被组装成后肢站立的姿势。有些科学家认为这种姿势并不正确，因为重龙的心脏不够强大，无法把血液泵到大脑。然而最新研究表明，只要恐龙的心脏达到一定大小，这种站姿是完全有可能的。

背棘

没人能够确切地知道，为何重龙背上长有棘，或许是用于自卫？或只是恐龙的一种装饰性特征？这些棘是固着在皮肤里的骨板，与骨骼并无相连。重龙粗糙的鳞状皮肤保护了自己免受敌兽抓伤或咬伤。当天气干燥时，这样的皮肤还可以防止身体水分的流失。

重龙

如果你在侏罗纪的森林里看到重龙进食的样子，你一定会对它留下深刻印象。这种恐龙拥有全部蜥脚类恐龙的共有特征：身躯庞大，头很小，四肢相对粗短。重龙的体重超过3头大象，身体比网球场还要长。然而，使其在植食性恐龙中出类拔萃的，当数它那长达9.5米的长脖子，这让它可以咬到高树上的叶子。

组装恐龙模型

在美国纽约自然史博物馆里，一只雌性重龙用后肢站立着，正在把掠食者异特龙从它孩子的身旁赶走。这件模型看起来栩栩如生，但这只不过是值不了几个钱的复制品而已。组装恐龙模型并把它摆放在博物馆里展示是一项复杂但有趣的工作。这项工作需要许多技能，而且还要做大量的准备工作。

组装恐龙模型

▲在搭建恐龙模型前，需要将每一块骨头都贴上标签，以弄清它们应该摆放的位置。

▲重龙的肋骨被连接到脊椎骨上。整个脊柱由一件金属框架支撑。

▲在博物馆里，小型起重机把恐龙模型的后肢和腰带吊到适当的位置。

▲捕猎的异特龙模型也组装完成了。这件模型将与重龙模型作为一个组合一起向游客展示。

▲ 焊接工人把重龙的每个部件都安插在骨架模型内部的金属框架上。

▲ 最后一道工序是将与重龙头部连接的颈部末端安装在躯体上。

制作恐龙化石复制品

有多种方法可以制作恐龙骨骼化石的复制品。方法之一是先利用骨骼化石制成正反两面模具，然后再把模具合并浇铸成一个模型。

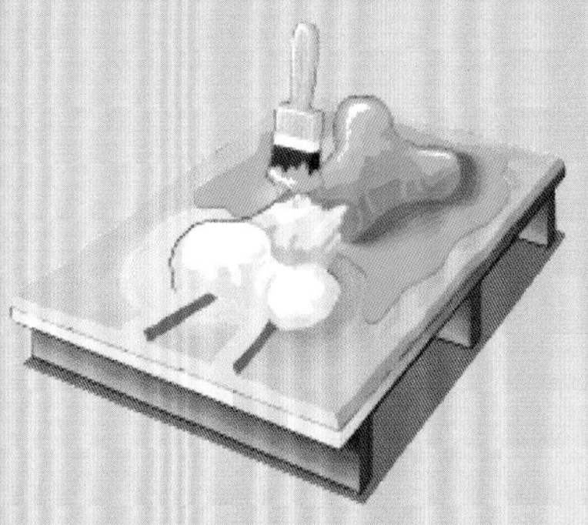

▲ 步骤1 首先将化石压印在黏土底座上，然后把化石和底座都涂抹上液体橡胶（图中蓝色所示）。橡胶最后会形成一层有韧性的涂层。

▲ 步骤2 等橡胶快干时，在其上覆盖一层玻璃纤维。这层玻璃纤维使得橡胶模具坚硬而不变形，可以自由移动。

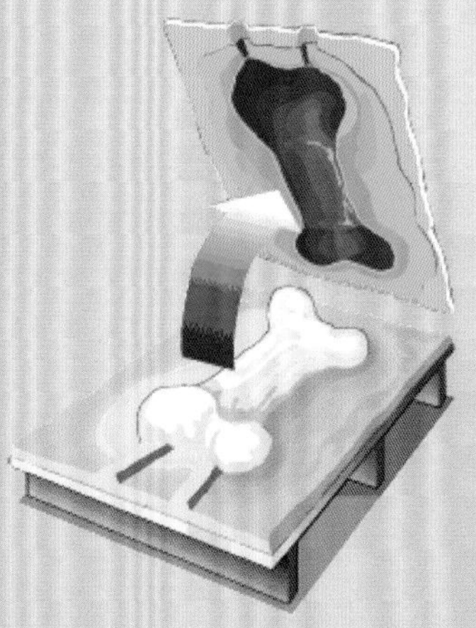

▲ 步骤3 把外层模具剥离。接着再用同样方法铸造化石另一面的模具。

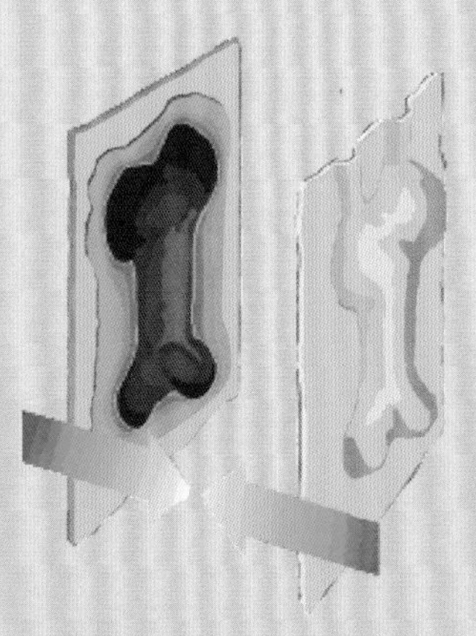

▲ 步骤4 把两个模具对合且拼接在一起。

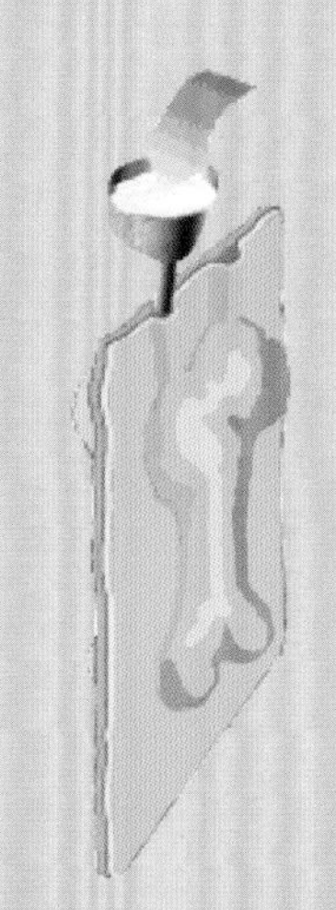

▲ 步骤5 往完整的模具里注入液体聚酯纤维，也可选用其他的廉价品替代，至此就会形成一个树脂模型。

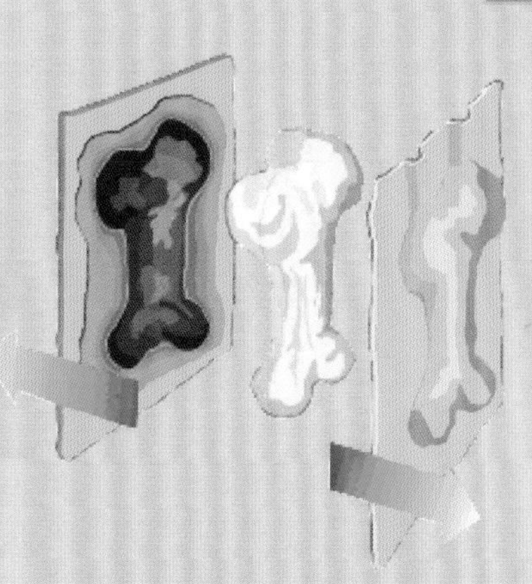

▲ 步骤6 最后，把模具轻轻掰开。只要制作者小心谨慎，一件完好的树脂模型就会展现在人们眼前。

巨龙类

这种恐龙的学名（*Titanosaurs*）源自于希腊神话中的巨人泰坦。巨龙类是陆地上体重最重的动物之一，同时也是地球上最后存活的恐龙之一。巨龙类是植食性恐龙，为了御敌它们群居在一起。在阿根廷发现了数以千计的巨龙类蛋化石，化石遍布在广阔的区域内，这表明这种恐龙也是集体筑巢的。

家族真实档案

主要特征

- 小而宽的脑袋，颈部可弯曲活动
- 牙齿很小
- 尾巴长，但比梁龙类的要短
- 四足行走
- 许多种类身披坚硬的骨质甲片

时期

巨龙类最早出现在距今1.68亿年前的中侏罗世，于距今6600万年前的晚白垩世灭绝。最初人们认为它们的活动范围仅限于南半球，但现在知道了它们的分布范围要比当初想象的广泛得多。

纳摩盖吐龙

- **时期** 距今8000万～6600万年前
- **化石发现地** 蒙古
- **栖息地** 林地
- **身长** 15米
- **食物** 植物

这种恐龙是由蒙古戈壁滩上的纳摩盖吐盆地而得名，这是因为化石最初就发现在那里。人们只发现了纳摩盖吐龙的头骨化石，化石表明其头部小且倾斜，颌部前端长有钉状齿。和其他大部分的巨龙类一样，它的颈部长且灵活，这使得它可以吃到高树上的叶子。

阿根廷龙

- **时期** 距今1.12亿～9500万年前
- **化石发现地** 阿根廷
- **栖息地** 森林
- **身长** 30米
- **食物** 针叶树

阿根廷龙是有史以来陆地上最大、最重的动物之一。人们只找到了它的一些零碎骨骼化石，其中包括大量的脊椎骨，每块脊椎骨都长达1.8米。通过和其他的蜥脚类恐龙对比，科学家可以推算出阿根廷龙的身长比网球场还要长，体重是大象的20倍。它的蛋大小如橄榄球，长至成年个体需历经约40年的时间。尽管体形庞大，但阿根廷龙仍不免成为马普龙的盘中餐，后者是一种巨型肉食性恐龙。

巨龙

- **时期** 距今8000万～6600万年前
- **化石发现地** 亚洲、欧洲、非洲
- **栖息地** 林地
- **身长** 9～12米
- **食物** 植物

巨龙尾椎骨化石的发现，使整个类别的恐龙都据此命名。然而这可能是一个错误，因为将其划为一个独立物种所依据的特征在其他巨龙类身上也有发现。由于缺乏完整的头骨和骨架化石，无法进一步验证，因此仍很难说这个物种是否真的存在。

萨尔塔龙

- **时期** 距今8000万～6600万年前
- **化石发现地** 阿根廷
- **栖息地** 林地
- **身长** 12米
- **食物** 植物

这种体形相对较小的巨龙类，可以很好地保护自己免遭掠食者攻击。大型掠食者无法撕开它厚厚的带有盔甲的皮肤，那上面布满了骨板和骨钉。强壮的臀部和宽阔的尾部前端表明，这种恐龙可以依靠尾巴的支撑用后肢站立。不过，萨尔塔龙的前足上没有指爪。

伊希斯龙

- **时期** 距今7000万～6600万年前
- **化石发现地** 亚洲
- **栖息地** 林地
- **身长** 18米
- **食物** 植物

由于前肢长、脖子较短，伊希斯龙站立起来和其他的巨龙类不同，倒更像一只鬣狗。伊希斯龙的粪化石里含有许多种类的树叶上都有的一种真菌，这表明这种恐龙的食谱包罗甚广，可进食不同种类的树叶。

恐龙足迹

约在距今1.9亿年前，一只肉食性恐龙正沿着河岸搜寻猎物。突然它停住了脚步，紧接着转过身来，猛地一个冲刺，扑向已发现的猎物。我们是如何知晓这一幕的？因为恐龙的足迹成为化石保存了下来，这可以让我们获取一些意外的线索，从而知晓动物的行为方式。

▲这个足迹是在美国康涅狄格州恐龙公园发现的2000个足迹之一。尽管此地没有发现恐龙的骨骼化石，但科学家根据这些足迹可以推断这里曾活动过双脊龙或其他类似的恐龙。它们看似正在越过这片泥滩。

图为在西班牙发现的一系列足迹，足迹之间的距离接近1米，这表明足迹是由一种大型动物留下的。足迹的形态表明，这属于一种肉食性的兽脚类。

凹面还是凸面?

足迹化石可以是凹面，也可以是凸面。凹面的足迹被印在岩石上，看起来就和原来的足印一模一样。凸面足迹化石看起来就像是恐龙足部的底面，如同从下往上看一样。当泥沙往足印里填充时，就形成了一件天然模具，从而成为足迹化石。历经数千万年后，砂岩模具就被完整地保存下来。

◀ 凹面 足迹看起来就和原来的足印一模一样。

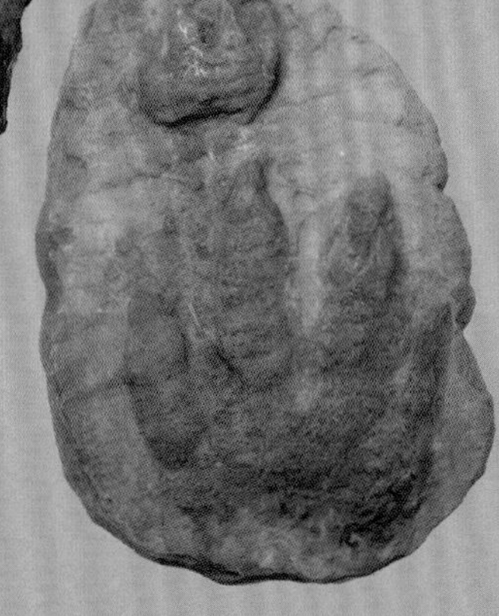

▶ 凸面 足迹看起来就像是恐龙足部的底面。

▲ 蜥脚类恐龙足迹 这些足迹看来是由5只蜥脚类恐龙组成的小群体所留下的。狭窄的行迹宽度表明恐龙行走时四肢是直立的，而不是像鳄鱼那样把四肢向两旁伸展开。

你知道吗?

下图为在葡萄牙海滩发现的恐龙足迹，距今已有1亿年之久。足迹是由植食性恐龙——禽龙留下的。这只恐龙在孤独地行走着，其足迹与两只肉食性恐龙的足迹交杂在一起。

▲ 巨型足迹 在葡萄牙的欧赫斯德阿瓜发现了这种巨型禽龙类的足迹。

追踪恐龙

尽管一长串的恐龙足迹化石非常罕见，但足迹仍能给我们提供许多令人着迷的线索，让我们来了解一些恐龙的生活方式。大部分足迹中没有留下尾巴拖痕，这让我们知道恐龙行走时是把尾巴抬起来的。平行足迹（并排的足印）表明有些恐龙物种会集体迁徙。

◀ 长长的足迹 世界上最长的恐龙足迹化石发现于南美洲玻利维亚的一处悬崖峭壁上，足迹为巨龙类所留。

为何足迹会留在悬崖壁上?

留下这些足迹的恐龙当时行走在一片沙质海滩或泥滩上。后来，足印被掩埋起来，泥浆或沙子变成了岩石。地壳运动把岩层翘起，因此现在人们看到的就是一排垂直向上的足印。

兽脚类

在恐龙统治地球的大部分时间里，兽脚类都是地球上的顶级掠食者。恐龙家族树的分支最终繁衍成了真正意义上的巨型食肉兽（尽管有些并不是肉食性恐龙）。图中所示为这种巨兽的模型。有意思的是，兽脚类的一支演化成了今天的鸟类，与我们分享着如今的世界。

家族真实档案

主要特征

■ 头部很长，眼眶很大，头顶通常长有角或头冠

■ 体内有含气腔的骨

■ 许多种类有叉骨，现生鸟类也具有这种骨头

■ 巨大的嘴巴里长有弯曲的牙齿

■ 前肢强健，具有3指

■ 足部有3趾

时期

兽脚类自晚三叠世开始繁衍至今。除鸟类之外，其他所有兽脚类都在晚白垩世（距今6600万年前）灭绝了。

鲨齿龙

- **时期** 晚白垩世
- **化石发现地** 非洲北部
- **栖息地** 泛滥平原和红树林
- **身长** 12～13米

鲨齿龙是史上最大的肉食性恐龙之一。这种可怕的巨兽体重是大象的两倍，血盆大口武装着20厘米长的牙齿。其学名（*Carcharodontosaurus*）的意思就是“长着鲨鱼牙齿的爬行动物”，之所以这样命名是因为人们曾发现它的牙齿和大白鲨的有近似之处。

南方巨兽龙

- **时期** 晚白垩世
- **化石发现地** 阿根廷
- **栖息地** 林地
- **身长** 12米

南方巨兽龙是一种可怕的掠食者。它的体重相当于125个成人的体重。它不仅仅能捕杀晚白垩世时期漫步在南美洲的巨型蜥脚类恐龙，还能猎杀其他的动物。

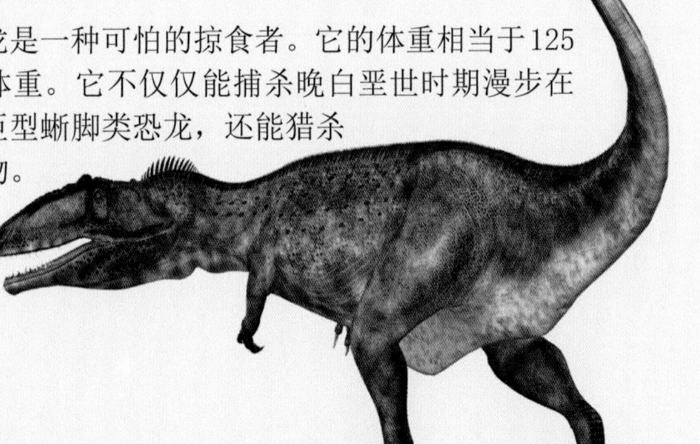

中华盗龙

- **时期** 晚侏罗世
- **化石发现地** 中国
- **栖息地** 林地
- **身长** 7.5米

中华盗龙的学名（*Sinraptor*）意为“中国的猎手”。科学家在中华盗龙的头骨上发现有牙印，牙印看起来像是另一只中华盗龙留下的，这表明这种恐龙彼此之间常发生激烈的打斗。

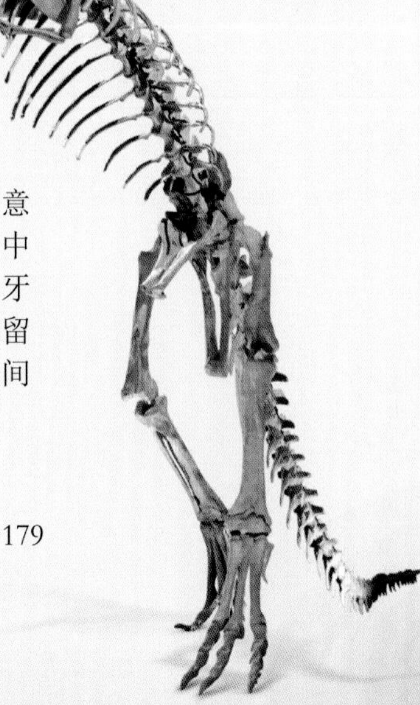

▸ 中华盗龙是异特龙（见178~179页）的近亲。

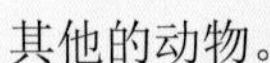

单脊龙

- **时期** 中侏罗世
- **化石发现地** 中国
- **栖息地** 林地
- **身长** 6米

单脊龙长有厚厚的、分节的头冠。头冠是中空的，可能作为发声器官，用以吸引异性或赶走对手。它的下颌特别纤细，但鼻孔很大。

▼这种恐龙的行动相当机敏。

气龙

- **时期** 中侏罗世
- **化石发现地** 中国
- **栖息地** 林地
- **身长** 3.5米

1985年，中国一支天然气勘探队在炸开岩石时不经意间发现了这种恐龙的少量化石，这也是至今人们找到的仅有的气龙骨骼化石。这个意外的发现也反映在恐龙的命名上——其学名（*Gasosaurus*）意为“天然气的爬行动物”。由于缺失气龙的头骨，因此其头部外形是基于其他类似恐龙而推断出来的。

◀兽脚类用巨大的后肢行走。由于头部庞大，武装着长而尖的大牙，因此头较沉重，它们必须靠一条坚硬、肌肉发达的尾巴来帮助平衡身体。

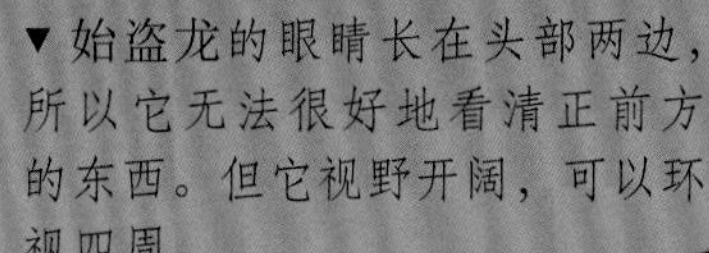
▼始盗龙的眼睛长在头部两边，所以它无法很好地看清正前方的东西。但它视野开阔，可以环视四周。

始盗龙的颈部比后来的肉食性恐龙都要短，但它的脖子非常灵活，可以捕抓到地面上的动物。

嘴巴里长满锯齿状牙齿，很适合切割肉。有些科学家认为始盗龙也会吃一些植物。

始盗龙

始盗龙是最早的恐龙之一。其学名（*Eoraptor*）的意思是“黎明的盗贼”，这是因为它出现在恐龙时代的早期。始盗龙体形的大小如一只狐狸，可依靠后肢站立并快速奔跑。它靠爪子和牙齿把猎物的身体撕碎，以杀死猎物。

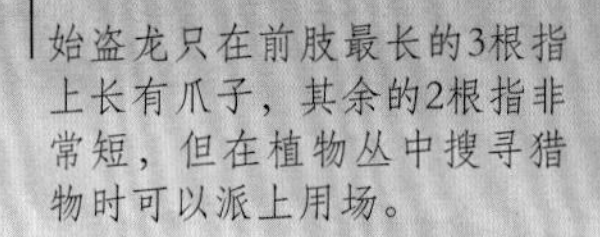
始盗龙只在前肢最长的3根指上长有爪子，其余的2根指非常短，但在植物丛中搜寻猎物时可以派上用场。

始盗龙

- **时期** 距今2.3亿～2.25亿年前
- **化石发现地** 阿根廷
- **栖息地** 河谷
- **身长** 1米
- **食物** 蜥蜴、小型爬行动物，有时也吃植物

人们迄今只找到一件完整的始盗龙骨骼化石，但化石揭示了许多早期恐龙的信息。始盗龙具有很多原始特征，包括前肢有5指，爪子软弱无力，以及像蜥蜴一样的腰带。科学家仍不确定它身上是否有鳞片和羽毛，但既然认为始盗龙是温血动物，那它身上就不需要有太多覆盖物。据推测，始盗龙是一种凶猛而聪明的掠食者。

月亮谷的爬行动物

第一块始盗龙化石于1991年发现于阿根廷西北部的月亮谷。月亮谷是一片光秃秃的裸露着岩石的地区，这里的地貌和月球很相似。始盗龙在晚三叠世时期就生活在此地，当时此地还是一片植被繁茂的河谷。

强壮的股骨和肌肉使得始盗龙可以直立起来。

▲颌部 始盗龙刀片一样的牙齿很适合咬切肌肉。它主要猎食小型动物，但也可能袭击大型猎物。它先咬下动物身上的几大块肉，然后等待猎物失血过多而死。

腔骨龙

腔骨龙是最早的兽脚类恐龙之一。这是一种像鸟儿一样机敏的小型肉食性恐龙，它们在三叠纪的河岸与森林里追赶猎物，捕食小型爬行动物。这种恐龙体态轻盈，骨头中空并且骨架纤细，是天生的奔跑能手。1998年，一件腔骨龙头骨化石被带上“奋进”号航天飞机，从此腔骨龙成为继慈母龙之后第二种登上太空的恐龙。

腔骨龙

- **时期** 距今2.15亿年前
- **化石发现地** 北美洲、非洲南部、中国
- **栖息地** 沙漠平原
- **身长** 3米
- **食物** 蜥蜴和鱼

腔骨龙的身长比得上一辆小汽车，但体重只有一个8岁小孩那么重。由于有着长而弯曲的颈部和纤细的后肢，看上去它就像一只长腿的鸟儿。1947年，科学家在美国新墨西哥州的幽灵农场有了惊人发现——500件腔骨龙的骨骼化石堆积在一起。这里是腔骨龙的墓场，看样子这些恐龙是集体死亡的，或许是死于一场突如其来的洪水。这个发现激发了人们的想象，认为腔骨龙是集体狩猎的，以数量优势来制服那些大型的猎物。但至今仍找不到另外的证据来证实这一点。

▸ 同类相残 人们在这具腔骨龙骨骼化石的胃部找到了一些细小的骨头，这些骨头曾一度被认为是幼年腔骨龙的，并以此作为腔骨龙同类相残的证据。但是，现在一些学者则认为这些骨头属于其他爬行动物。

腔骨龙有着长而弯曲的颈部。颈部放松时呈S形，就像鹭一样。它通过伸直颈部，可以迅速咬住地面上快速奔跑的猎物。
腔骨龙的尾巴长而灵活。在它追赶猎物或逃避更大掠食者的追杀时，尾巴能像舵一样帮助平衡身体。
腔骨龙长有数百颗锋利的小牙。每颗牙齿的边缘都呈锯齿状——这是这种恐龙吃肉的证据。
恐龙和鸟类
单位：亿年前
2.51
2
1.45
0.66
三叠纪
侏罗纪
白垩纪

迪布勒伊洛龙

在侏罗纪海岸沼泽来回觅食的就是这种肉食性恐龙——迪布勒伊洛龙。和它的亲戚棘龙一样，迪布勒伊洛龙以捕鱼为生，其专长是用它那尖尖的长满尖牙的嘴巴在浅水水域捕捉滑溜溜的鱼。

迪布勒伊洛龙

- **时期** 距今1.7亿年前
- **化石发现地** 法国
- **栖息地** 红树林沼泽
- **身长** 6米
- **食物** 鱼及其他海洋动物

由于迄今只发现了一件迪布勒伊洛龙骨骼化石，因此人们对这种恐龙知之甚少。它的头骨异乎寻常地长且低矮，长度是高度的3倍。和其他种类不同，迪布勒伊洛龙头骨上没有明显的长有头冠或角的痕迹。但由于目前找到的只是一件未成年的迪布勒伊洛龙的化石，因此很难确认成年的迪布勒伊洛龙头上是否有头冠或角。

错误的鉴定

迪布勒伊洛龙直到2002年才被命名，起初人们认为它是杂肋龙的新种。杂肋龙是一种大型的类异特龙的兽脚类。随后，人们通过对其中空的头骨研究发现，迪布勒伊洛龙与巨齿龙类的亲缘关系更近。和它的亲戚一样，迪布勒伊洛龙的前肢短且有力，长有3指，后肢肌肉结实，僵直的尾巴平伸以助身体平衡。

棘龙类

棘龙类生活在沼泽和江河入海处，是一类背上长有帆状物的大型恐龙。它们的吻部很像鳄鱼，强有力的前肢上长有爪子。凭借这些构造，这类恐龙很擅长捕食那些巨大的史前鱼类。当然，它们还会捕杀陆地上的其他动物。

棘龙

- **时期** 距今9700万年前
- **化石发现地** 摩洛哥、利比亚、埃及
- **栖息地** 热带沼泽
- **身长** 12～18米
- **食物** 鱼和其他动物

棘龙是有史以来陆地上最大的肉食性动物，它们甚至比暴龙还要大。棘龙背上那一面巨大的"帆"使其看起来身材魁梧。背帆由背脊支撑，其高度相当于一个成人的身高。棘龙是一种水陆两栖的肉食性恐龙，就像今天的鳄鱼一样。除了鱼类之外，它还可能捕食龟类、鸟类和比自己小的恐龙。

强壮的后肢

足部后面有向上翘起的短趾。

▲长牙 激龙用它那长长的牙齿来捕食鱼类，同时它也可能吃腐肉和陆生动物。

激龙

- **时期** 距今1.1亿年前
- **化石发现地** 巴西
- **栖息地** 湖滨
- **身长** 8米
- **食物** 鱼和肉类

1996年，一名化石猎人在巴西找到了这种具有狭长头骨的棘龙类。这种恐龙的命名源于一次事件：科学家们试图用石膏修补它的吻部，结果却事倍功半。这激怒了科学家，甚至让他们想放弃这项工作。除了背帆之外，激龙头部也可能长有小型头冠。

光滑的背帆

棘龙的背帆可能具有多种用途。一些科学家认为背帆可用来炫耀，或者是像散热器一样，在炎热的天气里帮助恐龙的身体保持凉爽。但最有可能的作用是炫耀，因为棘龙背帆要么颜色鲜艳，要么有醒目的图案。

家族真实档案

主要特征

- 头部和吻部都像鳄鱼
- 圆锥形的巨牙
- 背上长有巨大的“帆”
- 挺直的尾巴可以帮助平衡身体

时期

棘龙类最早出现在距今1.55亿年前的晚侏罗世，灭绝于距今9300万年前的晚白垩世。当时地球的海平面下降，棘龙类赖以生存的沼泽地变得干旱。

重爪龙

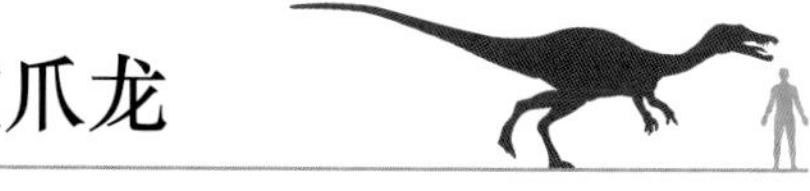

- **时期** 距今1.25亿年前
- **化石发现地** 不列颠群岛、西班牙、葡萄牙
- **栖息地** 河岸
- **身长** 9米
- **食物** 鱼和肉类

在重爪龙化石的胃里发现了一些已被部分消化干净的恐龙残骸，这表明除了吃鱼之外，重爪龙也吃陆生动物。它的头骨长且低矮，颌部有96颗尖牙——相当于它的亲戚的两倍。重爪龙的背上可能长有脊状突起，吻部也可能长有一个小脊。

▲ 弯曲的爪子 重爪龙的学名（*Baryonyx*）意为“沉重的爪子”，这是指它那长在拇指上的钩状的巨大爪子。重爪龙可利用这个大爪子来捕鱼，就像今天的灰熊一样。

棘龙类恐龙的鼻孔长在吻部末端，当它把嘴巴伸进水里捕鱼时仍可呼吸。

似鳄龙

似鳄龙是一种棘龙类，生活在白垩纪草木葱郁的沼泽地。它和暴龙一样大，但却以食鱼为生。似鳄龙站在水里，等待鱼儿从脚下穿梭游过，一旦发现目标就会张开大嘴，或是用它那拇指上的爪子扑向猎物。凭借一张长嘴巴和锋利的牙齿，似鳄龙成为当之无愧的“沼泽杀手”。

似鳄龙

- 时期 距今1.12亿年前
- 化石发现地 非洲
- 栖息地 红树林沼泽
- 身长 9米
- 食物 鱼，可能还有肉类

似鳄龙的学名（*Suchomimus*）来源于它那像鳄鱼一样的吻部和锋利的牙齿。似鳄龙就是用一口利牙来捕食鱼类和其他水生动物的。与其他肉食性恐龙相比，似鳄龙的前肢更长、更强壮，这样它就可以把前肢伸进水里抓捕猎物。这种恐龙的背部长有刀刃状的背帆，可能一直延伸到尾巴处。

◀ 满口利牙的动物 似鳄龙嘴里长有100多颗向后弯曲的牙齿，就像耙子的齿一样。另外，在吻部前端还密密麻麻地长着一些更长的牙齿。

无碍呼吸

似鳄龙的鼻孔远离吻部前端，这就使得它在把嘴巴伸进水里捕鱼时仍能呼吸顺畅，或在把嘴巴伸进恐龙尸体中吃腐肉时也无碍呼吸。

沙漠中的发现

1997年，科学家在撒哈拉沙漠找到了一件完整的似鳄龙骨骼化石，这个发现令人瞩目。部分骨骼暴露在风沙中，但要把化石挖掘出来仍需移除重达15吨的岩石和沙子。人们最初找到的是一个巨大的镰刀形爪子。

似鳄龙化石的发现者罗德·萨德里尔和保罗·塞里诺在撒哈拉沙漠进行挖掘。

塞里诺在挖掘化石。

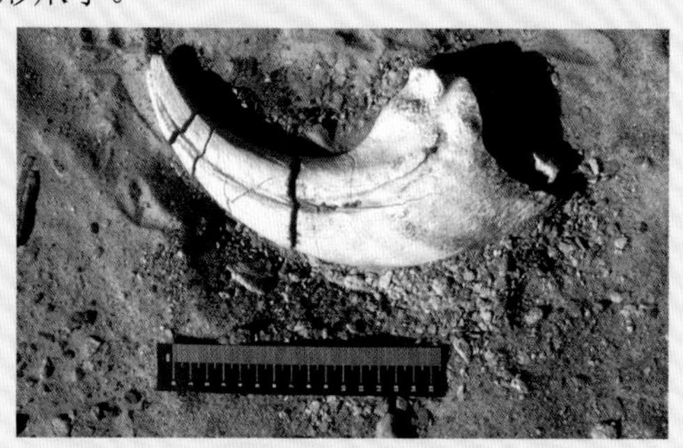
似鳄龙拇指上的爪子比人的手还要长。

异特龙

侏罗纪最著名的大型肉食性恐龙当属异特龙。这种巨兽与暴龙相似，却比后者早出现了7000万年。由于发现了聚集的几只异特龙的足迹化石，一些科学家认为这种恐龙会集体狩猎，捕杀比自己体形更大的猎物。另一些科学家则认为大型异特龙会杀死并吃掉那些跟自己抢食，但比自己要小的同类。

致命的牙齿

尽管异特龙是一种凶猛的掠食者，但科学家认为它的颌部咬合力并不强，无法咬碎骨头。它的牙齿就像锯条一样，可以刺穿猎物的皮肉，把一大块鲜肉从对方身上咬下。猎物即使能够挣脱逃跑，最后也会因失血过多而死亡。

异特龙

- **时期** 距今1.5亿年前
- **化石发现地** 美国、葡萄牙
- **栖息地** 平原
- **身长** 12米
- **食物** 肉类

异特龙在年轻时行动敏捷，能用长而有力的后肢做短距离冲刺，主动追赶猎物。随着年龄增长，异特龙身体变得越来越沉重，因此它更多的是藏匿在树丛里伏击猎物，而不再去追捕猎物。前肢手指上弯曲的长爪就像挂肉钩一样能够钩住猎物。除了猎食之外，异特龙有时也吃腐肉。

▼**有孔的头骨** 异特龙庞大且坚固的头骨上有一些很大的孔，这些巨大的孔洞可以减轻其头骨重量。骨头上还密布着许多小孔，小孔中含有与肺部相连的气囊。

暴龙类

有史以来最大、最可怕的掠食者非暴龙类莫属。暴龙类的祖先是一些小型恐龙，身上或许还长着羽毛。但历经数百上千万年后，它们演化成了庞大的巨兽，其中最大的当属暴龙。暴龙类身躯庞大，颌部非常有力，嘴里布满利牙，可以一口咬碎猎物的骨头。这使得它们可以杀戮和猎食任何一种动物。

家族真实档案

主要特征
- 与身体相比，头部和颌部显得很大
- 短小强健的前肢上有2～3根指
- 后肢很长，适合奔跑

时期
暴龙类出现于距今2亿年前的侏罗纪，于距今6600万年前的晚白垩世灭绝。

特暴龙

- 时期 距今7000万～6600万年前
- 化石发现地 蒙古、中国
- 栖息地 泛滥平原
- 身长 12米
- 食物 肉类

暴龙使北美洲大陆上的动物们闻风丧胆，它的近亲特暴龙则在东亚占据着同样地位。特暴龙几乎和它的表亲一样大，但头部更纤细，前肢更短小。它的猎食技巧也和暴龙类似，先一口咬住猎物，与此同时猛咬下一大块肉。

原角鼻龙

- **时期** 距今1.75亿年前
- **化石发现地** 不列颠群岛
- **栖息地** 开阔的林地
- **身长** 2米
- **食物** 肉类

唯一的一件原角鼻龙化石是1910年在英国发现的，是保存得异常完好的头骨化石。原角鼻龙体形较小，是早期的暴龙类之一，也是冠龙的近亲。它最显著的特征是吻部前端长有奇怪的头冠。由于头骨化石的顶端缺失，科学家无法确定，原角鼻龙是否和冠龙一样长有一个大头冠，而吻部前端的小头冠是否为大头冠的一部分。

▲特暴龙身躯庞大，是典型的晚期暴龙类。它长着巨大的头骨，强有力的颌部，以及香蕉状的巨牙。与此形成鲜明对照的是，特暴龙的前肢十分短小，看起来显得很滑稽，且每边只有两指。

艾伯塔龙

- **时期** 距今7500万年前
- **化石发现地** 加拿大
- **栖息地** 森林
- **身长** 9米
- **食物** 肉类

比起那些最大型的暴龙类来，艾伯塔龙的体态要更轻盈一些，这意味着这种恐龙行动敏捷。它的头部很大，眼睛前面长有三角形的小角，嘴巴里排列着60颗香蕉状的牙齿。目前发现的艾伯塔龙骨骼化石超过30件，其中有22件发现于同一化石点，群体中既有未成年个体，也有老年个体。一些学者认为发现艾伯塔龙集体死亡的墓地证明了这种恐龙是群居动物，并且集体狩猎。物种的学名（*Albertosaurus*）取自最初发现化石的地方——加拿大艾伯塔省。

冠龙

- **时期** 距今1.6亿年前
- **化石发现地** 中国
- **栖息地** 林地
- **身长** 2.5米
- **食物** 肉类

冠龙化石于1996年发现于中国。冠龙的头顶上有一个从鼻子一直长到头部后面的中空的头冠。头冠或许是用于展示，以吸引异性。作为一种早期的暴龙类，冠龙比后来的巨兽要小得多，前肢上有3指而不是2指。它是早期带毛恐龙的近亲，其身上也可能覆盖有绒毛状的毛。

暴龙

暴龙又叫霸王龙，是电影《侏罗纪公园》里的主角，这一角色为其确立了最凶猛、最著名的恐龙的地位。尽管暴龙并非有史以来陆地上最大的肉食性恐龙，但在它生活的时代，它无疑是最大的恐龙。它的咬合力也大于任何一种陆生动物。

◀骨骼化石 目前找到的暴龙化石约30件，其中包括几件较完整的骨骼化石。皮肤印痕表明成年暴龙身上长有鳞状皮肤，但小暴龙则像小型暴龙类一样，身上长有绒毛状的毛。

▶碎骨牙 大部分肉食性恐龙都长有刀刃状的牙齿，牙齿边缘呈锯齿状。暴龙的巨齿上还带有脊，更便于刺入皮肤、肌肉和骨头。

单位：亿年前

2.51	2	1.45	0.66
三叠纪	侏罗纪	白垩纪	

▼短小的前肢 暴龙的前肢短小，样子奇特，每个前肢只有两指，指上长有爪子。两个前肢无法伸到嘴巴处，甚至彼此也不能碰到一起。但暴龙的前肢却很强壮，当它咬住猎物时，它能用前肢抓住猎物不让其挣脱。

▼长长的后肢 暴龙后肢很长，腿部肌肉十分强健，但踝关节和足部纤细。这种运动员似的体形表明，暴龙能够快速奔跑。不过暴龙却很少这样做，因为对于身躯如此庞大沉重的恐龙来说，奔跑时不慎摔倒将会对身体造成致命伤害。

暴龙

- **时期** 距今7000万～6600万年前
- **化石发现地** 北美洲
- **栖息地** 森林和沼泽
- **身长** 12米
- **食物** 肉类

暴龙的身体有一辆公共汽车那么长，体重是大象的两倍。毫无疑问，这种恐龙在当时根本找不到对手。暴龙的猎物，如三角龙、埃德蒙顿龙等的骨头上深深的牙洞表明，强有力的颌部和锋利的牙齿是暴龙的主要武器。遭此一咬，小型猎物很可能就会被咬成两截；大型猎物也会因遭受重创而毙命。在吞食猎物前，暴龙会把猎物踩在脚下，张开血盆大口，借助强有力的颈部肌肉从猎物身上连肉带骨撕咬下一大块。

美颌龙类

一般情况下，人们都把恐龙想象成暴龙那样身躯庞大、满口利牙、随时准备杀戮的凶猛动物，实际上有些美颌龙类并不比一只鸡大。美颌龙类是一种行动敏捷的小型掠食者，以猎食小动物为生。它们与鸟类的祖先有着亲缘关系，身上很可能有简单的绒毛状的毛，以此来保持体温。

家族真实档案

主要特征

- 体形很小，骨头中空，体态轻盈
- 身上有鳞状皮肤或绒毛状的毛
- 长长的尾巴用于平衡身体

时期

美颌龙类最早出现于距今1.51亿年前的晚侏罗世，灭绝于距今1.08亿年前的早白垩世。

美颌龙

- **时期** 距今1.5亿年前
- **化石发现地** 德国、法国
- **栖息地** 灌木丛和沼泽
- **身长** 1米
- **食物** 蜥蜴、小型哺乳动物、小型恐龙

美颌龙是典型的肉食性恐龙，它长着大大的眼睛，锋利、弯曲的牙齿，指上有爪。不过它的体形大小只如一只鸡。和鸟类一样，美颌龙的骨头是中空的，这有助于减轻体重。这种体态轻盈的掠食者用趾尖快速奔跑，可以追得上蜥蜴这类快速奔跑的猎物，然后再咬住它们。美颌龙长长的尾巴超过身体总长的一半，主要用于急转弯时保持身体平衡。科学家认为这种恐龙身上大部分区域都长有绒毛状的毛，尤其是在背部。

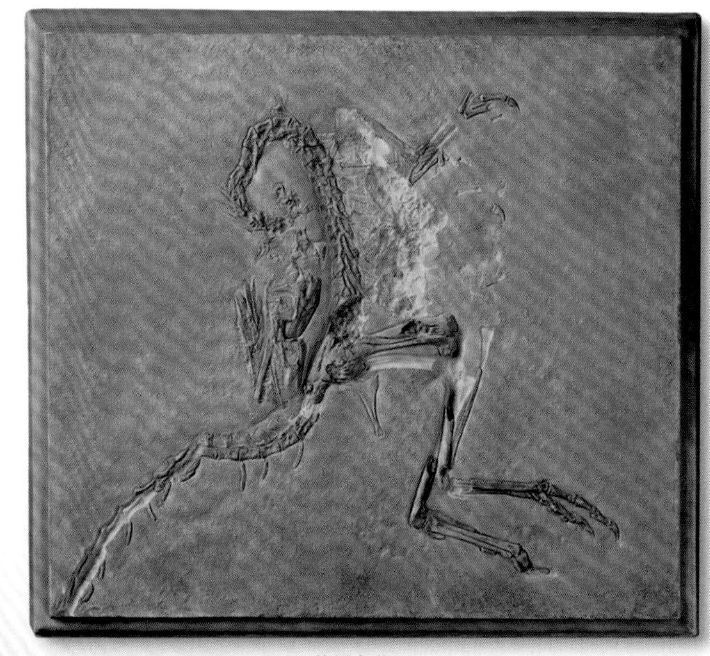

美颌龙化石

▼ **掠食者还是食腐者？** 和其他的肉食性恐龙一样，美颌龙有时也不会放过送到嘴边的腐食。但敏捷的体态和锋利的小牙齿表明，美颌龙主要还是靠自己猎食而很少吃腐食，它能在那些惊慌失措的小动物躲入岩洞或钻进灌木丛之前捕到它们。

中华龙鸟

- **时期** 距今1.3亿～1.25亿年前
- **化石发现地** 中国
- **栖息地** 林地
- **身长** 1米
- **食物** 小型动物

1996年，在中国辽宁省的一个采石场里，人们找到了第一具带毛恐龙——中华龙鸟的化石。化石上清晰的印痕表明，动物背部和身体两侧覆盖着简单的绒毛状的毛。羽毛能留住热量，从而保持体温。以身体比例来说，中华龙鸟的尾巴是所有肉食性恐龙中最长的。

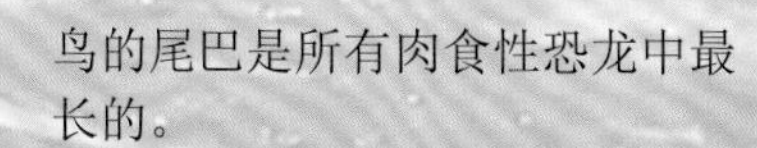

似鸟龙类

似鸟龙类又名鸵鸟恐龙，其成员的体形就像现生鸵鸟一样，并可用后肢快速奔跑。它们是速度最快的恐龙，奔跑时速可达80千米。它们从肉食性恐龙演化而来，但鸟一样的喙嘴以及大牙齿的缺少表明，它们的食谱很广。

家族真实档案

主要特征
- 后肢很长
- 长长的脖子和小脑袋，长有喙嘴
- 眼睛很大
- 小小的牙齿或没有牙齿

时期
似鸟龙类最早出现在距今1.3亿年前的早白垩世，于距今6600万年前的晚白垩世灭绝。

▼ 羽毛还是鳞片？ 大部分模型和工艺品都把似鸟龙类刻画成有鳞状皮肤的动物。不过，现在许多科学家都认为，似鸟龙类长了一身原始的绒毛状的毛，就与它们的近亲一样。

似鸡龙

- **时期** 距今7500万～6600万年前
- **化石发现地** 蒙古
- **栖息地** 沙漠平原
- **身长** 6米
- **食物** 叶子、种子、昆虫和小型哺乳动物

似鸡龙是最著名的似鸟龙类之一。它也是最大的似鸟龙类——身高是人的3倍，体重达450千克，这可比任何一只鸡都要重得多！似鸡龙是恐龙家族的短跑冠军，速度可超越一匹赛马。它的头骨看上去就像鸟类的一样，脑容量大概只有高尔夫球那么大（只比鸵鸟的略大一些）。它那长长的无齿的喙嘴能衔咬叶子、种子、昆虫和小型哺乳动物。

► 鸟类的视野 似鸡龙眼眶很大，眼睛长在两侧，这使得它可以从四周环视敌人。眼球外部的骨质结构是起支撑和保护作用的巩膜环，现生鸟类也具有这种特征。

似鸵龙

- **时期** 距今7500万年前
- **化石发现地** 加拿大
- **栖息地** 空旷地带、河岸
- **身长** 4米
- **食物** 杂食

似鸵龙与似鸟龙非常相似，多年来人们一直把它的化石误认为是似鸟龙。两者唯一的区别是似鸵龙前肢更长，前指更有力。它的前指末端有长长的爪子，爪子是直的。但和似鸟龙一样，似鸵龙的爪子并不能用于捕捉猎物，反而是和现生树懒一样，它能利用前肢和爪子来抓扯树枝送到嘴里进食。似鸵龙也吃花蕾和树木等植物长出的新芽，此外的食谱还囊括了小动物和昆虫。和其他的似鸟龙类一样，似鸵龙的后肢长而有力，很适合奔跑。细长的脖子可以弯曲活动，脖子上面顶着一个小脑袋。

似鸟龙

- **时期** 距今7500万～6600万年前
- **化石发现地** 美国、加拿大
- **栖息地** 沼泽、森林
- **身长** 3米
- **食物** 杂食

似鸟龙具有似鸟龙类典型的体形：身体较短，后肢很长。它的奔跑速度很快，通过尾巴的左右摆动，似鸟龙在短距离冲刺时亦可以突然急转弯。相对于它的体形以及所处年代来说，似鸟龙的脑容量相当大，但智力程度仍远不及鸵鸟。

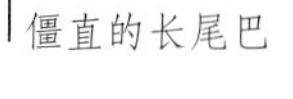

现生亲戚

似鸟龙类奔跑的方式就和今天的鸵鸟一样。鸵鸟用它那强有力的后肢阔步奔走，同时尾部向后伸展。鸵鸟是当今世界奔跑速度最快的鸟类，时速可达72千米，而人类跑步的平均时速仅为10～18千米。

完美的化石

1914年，美国古生物学家巴努姆·布朗在加拿大艾伯塔省发现了这具令人惊异的似鸵龙化石骨架。这具骨架只缺失头骨顶部和尾部末端的骨头，是迄今为止发现的最完整的恐龙化石之一。

窃蛋龙类

窃蛋龙类是外形奇特、身披羽毛的一类恐龙，它们长着鹦鹉嘴状的喙嘴。虽然它们是从肉食性的兽脚类演化而来，但这类恐龙却是杂食性甚或植食性的。它们的嘴里几乎没有牙齿，吻部很短，头顶上通常长有装饰用的头冠。化石证据表明，这种恐龙和鸟类一样会孵蛋。有些窃蛋龙类与鸟类如此相似，以至于一些科学家认为它们就是不飞鸟类的远古祖先。

葬火龙

- **时期** 距今7500万年前
- **化石发现地** 蒙古
- **栖息地** 中亚的草原
- **身长** 3米

葬火龙最显著的特征是头顶上的头冠与现生食火鸡的非常相似。目前发现的许多葬火龙化石都是坐在巢穴里的蛋上面的成年个体。它们用长有羽毛的前肢护卫着那些蛋，就像现生鸟类一样。葬火龙的椭圆形蛋很大，甚至大于人的拳头。

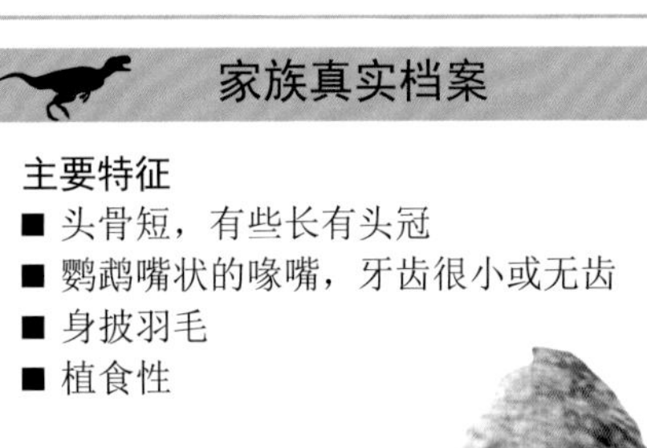

家族真实档案

主要特征
- 头骨短，有些长有头冠
- 鹦鹉嘴状的喙嘴，牙齿很小或无齿
- 身披羽毛
- 植食性

时期
窃蛋龙类生活在距今8400万～6600万年前的白垩纪。

雌驼龙

- **时期** 距今7000万年前
- **化石发现地** 蒙古
- **栖息地** 林地
- **身长** 1.5米

雌驼龙是一种长有羽毛的小型恐龙，仅仅和人一样高。这种恐龙的化石极少见，不过从现有的标本来看，科学家可以获悉其前肢粗壮，拇指非常大且长有爪子，这可以作为御敌的武器。雌驼龙应为杂食性恐龙，既吃植物也吃肉。

尾羽龙

- **时期** 距今1.3亿～1.2亿年前
- **化石发现地** 中国
- **栖息地** 湖滨和河岸
- **身长** 1米

身披羽毛的尾羽龙体形如同火鸡般大小。它的前肢短且呈翼状，上面长满大片华丽的羽毛。尾巴上长有羽扇，其余全身则遍布绒毛状的短毛。羽毛并不是用来飞行，而是用来保持体温和吸引异性的。尾羽龙的尾椎骨比大多数恐龙的都要短，这意味着其尾巴无法用于平衡身体。因此，这种恐龙行走的方式应该更像那些体格粗壮的不飞鸟类。尾羽龙的喙嘴很尖，可用来切咬植物和咬开种子，但它也可能吃肉。

恐龙蛋

20世纪20年代，科学家发现了这个被掩埋在蒙古戈壁滩中的恐龙巢穴，巢穴距今已有7500万年之久。巢穴里有一堆狭长形的蛋，并排成一圈。这是窃蛋龙的巢穴化石，窃蛋龙是一种带毛恐龙。科学家在巢穴附近还找到了雌性窃蛋龙的骨骼化石，但最初人们错误地以为窃蛋龙和蛋分属两个不同物种，认为这只肉食性恐龙是想来偷走那些蛋，因此就把这种恐龙命名为 *Oviraptor*（窃蛋龙）。学名生效后，所有同一个科的恐龙都被称为窃蛋龙类。

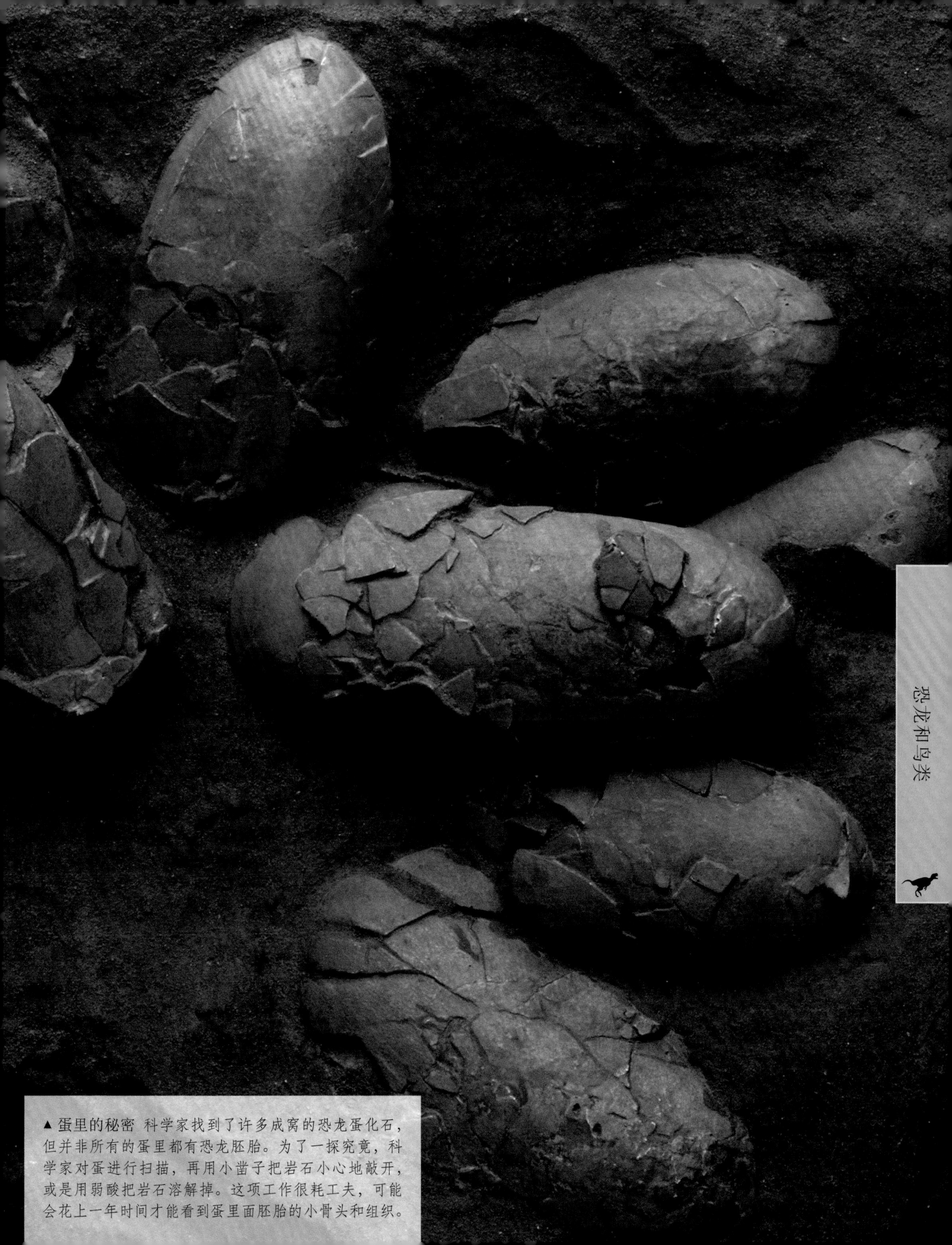

▲蛋里的秘密 科学家找到了许多成窝的恐龙蛋化石，但并非所有的蛋里都有恐龙胚胎。为了一探究竟，科学家对蛋进行扫描，再用小凿子把岩石小心地敲开，或是用弱酸把岩石溶解掉。这项工作很耗工夫，可能会花上一年时间才能看到蛋里面胚胎的小骨头和组织。

镰刀龙类

当科学家把镰刀龙类的化石碎片拼凑到一起时，他们才发现眼前是一只堪称史上样子最怪诞的恐龙。这种恐龙个头很高，头很小，后肢粗壮，还挺着一个“啤酒肚”。尽管骨头可以证明它们是肉食性恐龙的亲戚，但它们的牙齿和消化系统却演化得更适合吃植物，而不适合吃肉。

家族真实档案

主要特征
- 颈部很长
- 前肢有弯曲的大爪子
- 尾巴短
- 足有4趾
- 身体某些部位长有羽毛

时期

镰刀龙类最早出现在距今1.3亿年前的早白垩世，于距今6600万年前的晚白垩世灭绝。

镰刀龙

- **时期** 距今8000万～7000万年前
- **化石发现地** 蒙古
- **栖息地** 林地
- **身长** 8～11米
- **食物** 植物

镰刀龙是大型镰刀龙类之一，化石发现于现今荒凉、寒冷的戈壁滩上。但在晚白垩世，这一地区是温暖、湿润的森林，密布着高大的树木。镰刀龙高高的个子使其可以像长颈鹿那样吃到高树上的叶子。

▼剪刀一样的前肢 镰刀龙前肢的爪子长得吓人，足足有将近1米长。前爪可作为自卫武器，击退一些肉食性恐龙的进攻。此外，爪子也可用来钩取高树上的枝叶。

阿拉善龙

- 时期 距今1.3亿年前
- 化石发现地 中国
- 栖息地 林地
- 身长 4米
- 食物 植物

1988年，人们在中国内蒙古找到了5件未知恐龙的化石。这些就是阿拉善龙的化石，阿拉善龙是一种镰刀龙类。阿拉善龙那叶状的牙齿不够锋利，无法从动物身上咬下肉，因此这种恐龙很可能是植食性的。鼓胀的胃部表明阿拉善龙每天都要进食大量的叶子。由于肚子鼓胀，因此它的奔跑速度不会很快。如果遭遇掠食者袭击，阿拉善龙会用爪子跟对方搏斗，而不是逃跑。

驰龙类

驰龙类有时也称盗龙类，是一种凶猛的小型肉食性恐龙。它们的嘴里长着刀片状的牙齿，四肢上长有可怕的钩爪。它们是鸟类的近亲，或许是从会飞的祖先演化而来的。它们长长的前肢可以像翅膀那样折叠起来，身上长满羽毛。

驰龙

- **时期** 距今7500万年前
- **化石发现地** 加拿大
- **栖息地** 森林、平原
- **身长** 2米
- **食物** 肉类

驰龙头骨

驰龙的体形与伶盗龙差不多，但它的头骨更结实、下颌更深，这表明其咬合力更强。驰龙长着一双大眼睛，这对捕猎大有帮助。就像猫科动物一样，驰龙在狩猎时先悄悄地跟进，然后才一跃而起，对猎物发动致命的一击。目前找到的驰龙化石仅有一件不完整的头骨和少量骨骼。下图中的骨骼模型是基于现有化石标本并参照其他近亲所构建出来的。

驰龙骨骼模型

可弯曲活动的细长的脖子

趾爪

长长的前肢

手有3指，指上有爪。

犹他盗龙

- **时期** 距今1.3亿～1.2亿年前
- **化石发现地** 美国
- **栖息地** 平原
- **身长** 7米
- **食物** 肉类

犹他盗龙是最大的驰龙类，体重可达半吨，这可比大灰熊还要重。和其他的驰龙类一样，犹他盗龙第二趾上长有巨大的钩爪。在扑向猎物时，它就用钩爪刺入对方的身体。测量趾爪化石所得到的长度为24厘米。

趾爪

恐爪龙

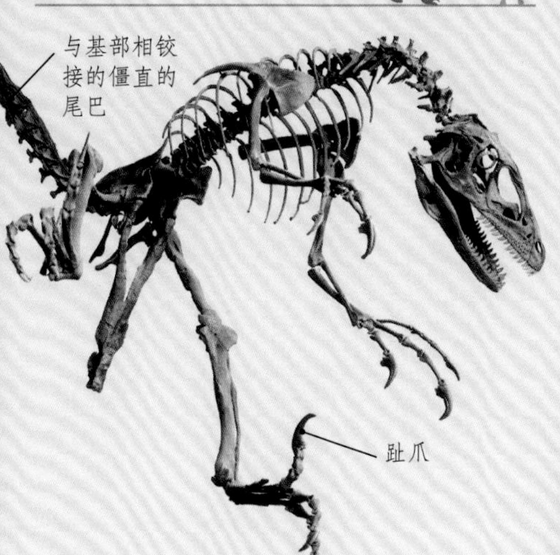

■ **时期** 距今1.15亿～1.08亿年前
■ **化石发现地** 美国
■ **栖息地** 亚热带沼泽和森林
■ **身长** 3米
■ **食物** 肉类

恐爪龙以它巨大的趾爪闻名。和其他驰龙类一样，恐爪龙行走时将大爪翘离地面，以保持其锋利。一些学者认为，捕猎时，恐爪龙一边用后肢猛踢猎物，一边用爪子划破对方的喉咙或肚子。另有学者认为，恐爪龙幼崽用爪子爬树或钩住猎物。在跳跃或攀爬时，恐爪龙僵直的尾巴可以起到平衡身体的作用。

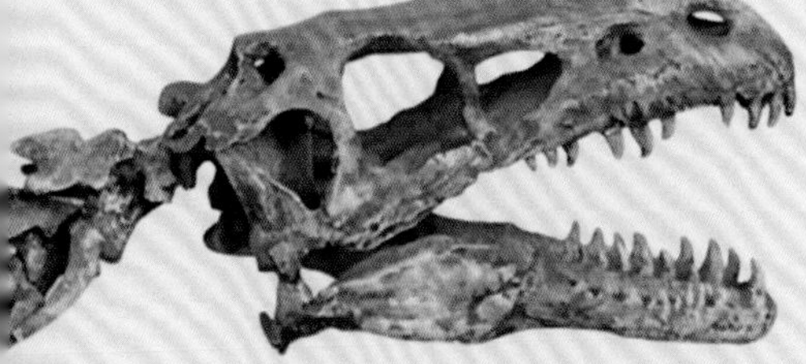

伶盗龙

■ **时期** 距今8500万年前
■ **化石发现地** 蒙古
■ **栖息地** 灌木丛和沙漠
■ **身长** 2米
■ **食物** 蜥蜴、哺乳动物、小型恐龙

伶盗龙是电影《侏罗纪公园》的主角，电影里它的体形是现实的两倍。现实中的伶盗龙身体纤细，身披羽毛，大小与狼差不多。最令人啧啧称奇的伶盗龙化石当属这块（见下图），它保存得非常完整。化石中的伶盗龙正在与原角龙搏斗。两者激战正酣时，却被一场突如其来的沙漠风暴掩埋。和其他的驰龙类一样，伶盗龙巨大的趾爪平时可以像翅膀一样收起来，捕猎时再张开。虽然没有发现带有羽毛印痕的伶盗龙化石，但其前肢骨上却有小肿块似的羽茎瘤，这是动物长羽毛的证据。

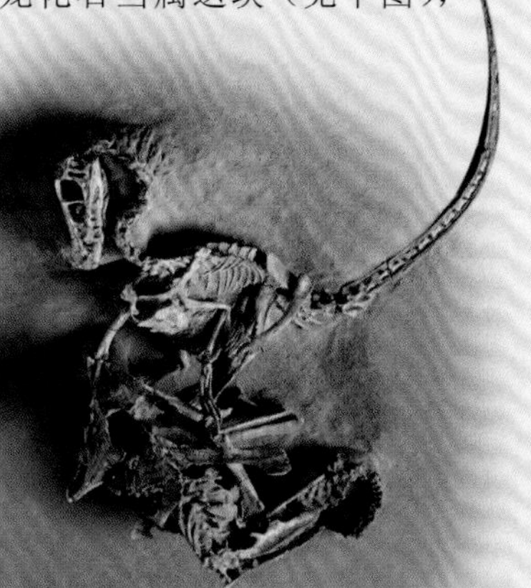

斑比盗龙

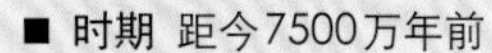

■ **时期** 距今7500万年前
■ **化石发现地** 北美洲
■ **栖息地** 林地
■ **身长** 1米
■ **食物** 肉类

1995年，当时只有14岁的维斯·伦斯特和他的父母在美国蒙大拿州冰川国家公园的山上寻找化石时，他惊喜地发现了一具残骸。随后的挖掘表明，维斯找到的是一件保存完好的小型驰龙类化石。根据其体形特征，科学家依照迪斯尼动画角色小鹿斑比的形象将其命名为斑比盗龙。斑比盗龙长得像鸟一样，或许长有羽毛。长长的后肢表明其奔跑速度极快。这种恐龙以捕食小型哺乳动物和爬行动物为生，像猫捉老鼠一样用前肢的爪子抓住猎物。相对其身体比例，斑比盗龙的脑容量非常大，证明这是一种有智慧的动物（智力水平相当于婴儿）。一些科学家认为，斑比盗龙身躯较小，因此它们会爬树。

家族真实档案

主要特征
■ 四肢和尾巴上都长有鸟类那样的羽毛，躯干则长有绒毛状的毛
■ 第二趾上有镰刀形的爪子
■ 长长的前肢可以像鸟类翅膀那样向内折叠

时期
驰龙类在距今1.67亿年前的侏罗纪开始出现，于距今6600万年前的晚白垩世灭绝。

殊死搏斗

在北美洲，凶猛的恐爪龙的牙齿经常和大型植食性恐龙——腱龙的骨骼一起被发现。在一处化石发现地，人们同时找到了5只恐爪龙和一只腱龙的化石。腱龙的体形要远大于恐爪龙，后者无法单独猎杀腱龙，那么，它们是集体猎杀腱龙的吗？

◀易受攻击的目标 腱龙身上没有用于防护的骨甲，也几乎没有任何武器，因此很容易成为掠食者的攻击目标。但它庞大的身躯可以震慑敌人。腱龙体重达2吨，一只成年腱龙的体重差不多等于30只恐爪龙加起来的体重。

集体狩猎

狼群通过相互协作，猎杀比自己大得多的猎物。目前，还没有证据表明恐龙也会集体狩猎，而且也有科学家不支持这个假说。鸟类是现存的恐龙后嗣，我们在鸟类身上几乎看不到集体狩猎的行为。

◀体态轻盈 身手敏捷是像恐爪龙这样的掠食者必备的一种特质。只有这样才能躲避诸如腱龙这类巨兽扫来的尾巴，或避免被其沉重的四肢踩中。

你知道吗？

恐爪龙最显著的特征是后足第二趾上那巨大的爪子，这也是它学名（*Deinonychus*）的由来，意思是“恐怖的爪子”。

▲恐爪龙猛踢对手的腹部，在把猎物肚子切开后，就用这第二趾爪把猎物的肠子等内脏钩出来。

◀恐爪龙的颌部有60颗像刀片一样弯曲的利牙。牙齿边缘为锯齿状，就像餐刀那样。这样的牙齿可以轻易刺进猎物坚硬的皮肉里。

小盗龙

小盗龙比鸽子大不了多少，是已知最小的恐龙之一。这种恐龙全身覆盖着羽毛，靠把四肢张开像两对翅膀一样在树林中飞翔（或至少能滑翔）。作为驰龙类的一员，小盗龙是伶盗龙的近亲，同属肉食性恐龙，它可不是鸟类。

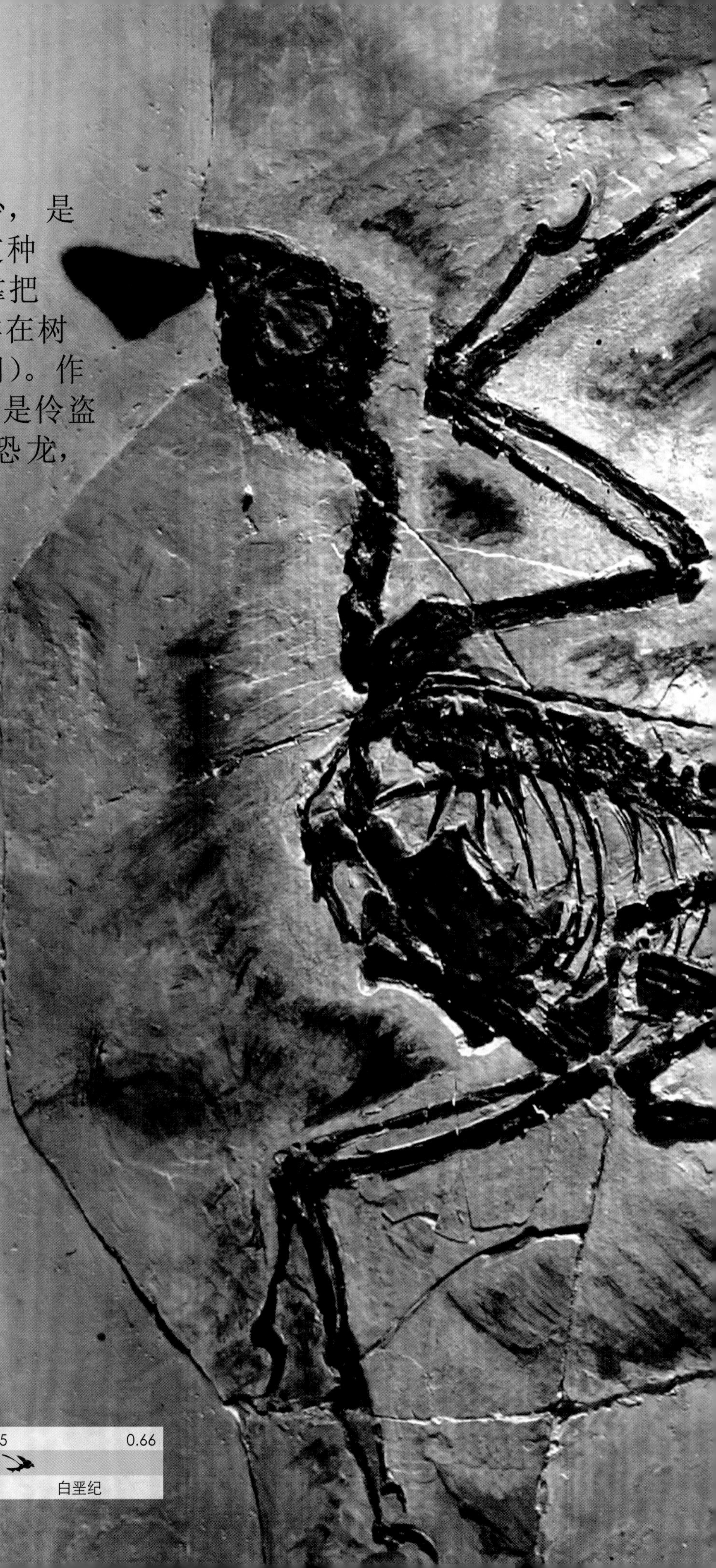

小盗龙

- **时期** 距今1.3亿～1.25亿年前
- **化石发现地** 中国
- **栖息地** 林地
- **身长** 1米
- **食物** 小型哺乳动物、蜥蜴、昆虫

科学家在中国找到了很多小盗龙的化石，其中有超过20件保存完好的骨骼。和鸟不一样，这种动物长有牙齿和尾椎，前肢还长有大爪子。但化石上也清晰地显示有飞羽的印痕，这说明羽毛并非鸟类所特有，在恐龙身上也会有发现。小盗龙没有振翅起飞所需的大块飞行肌，但它可以利用翅膀滑翔，就像鼯鼠那样。它的尾巴末端是菱形的尾扇，上面长有羽毛，其作用或许是在飞行过程中保持平衡。后肢上长长的羽毛在行走奔跑时会很碍事，因此小盗龙一般只待在树上。

单位：亿年前

2.51	2	1.45	0.66
三叠纪	侏罗纪	白垩纪	

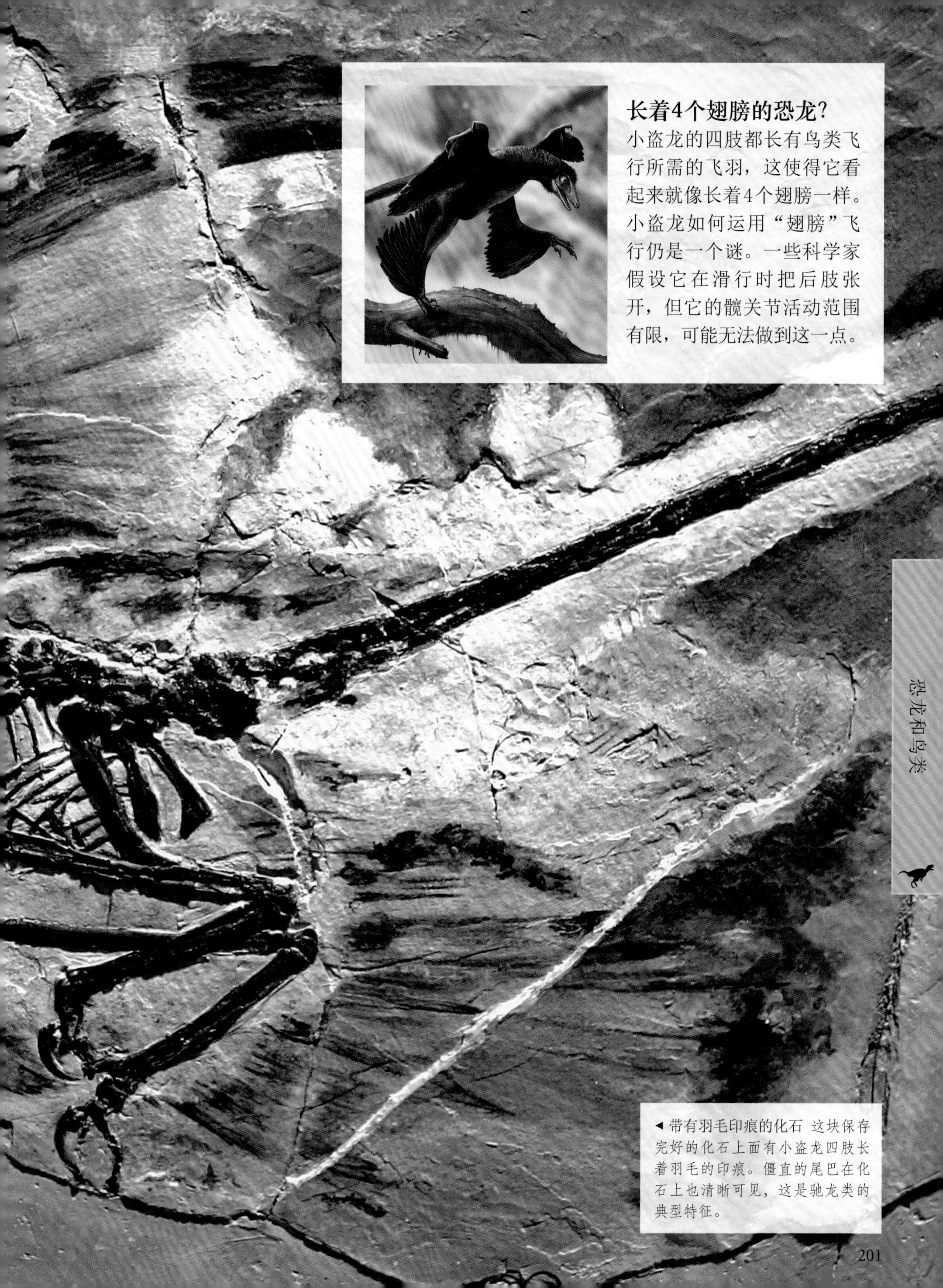

长着4个翅膀的恐龙?

小盗龙的四肢都长有鸟类飞行所需的飞羽，这使得它看起来就像长着4个翅膀一样。小盗龙如何运用“翅膀”飞行仍是一个谜。一些科学家假设它在滑行时把后肢张开，但它的髋关节活动范围有限，可能无法做到这一点。

◀带有羽毛印痕的化石 这块保存完好的化石上面有小盗龙四肢长着羽毛的印痕。僵直的尾巴在化石上也清晰可见，这是驰龙类的典型特征。

中国鸟龙

中国鸟龙是驰龙类的早期成员。如图中这块漂亮的化石所示，中国鸟龙从头到尾全身都覆盖着羽毛。中国鸟龙并非真正意义上的鸟，因为它太重了，根本无法飞行。人们认为它和其他的驰龙类一样，由会飞的祖先演化而来。

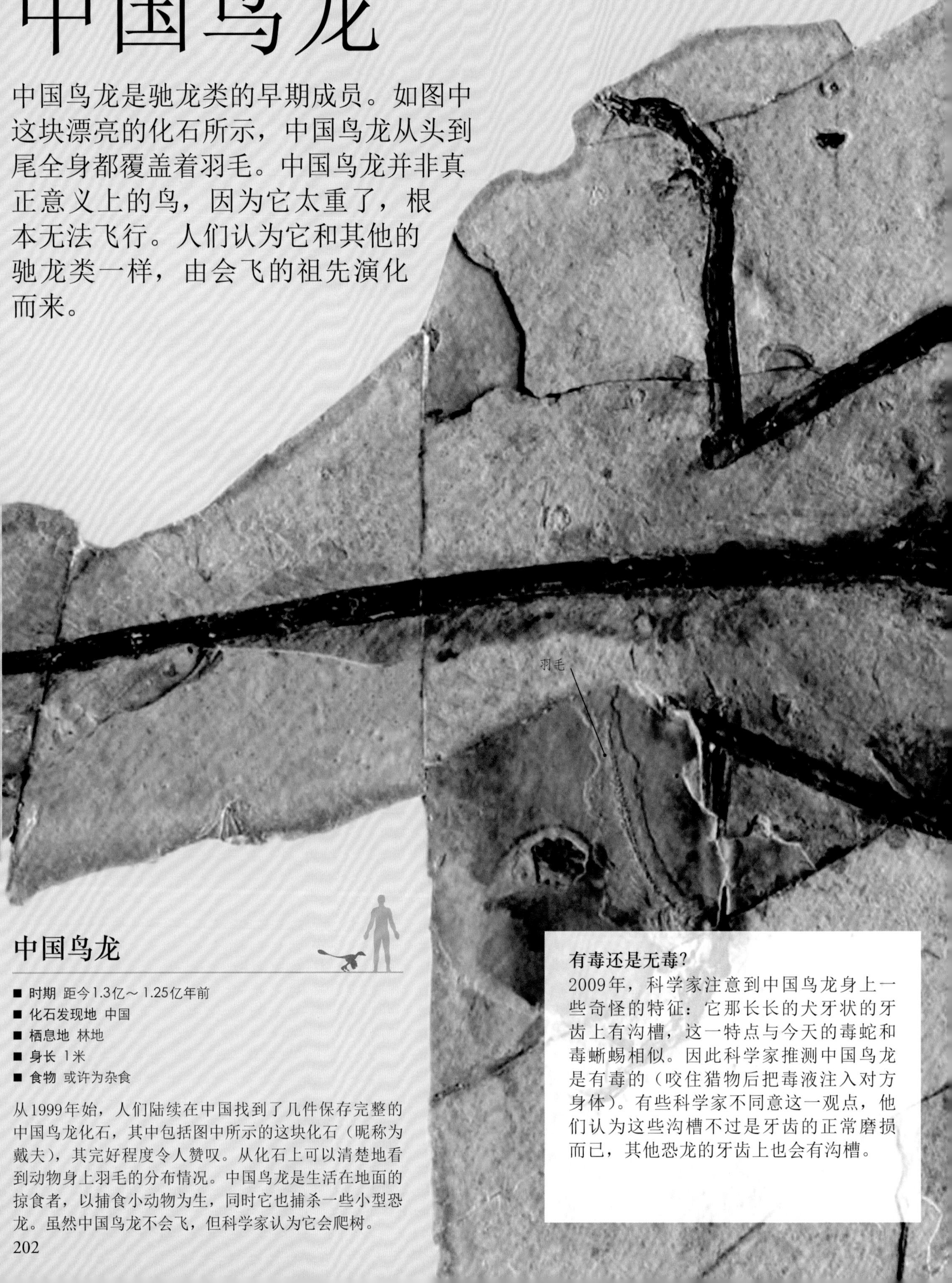

羽毛

中国鸟龙

- **时期** 距今1.3亿～1.25亿年前
- **化石发现地** 中国
- **栖息地** 林地
- **身长** 1米
- **食物** 或许为杂食

从1999年始，人们陆续在中国找到了几件保存完整的中国鸟龙化石，其中包括图中所示的这块化石（昵称为戴夫），其完好程度令人赞叹。从化石上可以清楚地看到动物身上羽毛的分布情况。中国鸟龙是生活在地面的掠食者，以捕食小动物为生，同时它也捕杀一些小型恐龙。虽然中国鸟龙不会飞，但科学家认为它会爬树。

有毒还是无毒？

2009年，科学家注意到中国鸟龙身上一些奇怪的特征：它那长长的犬牙状的牙齿上有沟槽，这一特点与今天的毒蛇和毒蜥蜴相似。因此科学家推测中国鸟龙是有毒的（咬住猎物后把毒液注入对方身体）。有些科学家不同意这一观点，他们认为这些沟槽不过是牙齿的正常磨损而已，其他恐龙的牙齿上也会有沟槽。

▲绒毛状的毛 中国鸟龙身上的毛或许色彩斑斓，大小不一。身上那些绒毛状的毛可以保持体温。前肢上的长羽毛或许是用来保护幼崽，或是向异性示爱。

伤齿龙

伤齿龙是一种行动机敏的小型恐龙，外形就像鸟一样，身上长有羽毛。它的体重只相当于一名儿童，因此无力捕杀那些大型的恐龙。但它有着灵活的四肢，擅长捕捉树林和灌木丛中的那些小动物。在恐龙家族中，伤齿龙的脑容量称得上是非常大的，并且它还有一双锐利的眼睛，因此这是一种反应敏捷、智力超群的恐龙，具有闪电般的反应能力和猫科动物那样的猎杀本能。

追捕
细长的后肢和运动员般的体格让伤齿龙成为短跑好手，它可以追赶上蜥蜴和小恐龙等一些小型动物。伤齿龙用足部第二趾上镰刀状的大爪子制服猎物，使对方动弹不得。它在行走奔跑时，可以把大爪子向上收起，避免其与地面接触，以防磨损。

伤齿龙

- **时期** 距今7400万～6600万年前
- **化石发现地** 北美洲
- **栖息地** 多树平原
- **身长** 3米
- **食物** 小型动物，也可能吃植物

伤齿龙的牙齿独具特色，锯齿状的边缘非常明显。虽然它以吃小动物为主，但这样的牙齿也可以用于切碎叶子。伤齿龙学名（*Stenonychosaurus*）的意思是“（令对方）受伤的牙齿”。

双眼视野重叠，具有立体感。

左眼视野

右眼视野

▶ 立体视野 和其他大多数恐龙不同，伤齿龙的眼睛长在头部前方，而不是长在两侧。这使得它在看物体时具有了立体视野，就像人类的一样。这种特殊的本领使伤齿龙在猎杀猎物时可以先判断自己跟对方的距离。

▲ 伤齿龙的蛋化石发现于美国蒙大拿州的恐龙蛋山。科学家用蛋化石里的小骨头重建了小恐龙即将出壳时的仿真模型。巢穴里摆满了恐龙蛋，小恐龙的父母都坐在巢穴里，用它们那羽毛丰满的前肢保护着这些蛋。

智力迟钝

相对于体形大小而言，伤齿龙的脑容量可能是恐龙中最大的。虽然按照恐龙的判定标准，伤齿龙算得上智力超群，但它的脑容量也不过和食火鸡一类的不飞鸟的差不多大，这要比哺乳动物的平均脑容量小得多。

食火鸡

恐龙的灭绝

就在恐龙出现之前，地球刚经历了一场物种大灭绝，将近90%的物种消失殆尽。历经数百万年后地球才又恢复生机。接着，在距今6600万年前，所有恐龙都在一场突如其来的灭顶之灾中灭绝了。是什么使得这些动物神秘地消失了？

祸从天降

1980年，一位名叫路易斯·阿尔瓦雷兹的美国科学家有了惊人的发现。通过对恐龙灭绝年代时期的岩石进行研究，他发现岩石中铱的含量是正常情况下的100倍（铱是一种地球上罕有的金属物质，但在陨石中很常见）。通过对全球同时代的岩石进行研究，他发现情况如出一辙。因此他下结论说，历史上有一颗巨大的陨石或小行星撞击了地球。激烈的撞击改变了地球气候，从而使恐龙灭绝。

煤层

含铱的土层

黏土层

你知道吗？

并非所有的物种都在这次大劫难中灭绝了，那些幸存者包括：

- 鲨鱼及其他鱼类
- 水母
- 蝎类
- 鸟类
- 昆虫
- 哺乳类
- 蛇类
- 龟类
- 鳄类

希克苏鲁伯陨石坑直径达180千米。

撞击发生后，海水很快淹没了希克苏鲁伯陨石坑。

真实档案

在过去的5.5亿年中，地球上一共发生了5次物种大灭绝。每次物种大灭绝都意味着超过50%的物种消亡。标志着中生代（恐龙的时代）结束的物种大灭绝是最近发生的一次。人们提出了80多种假说来试图解释这次物种大灭绝发生的原因。

隐蔽的陨石坑

小行星撞击地球，在地面上形成了一个陨石坑，这颗大到足以改变地球气候的小行星制造出了这个巨大的陨石坑。但这个陨石坑在哪里？答案最终于20世纪70年代揭晓。当时一批科学家正在墨西哥海岸勘探石油，他们发现了一个巨大的陨石坑被埋藏在地下1千米处。这颗在地表留下了直径约180千米大坑的小行星，估计直径有10千米，撞击的力度应该很大，随后在世界各地引发了海啸。

这次的物种大灭绝事件不仅导致了恐龙的灭绝，而且致使陆地上任何比狗大的动物都没能幸存下来。

罪魁祸首

一颗巨大的小行星撞击了地球，整个世界都笼罩在巨大的尘埃和烟雾中。尘埃遮挡住了太阳的光线和散发的热量，并且还产生了大量难闻的气味，使动物窒息身亡。地球气候发生了急剧的变化，许多物种无法再在这样的气候环境下生存。

雪上加霜

几乎可以确定，小行星撞击地球就是恐龙灭绝的罪魁祸首，同时还引发了其他的灾变性事件。一些科学家相信这次撞击不仅仅是导致物种大灭绝这么简单，而且还在地球上造成了多米诺效应。撞击导致印度西部火山活动频繁，产生大量的火山灰，这对地球气候的改变产生了影响。

火山活动形成了德干地盾熔岩层，这些熔岩曾经覆盖了大半个印度。

早期鸟类

鸟类是在侏罗纪由驰龙类这一分支的恐龙演化而来的。最早的鸟类拥有小盗龙那样的骨骼。随着时间推移，鸟类逐渐适应了空中的生活，它们开始演化出强健的飞行肌，牙齿、尾巴和爪子逐渐退化，这样会使得身体更轻盈。

家族真实档案

主要特征
- 翅膀和身体上长有羽毛
- 尾椎骨融合在一起
- 指上无爪或指爪很小
- 胸部有龙骨突固着着发达的飞行肌
- 半圆形的腕骨有助于扇动翅膀

时期

鸟类最早出现于晚侏罗世，并一直在天空翱翔至今。

始祖鸟

孔子鸟

- **时期** 距今1.3亿～1.2亿年前
- **化石发现地** 中国
- **栖息地** 亚洲的林地
- **身长** 0.3米
- **食物** 可能吃种子

孔子鸟是最早的无齿鸟类之一，也是已知最早的长有喙嘴的鸟类。和现生鸟类一样，它也长有粗短的尾巴，但却缺乏强健的飞行肌。人们在中国找到了成千上万的孔子鸟化石。一些成年个体的尾巴上有着长长的羽翎，这或许是雄性的装饰物，可在求偶季节向雌性示爱。

始祖鸟

- **时期** 距今1.5亿年前
- **化石发现地** 德国
- **栖息地** 西欧的森林和湖泊
- **身长** 0.3米
- **食物** 昆虫，可能吃爬行动物

1861年，当第一块完整的始祖鸟化石被发现时，科学家们震惊了——它看起来就像是恐龙和鸟之间的"失落一环"。它的尾巴和翅膀上都长满羽毛，但前肢上仍有驰龙类那样的爪子，尾椎尚未退化，颌部长有牙齿，而并非是喙嘴。始祖鸟是已知最古老的鸟类，大小如一只鸽子，有着长长的飞羽，但却缺乏振翅飞行所需的强健肌肉，因此它更有可能是滑翔。

◀ 始祖鸟化石　这是在德国发现的始祖鸟化石，纹理细致的石灰岩将其前肢及尾巴上的羽毛印痕异常清晰地保存了下来。

黄昏鸟

- **时期** 距今7500万年前
- **化石发现地** 美国
- **栖息地** 近海
- **身长** 2米
- **食物** 鱼和乌贼

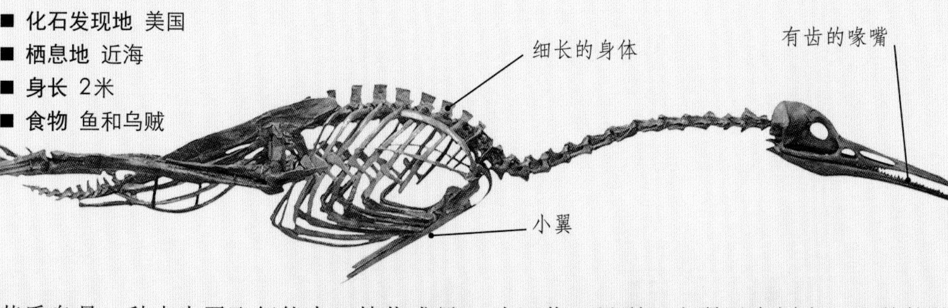

黄昏鸟是一种丧失了飞行能力、特化成只会潜水的大型水鸟。在追捕猎物时，它用巨大的后肢在水中划动前进，用长有牙齿的喙嘴咬住乌贼和鱼等猎物。前肢的骨头退化，只剩下小翼用来划水。和其他的鸟类一样，黄昏鸟在陆地上筑巢，但它可能无法在地面上行走，只能用肚子着地滑行。

维加鸟

- **时期** 距今6600万年前
- **化石发现地** 南极洲
- **栖息地** 南极洲海岸
- **身长** 0.6米
- **食物** 水生植物

维加鸟是鸭子和鹅的亲戚，其化石在1992年发现于南极洲。这一发现十分重要，因为这表明了有些鸟类在恐龙时代就已经开始演化。维加鸟生活在南极洲，当时的南极洲远没有今天这么寒冷。

伊比利亚鸟

- **时期** 距今1.35亿～1.2亿年前
- **化石发现地** 西班牙
- **栖息地** 西欧的林地
- **身长** 20厘米
- **食物** 可能吃昆虫

伊比利亚鸟的体形和雀科小鸟差不多，它长着粗短的尾巴，胸肌发达，这表明它很善于飞行。弯曲的趾爪则表明它栖息在树上。但它也具有类似恐龙的羽毛，两翼还长有巨大的爪子。

向后弯曲的足趾用于在树上栖息。

鱼鸟

- **时期** 距今9000万～7500万年前
- **化石发现地** 美国
- **栖息地** 海岸
- **身长** 0.3米
- **食物** 鱼

大脑袋

长长的喙嘴里长满锋利的牙齿。

鱼鸟是一种海鸟，大小、体重都与现生海鸥相近，但它的头和喙嘴要更大一些。它长有龙骨状的巨大胸骨，这表明它胸肌发达，足以飞行。不过它的颌部长满弯曲的小牙，就像史前肉食性爬行动物——沧龙类那样，甚至它们的捕食方式也可能一样：用长满钩齿的尖嘴衔住鱼或是其他水生猎物。鱼鸟的双足为蹼足，趾上还有短爪子。

晚期鸟类

虽然绝大部分恐龙都灭绝于距今6600万年前，但鸟类却幸存并繁衍了下来。在恐龙时代结束之后的新生代，鸟类家族演化出了万千物种。有些占据了天空或水域，另一些则放弃飞行演化成了大型肉食性鸟类，填补了恐龙灭绝后留下的生态空间。

泰坦鸟

- **时期** 距今500万～200万年前
- **化石发现地** 南美洲和北美洲
- **栖息地** 草原
- **身高** 2米
- **食物** 肉类

泰坦鸟又名恐怖鸟，是一种不会飞的大型肉食性动物，其凶猛程度和那些肉食性恐龙一样。它的体重抵得上两个成人，但奔跑速度要比人快得多，时速可达65千米。泰坦鸟用巨大的钩状喙嘴杀死猎物，并撕开它们的身体。泰坦鸟和最早期的人类生活在同一时期，当时人类刚开始直立行走并向外迁徙。不过两者并没有机会碰面，因为泰坦鸟只生活在美洲大陆。泰坦鸟的猎物包括史前马类——三趾马。

恐鸟

- **时期** 距今200万～200年前
- **化石发现地** 新西兰
- **栖息地** 平原
- **身高** 4米
- **食物** 植物

恐鸟（又名巨恐鸟）的身高是成人的两倍多，这是有史以来最大的不飞鸟。距今700年前，欧洲人到达新西兰时，当地还生活着数量繁多的恐鸟。后来由于人类的滥杀，恐鸟灭绝了。恐鸟和鸸鹋、鸵鸟、鹬鸵等同属平胸鸟类。

阿根廷巨鹰

- **时期** 距今600万年前
- **化石发现地** 阿根廷
- **栖息地** 内陆和山地
- **翼展** 8米
- **食物** 肉类

巨大的翅膀

阿根廷巨鹰是最大的飞行鸟类，其翼展比今天的纪录保持者——漂泊信天翁还大两倍以上。阿根廷巨鹰的体重与成人的相当，它利用宽宽的翅膀捕获上升气流实现升空。它可以在空中轻松翱翔，寻找猎物。一些学者认为阿根廷巨鹰会主动捕猎，当发现目标时就从空中俯冲下来；另一些人则认为它和秃鹫一样，是腐食性动物。

普瑞斯比鸟

- **时期** 距今6200万～5500万年前
- **化石发现地** 欧洲、北美洲、南美洲
- **栖息地** 湖滨
- **身高** 1米
- **食物** 浮游生物、水生植物

鸭子一样的喙嘴

普瑞斯比鸟看样子就像一只高大的鸭子。人们在北美洲发现了大量的普瑞斯比鸟化石，同时还有普瑞斯比鸟的蛋化石和巢穴化石。化石点的古环境是浅湖。普瑞斯比鸟大批聚居在湖滨，它们蹚入水中觅食，像鸭子一样用喙嘴从水里滤出食物。普瑞斯比鸟是当时最成功的物种之一，前后共繁衍了数百万年。

加斯顿鸟

在距今5500万年前，欧洲和北美洲大地都覆盖着茂密的热带森林，一种大型不飞鸟正在灌木丛里徘徊。加斯顿鸟比人还要高，头部和马一样大。它长着巨大的喙嘴，咬合力非常强。但加斯顿鸟是用喙嘴来吃肉？剔骨？还只是用来吃树叶？这些问题都尚未得到解答。

砂岩上的足印

2009年，人们在美国华盛顿州的一块岩板上发现了加斯顿鸟留下的足印，足印距今有5000万年之久。为了保护化石免遭日晒雨淋和盗贼光顾，人们用直升机将其运到西华盛顿大学。化石被该大学永久收藏，目前在那里很安全。

加斯顿鸟

- **时期** 距今5500万～4500万年前
- **化石发现地** 欧洲和北美洲
- **栖息地** 热带、亚热带森林
- **身长** 超过2米
- **食物** 未知

加斯顿鸟（又叫冠恐鸟）的化石于1855年在法国被发现，这种鸟也以发现它的科学家加斯顿·普兰特的名字命名。后来在北美洲，人们发现了一种与其相类似的鸟类——不飞鸟，但现在人们认为这两种鸟其实是同一生物。加斯顿鸟的后肢粗大、强壮，但却不具备运动员般的体格，因此不适合于快速奔跑。或许它是一种靠偷袭捕猎的动物，会预先埋伏在密林里等待小动物经过。一旦猎物靠近就猛扑出去，用巨大的后肢或喙嘴杀死猎物。一些学者认为加斯顿鸟是植食性动物，用喙嘴啃咬坚硬的叶子；另一些学者则认为它是靠吃尸体为生的腐食性动物。

▲ **奇特的大喙嘴** 加斯顿鸟巨大的喙嘴末端略呈钩状，就像猛禽的那样。根据一些科学家的推算，它的咬合力足以使它咬开椰子，或咬碎骨头。雄性和雌性加斯顿鸟的喙嘴差不多大，因此喙嘴不会成为求偶的工具。

趋于失去作用的小翼

学名游戏

一百多年前，科学家认为美国的不飞鸟和欧洲的加斯顿鸟是两种完全不同的动物。后来有人意识到这样的划分是不对的，它们实际上是同一种鸟。现在两者都统一为最初的学名——*Gastornis*（加斯顿鸟）。

单位：亿年前

1.45	0.66	0.23	现代
白垩纪	古近纪	新近纪	

哺乳类

▲中国尖齿兽 这种原始哺乳类曾漫步于早侏罗世的中国大陆上。它身长仅有30厘米，是已知最早的哺乳类之一。它很可能会捕捉昆虫和小型爬行类为食。

哺乳类是全身被毛的温血动物（恒温动物），用乳汁哺育幼崽（如人类）。在恐龙灭绝后，哺乳类取而代之，成为了陆上世界的统治者。

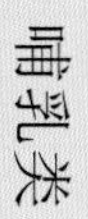

什么是哺乳类？

恐龙的灭绝为一群小型温血动物提供了繁荣兴盛的绝佳机会。这群动物就是哺乳类，用乳汁哺育其幼崽是它们与众不同的特征。

现在，仍有约5000种哺乳动物活跃在地球上，它们被区分为不同的种属，包括：

有袋类

有袋类是一群居住在澳洲和美洲大陆的哺乳类。大部分有袋类长有育儿袋。有袋类幼崽刚出生时体形细小，未发育完全，会爬入妈妈的育儿袋中吸吮乳汁，并在其中完成发育。

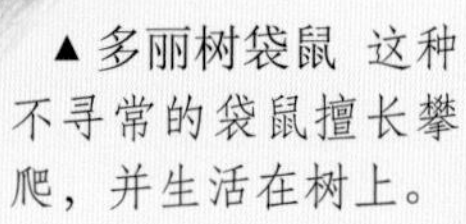

▲多丽树袋鼠 这种不寻常的袋鼠擅长攀爬，并生活在树上。

►树袋熊 树袋熊宝宝会在妈妈的育儿袋里待上至少6个月的时间。

►灰大袋鼠 不同于其他有袋类的育儿袋开口朝下，袋鼠的育儿袋通常开口向上。

蝙蝠

蝙蝠是唯一可以真正在空中飞翔，而非滑翔的哺乳类。世界上最小的哺乳类——泰国猪鼻蝙蝠也是蝙蝠家族的一员。蝙蝠的翅膀由双层皮膜构成。

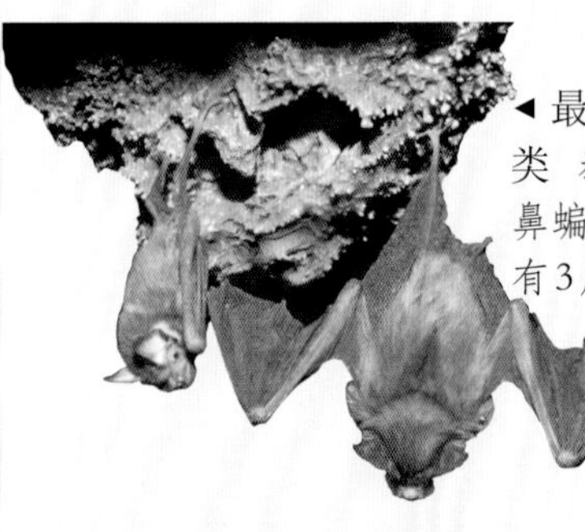

◄最小的哺乳类 泰国的猪鼻蝙蝠身长仅有3厘米。

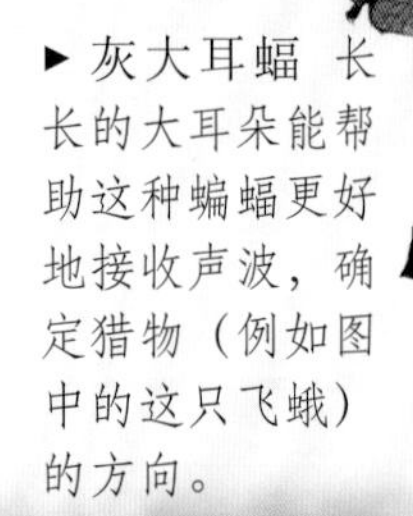

►灰大耳蝠 长长的大耳朵能帮助这种蝙蝠更好地接收声波，确定猎物（例如图中的这只飞蛾）的方向。

►最大的蝙蝠 马来大狐蝠是世界上最大的蝙蝠，其翼展可达1.5米。

啮齿类

啮齿类是世界上种类最多的哺乳类。大部分啮齿类体形细小，其中许多拥有长长的尾巴。它们长着带爪的脚、长胡须和位于嘴前端的大大的门牙（切牙）。

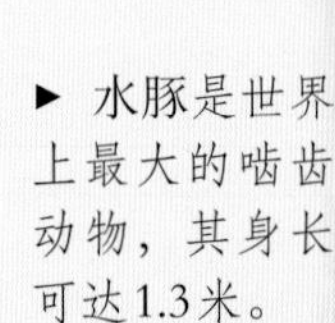

► 水豚是世界上最大的啮齿动物，其身长可达1.3米。

南非豪猪身上的棘刺能起到很好的保护作用。

▼草原犬鼠的洞穴相互连通，形成地底下的城市。

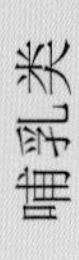

真实档案

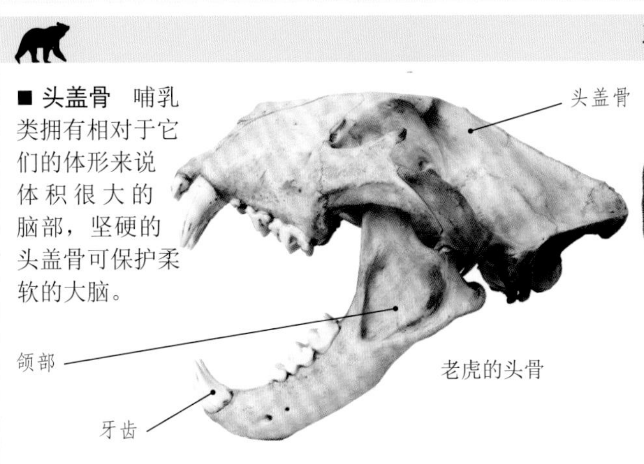

老虎的头骨

■ **头盖骨** 哺乳类拥有相对于它们的体形来说体积很大的脑部，坚硬的头盖骨可保护柔软的大脑。

■ **毛发** 大部分哺乳类身上都有用来保暖的毛发。

■ **幼崽** 大部分哺乳类通过分娩的方式直接产下幼崽。哺乳类动物的父母会照顾它们的孩子直至成年，拥有独立生活的能力。

肉食性动物

几乎所有肉食性哺乳类都以肉为食。它们都拥有一些共同的特征，如便于撕咬皮肉的锐利颊齿。大部分肉食性动物十分聪明，但它们中的很多成员是冷血杀手。

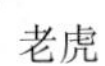

老虎

► 鬣狗 世界上有4种鬣狗，图中的缟鬣狗就是其中之一。

▼ 大熊猫 并不是所有的肉食性动物都是好猎手。大熊猫虽是肉食性动物的一员，但主要以植物为食。

有蹄类

大部分有蹄类利用趾蹄四处奔走，它们的蹄子由又大又重的趾甲构成。有蹄类是一个十分庞大、物种多样的大家族，所有成员都以植物为食。这个族群包括鹿、斑马、长颈鹿和骆驼等。

斑马

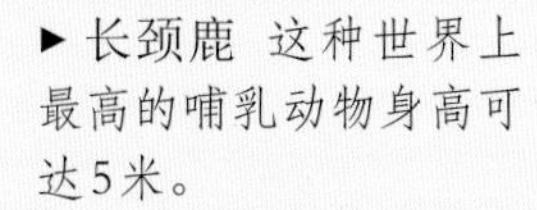

► 长颈鹿 这种世界上最高的哺乳动物身高可达5米。

▼ 马鹿 许多有蹄类都有角，甚至是枝状角。有些鹿类的枝状角十分巨大。

鲸类

尽管鲸类和海豚生活在水中，但是它们必须浮到水面上呼吸空气，因为它们跟其他哺乳类一样用肺呼吸。

座头鲸

▲ 宽吻海豚是齿鲸的一种，它们营群居生活。

▼ 南露脊鲸 南露脊鲸等数种鲸类都采用滤食的方式进食，它们口中特殊的滤食器官——鲸须能滤出水中的浮游生物。

盘龙类

哺乳类是由一群类似爬行类的动物演化而来的，这类动物统称盘龙类。盘龙类在恐龙出现前就已经生活在地球上，并曾是最大的陆生动物。与其说它们长得像哺乳类，不如说它们长得像蜥蜴。但是，它们眼眶后的头骨上特殊的孔洞结构昭示了其与哺乳类之间的联系。跟哺乳类一样，它们颌部的肌肉穿过这个颞孔，从而使其拥有致命的咬合力。

家族真实档案

主要特征
- 冷血
- 通过产卵繁殖后代
- 小脑袋
- 和蜥蜴一样外展的四肢
- 足趾上有短短的爪
- 双眼后的头骨上有颞孔结构
- 类型多样的牙齿

时期

盘龙类最早出现于距今约3.2亿年前的晚石炭世，于距今约2.51亿年前的晚二叠世灭绝。

异齿龙

- **时期** 距今2.8亿年前
- **化石发现地** 德国、美国
- **栖息地** 沼泽
- **身长** 3米
- **食物** 肉类

异齿龙是那个时代最可怕的掠食者。它的外表很像科莫多龙，但是背上长着由皮肤包裹的条状骨骼形成的巨大的“帆”。异齿龙的学名（*Dimetrodon*）含义为“两种不同大小的牙齿”，与大部分爬行类相同的牙齿不同，异齿龙的牙齿跟哺乳类一样可分为数种。它的嘴巴前部有着长长的匕首状犬齿，用于啃咬、撕裂猎物的皮肉；嘴巴后部的牙齿则较为细小且边缘锐利，可以用来切割肉块。

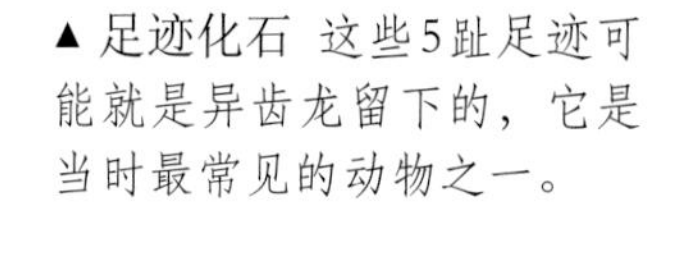
▲ 足迹化石 这些5趾足迹可能就是异齿龙留下的，它是当时最常见的动物之一。

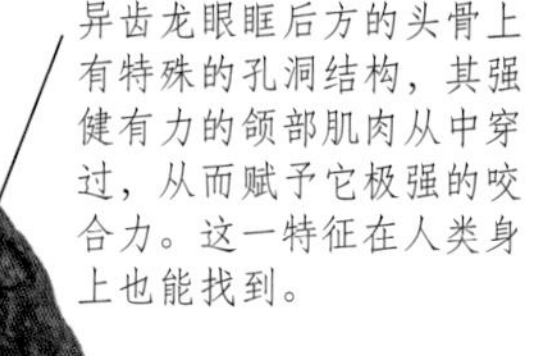

蛇齿龙

- **时期** 距今3.1亿～2.9亿年前
- **化石发现地** 美国
- **栖息地** 沼泽
- **身长** 3米
- **食物** 鱼类和小型动物

这种体形巨大的掠食者有着长长的脑袋和长着170颗尖锐牙齿的巨大双颌。它的外形很像鳄鱼，猎食方式也可能与鳄鱼十分相似——躲藏于沼泽、河流中伏击猎物。然而，由于其高高的头骨会阻碍它在水中游动而使它难以捕捉到鱼类等猎物，所以蛇齿龙大概不能在水下捕猎。在陆地上，蛇齿龙像蜥蜴一样将尾巴拖曳在身后，用它外展的四肢匍匐前进。

你知道吗？

异齿龙的背上竖立着壮观的“帆”，这是由脊椎骨延伸出的高高的条状骨构成的。这个特殊的帆状物可能是为了给这种冷血动物取暖。清晨，异齿龙可能会因寒冷而无精打采。人们猜测它常在太阳光下取暖，并不时翻转身体，利用背帆吸收太阳光的热量，再通过背帆的血流将这些热量散播到全身各处，使身体尽快恢复活力。

蜥代龙

- **时期** 距今2.6亿年前
- **化石发现地** 美国、俄罗斯
- **栖息地** 沼泽
- **身长** 1米
- **食物** 小型动物

蜥代龙看起来跟现生蜥蜴长得差不多。与其他盘龙类相比，蜥代龙可算是动作敏捷的好猎手。它利用修长的四肢追赶小型动物，再用强有力的双颌和数十颗向后弯曲的利齿将其猎杀。蜥代龙活跃于晚二叠世，是最晚出现的盘龙类之一。

始蜥龙

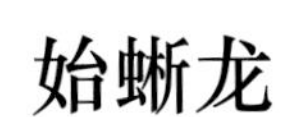

- **时期** 距今2.8亿年前
- **化石发现地** 美国
- **栖息地** 沼泽
- **身长** 头骨长6厘米
- **食物** 肉类

巨大的背帆

目前唯一一件始蜥龙化石是1937年发现的一个又扁又宽的头骨。这件头骨化石告诉我们始蜥龙有着迅猛捕杀猎物的能力。它上颌两侧长着两个大大的犬齿，其余牙齿较小但尖锐锋利，这说明它以肉类为食。因为始蜥龙的体形细小，所以其猎物很可能是昆虫或比它更小的爬行类。

兽孔类

在二叠纪，盘龙类（见218~219页）演化成为更接近哺乳类的动物，这些动物被称为兽孔类。与那些形似蜥蜴、匍匐前进的祖先不同，兽孔类身体挺拔、四肢垂直于地面，这样能使其更轻松地奔跑和呼吸，从而造就了其更积极主动的生活方式。兽孔类是哺乳类的祖先，它们与哺乳类的差距随着时间的推移越来越小。

家族真实档案

主要特征
- 结实的躯体
- 巨大的头部
- 牙齿分化出门齿、犬齿和臼齿
- 比其祖先盘龙类更加垂直于地面的四肢

时期
兽孔类出现于二叠纪，并成为当时陆地的主宰者。它们在恐龙出现后数量锐减，但一群小型兽孔类幸存下来并最终演化为哺乳类。

麝足兽

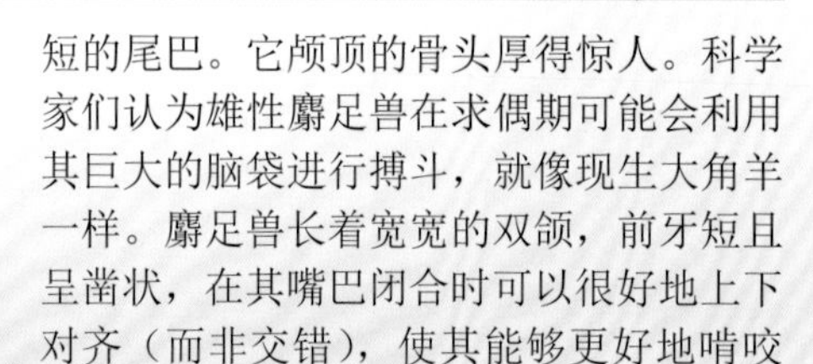

- **时期** 距今2.55亿年前
- **化石发现地** 南非
- **栖息地** 森林
- **身长** 3米
- **食物** 植物

作为植食性动物，麝足兽的体重与体形相当可观——它大约有一头熊那么大。麝足兽长着健壮的四肢、巨大的桶状胸腔和短短的尾巴。它颅顶的骨头厚得惊人。科学家们认为雄性麝足兽在求偶期可能会利用其巨大的脑袋进行搏斗，就像现生大角羊一样。麝足兽长着宽宽的双颌，前牙短且呈凿状，在其嘴巴闭合时可以很好地上下对齐（而非交错），使其能够更好地啃咬植物。

▼ 原始兽群？ 曾有数头麝足兽的化石被集中发现。这些植食者很可能聚集成小型兽群一起生活，以抵挡掠食者的袭击。

前缺齿兽

- **时期** 距今2.55亿年前
- **化石发现地** 南非
- **身长** 1米
- **食物** 植物

前缺齿兽属于一类被称为二齿兽类的十分成功的植食性兽孔类家族。二齿兽类利用其无齿的喙部啄食植物，而且大多数长有一对犬齿。前缺齿兽是一种长得像猪、体形笨重且没有犬齿的二齿兽类。与其他二齿兽类一样，它的下颌可以前后移动，以帮助碾碎植物。

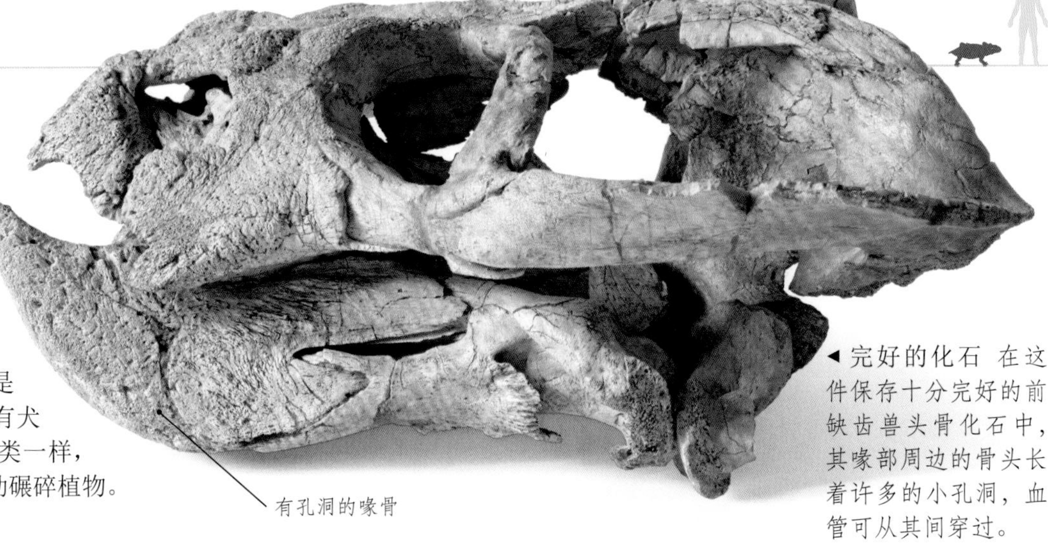

◀ 完好的化石 在这件保存十分完好的前缺齿兽头骨化石中，其喙部周边的骨头长着许多的小孔洞，血管可从其间穿过。

罗伯特兽

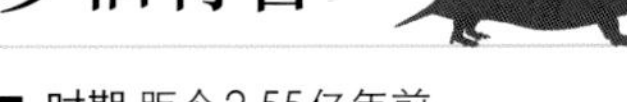

- **时期** 距今2.55亿年前
- **化石发现地** 南非
- **栖息地** 林地
- **身长** 0.4米
- **食物** 植物

罗伯特兽是最早的二齿兽类，其化石保存得非常完好。这种小型植食性动物大概和现生家猫差不多大，长着用于啃食叶片、形似龟喙的喙嘴。它的犬齿是一对尖尖的牙齿，很可能用来挖掘草根。

布拉塞龙

- **时期** 距今2.2亿～2.15亿年前
- **化石发现地** 美国
- **栖息地** 河滩
- **身长** 2～3米
- **食物** 植物

布拉塞龙是当时最大的植食性动物，其体重可达600千克。作为最大的二齿兽类之一，它与恐龙生活在同一时期。布拉塞龙的体形和体重都和河马差不多。它很可能也生活在水中，并和河马一样用长牙进行搏斗和社交展示。一处发掘出40具骨架化石的化石点表明，这种动物营群居生活。

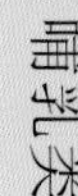

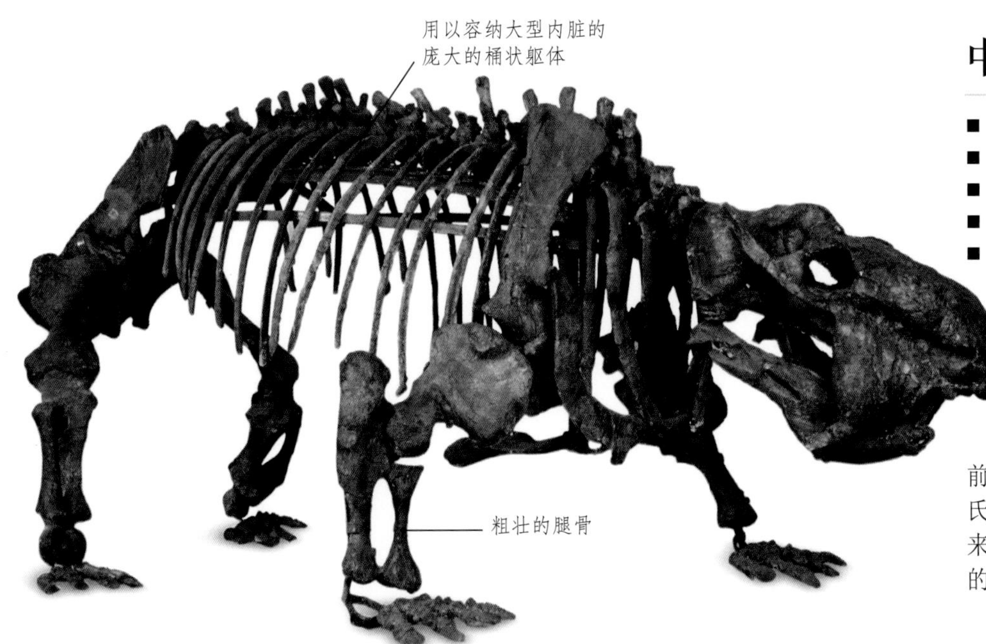

中国肯氏兽

- **时期** 距今2.35亿年前
- **化石发现地** 中国
- **栖息地** 林地
- **身长** 2米
- **食物** 坚韧的植物和树根

这种跟猪差不多大的二齿兽类长着巨大的头部和长长的吻部。为了消化坚韧的植物，它的消化系统也十分庞大，因而造就了其大腹便便的外形。与其他二齿兽类一样，它也可以前后移动下颌来碾碎坚韧的树叶。中国肯氏兽的四肢粗短笨重，步态蹒跚，走动起来并不快捷灵敏。它或许可以利用其有力的前肢和小小的长牙来挖掘树根。

早期哺乳类

毛茸茸的袖珍体形使早期的哺乳类看上去很像老鼠。它们是温血动物，这意味着无论外界温度如何变化，其自身体温都保持不变。早期的哺乳类和恐龙生活在一起，它们通过尽量昼伏夜出来避开恐龙。在凉爽的暗夜中，它们捕食昆虫、蠕虫和其他小型动物。

泰诺脊齿兽

- **时期** 距今1.25亿年前
- **化石发现地** 澳大利亚
- **栖息地** 林地
- **身长** 10厘米
- **食物** 昆虫

目前人们只发现了泰诺脊齿兽的下颌。即便如此，科学家们仍确信这种小动物与现生的鸭嘴兽有着亲缘关系，因为它们的颌部拥有相同的特征。大多数哺乳类是胎生的，然而鸭嘴兽却保留了它远古祖先的特性，是现存少数几种卵生哺乳类之一。泰诺脊齿兽也是卵生哺乳类。

泰诺脊齿兽的颌部较小，但咬合力却很强。

纳摩盖吐俊兽

- **时期** 距今约6600万年前
- **化石发现地** 蒙古
- **栖息地** 林地
- **身长** 10厘米
- **食物** 很可能是植物

纳摩盖吐俊兽（见下图）看起来有点像田鼠，还长着像田鼠一样短且高的脑袋，但它并不是田鼠的近亲。它宽宽的吻骨上密布着许多可让血管通过的微小孔洞，这些额外的血流可能流向其头部上方的敏感皮肤和特殊腺体。科学家认为纳摩盖吐俊兽是植食性，它们没有犬齿，门牙较大且向外突出，看起来有些像龅牙。

家族真实档案

主要特征
- 雌性有产生乳汁的腺体
- 全身被毛
- 耳内有从颌骨演化而来的细小的听骨
- 4种不同类型的牙齿
- 一生中只换一次牙

时期

最早的哺乳类出现于距今约2亿年前的晚三叠世。

中国尖齿兽

- **时期** 距今2亿年前
- **化石发现地** 中国
- **栖息地** 林地
- **身长** 30厘米
- **食物** 杂食

中国尖齿兽是已知最早的哺乳类之一。它的耳部表明它是哺乳类，但它却像爬行类一般终其一生都在换牙。这种动物的体形跟松鼠差不多大，有细窄的吻部、强壮有力的颌关节和下颌，这表明它的咬合力很强——也许它会捕食大型昆虫或小型爬行类。

▲ 毛茸茸的动物 动物们演化出皮毛来保持体温，这使得早期的哺乳类能够在夜间冷血爬行类休息的时候出来活动。

大带齿兽

- **时期** 距今1.9亿年前
- **化石发现地** 南非
- **栖息地** 林地
- **身长** 10厘米
- **食物** 昆虫

大带齿兽的体形跟鼩鼱类似，有着修长的躯体、长长的吻部和尾巴。大带齿兽的骨架并没有任何适应特殊生活方式的特征，但它很有可能像现生鼠类和鼩鼱那样攀爬、挖洞和奔跑。对其头骨的研究表明它的大脑较为发达，并拥有夜行性动物发达的听觉和嗅觉。它会在白天躲藏起来以避开危险，牙齿则暗示了它会在夜间捕食昆虫和其他小型动物。

摩尔根兽

- **时期** 距今2.1亿～1.8亿年前
- **化石发现地** 英国、中国、美国
- **栖息地** 林地
- **身长** 9厘米
- **食物** 昆虫

摩尔根兽发现于英国威尔士一个采石场的乱石堆中。人们在那里找到了数千件牙齿和断裂的骨骼化石。后来，相同的化石亦发现于相距甚远的中国、南非和北美洲，这表明这种动物普遍分布于恐龙时代。这种小型的、像鼩鼱一样的动物有着短短的腿和尾巴。它很可能像爬行类一样产卵繁衍后代。它的颌部具有爬行类和哺乳类的混合特征。

始祖兽

- **时期** 距今1.25亿年前
- **化石发现地** 中国
- **栖息地** 林地
- **身长** 20厘米
- **食物** 昆虫和小型动物

目前人们只发现了一件始祖兽的化石，但它保存得相当完好。化石表明始祖兽有着一身厚厚的毛皮和一条长长的尾巴，并具备一切利于攀爬的体征。对这件骨骼化石的研究显示，比起单孔类和有袋类，始祖兽与那些可产下发育完全的幼崽的哺乳类的亲缘关系更为密切。

重褶齿猬

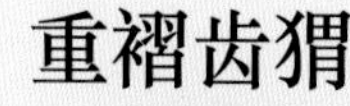

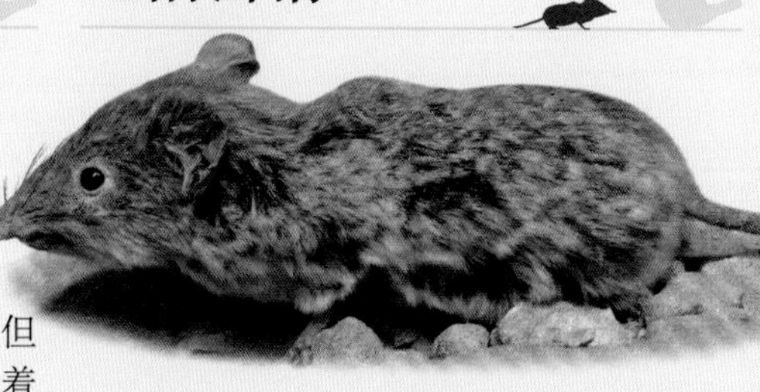

- **时期** 距今8000万～7000万年前
- **化石发现地** 蒙古
- **栖息地** 林地
- **身长** 20厘米
- **食物** 昆虫

重褶齿猬是最早的有胎盘类哺乳动物（可产下已发育完全的幼崽的哺乳类）之一。它有着狭长的吻部，并像其他啮齿动物一样，有着一生都在不断生长的牙齿。它的后肢长于前肢，这使得它可以像跳鼠一样跳跃。重褶齿猬的犬齿表明它以昆虫为食，也许偶尔会吃些种子。

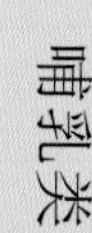

被子植物

很难想象如果这个世界没有了被子植物会是什么模样？今天这些色彩斑斓的花卉，都是在恐龙时代晚期的白垩纪才开始出现的。

老朋友

木兰装点了现今的世界，同时也是恐龙的老相识。木兰最早出现于白垩纪，并迅速在全球蔓延开来。它们迅速增长的数量使其避免了被恐龙吃光的命运。

开端

至今为止，中华古果（又叫作古老之果）被确定为最早的被子植物之一。它是一种植株矮小、生长在水中的植物，并不像今天我们所看到的植物这样多姿多彩。其出现的时代大约可以追溯到距今1.25亿年前。

什么是花?

花朵是被子植物的生殖器官。它们通常用五颜六色和形状各异的花瓣或散发出的气味来吸引传粉者。由于多种原因，开花植物已经主宰了现代园林景观，就像恐龙主宰了中生代一样。

什么是授粉?

只有当大多数被子植物的花朵中粉尘状的物质——花粉，从一朵花被传给另外一朵花时，才能产生种子。花粉可以借助风力或者动物（如蜜蜂）进行传播，而花蜜则是授粉者得到的奖励。

◀ 刺槐是一种原产于北美洲的被子植物，它也被称为洋槐。

果实之中

授粉完成后，种子开始在花朵中发育成长。这些种子位于被子植物特有的结构中，我们将它称为果实。果实通常甜美多汁，能够吸引动物的光顾。在动物啃食果实后，种子便随着动物的粪便四处传播。

草

草是花朵细小、由风授粉的被子植物。草最早出现于白垩纪，但是实际上我们所熟悉的草原直至2000万年前才开始初具规模。

严寒中的生命

从炎热的沙漠到冰封的高山，我们都可以见到被子植物的身影。在北极周边的土地上，深层的冻土坚不可摧，连树木都无法在此生存，但小型的被子植物却可以覆满地面，从而形成名为苔原的壮丽景观。

它们无处不在

今天，我们餐桌上几乎所有的蔬菜都是被子植物的一部分。农场中的牲畜，如牛，也要依靠被子植物提供养分，甚至连我们的衣服面料，如亚麻布和棉布的原材料，也都来自于被子植物。

▼色彩缤纷的草甸 由于授粉的昆虫在天气转暖时开始活跃，所以许多被子植物都选择在春天绽放它们美丽的花朵。这张图中所有的植物都是被子植物家族的成员。

有袋类

最早的哺乳类以卵生的方式来繁衍后代，但从白垩纪起，哺乳类就演化出了新的繁殖方式。有袋类及其亲戚直接分娩，产下细小的幼崽，其后幼崽会在母体外的育儿袋中发育完成。今天，现生的有袋类大多数生活在澳大利亚，但在过去，它们的足迹曾遍及南美洲和南极洲。

袋剑齿虎

- **时期** 距今1000万～200万年前
- **化石发现地** 南美洲
- **栖息地** 林地
- **身长** 2米
- **食物** 肉类

袋剑齿虎长得很像剑齿虎，但却是有袋类的近亲。它的体形与猫相近，大小却跟美洲豹差不多。骨架结构显示其更接近巨大的负鼠，而非猫科动物。它巨大的犬齿架在从下巴延伸出来的奇特长骨上。与猫科动物不同的是，袋剑齿虎的牙齿从未停止过生长。

家族真实档案

主要特征

- 产下细小的尚未发育完全的幼崽
- 幼崽通常在育儿袋中完成发育
- 有4对磨牙
- 毛茸茸的身体
- 母亲用乳汁哺育幼崽

时期

有袋类最早出现在距今约1.25亿年前的早白垩世。现在，仍有近300种有袋类存活，其中包括袋鼠、袋熊和树袋熊等。

双门齿兽

- **时期** 距今200万～4万年前
- **化石发现地** 澳大利亚
- **栖息地** 森林和灌木丛
- **身长** 3米
- **食物** 植物

双门齿兽也称巨袋熊，它的体形跟犀牛差不多，是已知最大的有袋类。它是一个素食主义者，以吃粗糙的树叶和草为生，并很可能生活在草丛中。带着幼崽的雌性双门齿兽化石告诉我们，它的育儿袋不是像袋鼠那样开口朝前，而是向后。双门齿兽在人类踏上澳洲大陆后不久就灭绝了。有些科学家认为它们因人类捕食而灭绝。而另一些科学家则认为日益干燥的气候使澳洲的森林锐减才是双门齿兽灭绝的原因。

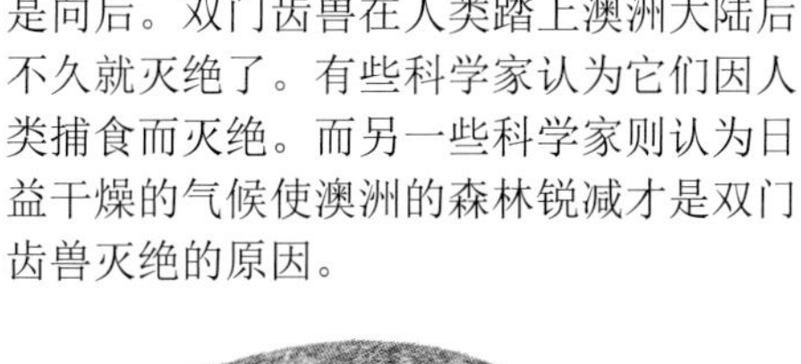

现生亲戚

袋鼠是现生体形最大的有袋类，仅居住在澳大利亚和新几内亚。袋鼠幼崽出生时只有一粒糖豆那么大，看不见也听不到，毛发和后肢也未发育完全。它只能蠕动到妈妈的育儿袋里，并在里面待上8个月，吸吮妈妈的乳汁为食，直到发育完全。

阿根廷古袋兽

- **时期** 距今900万～80万年前
- **化石发现地** 南美洲
- **栖息地** 沙漠
- **身长** 0.4米
- **食物** 植物

这种生物看起来就像一只巨型的更格卢鼠，有着很长的后肢和短小的前肢。它很可能像现生的袋鼠一样，跳跃着四处活动。它长长的尾巴可以帮助其在跳跃时保持平衡。阿根廷古袋兽头部窄小，吻部细尖，口中还有宽颊齿，可用于嚼碎坚韧的植物。这种动物有着大大的眼睛，就算在漆黑的夜晚也可清晰视物，并很有可能在夜间觅食。

中国袋兽

- **时期** 距今1.25亿年前
- **化石发现地** 中国
- **栖息地** 林地
- **身长** 15厘米
- **食物** 昆虫和蠕虫

从中国袋兽的牙齿以及腕部和脚踝的骨骼结构来看，尽管它并不属于有袋类，但这种花栗鼠大小的树栖动物与早期有袋类有着很近的亲缘关系。现存的唯一一件中国袋兽化石在2003年发现于中国，它保存完好，人们甚至可以在骨头四周看到清晰的毛发。中国袋兽是优秀的攀爬者，它灵活的脚踝可使其双脚转过来，倒着爬下树来。它们很可能生活在树枝间捕食昆虫，以躲避掠食者。

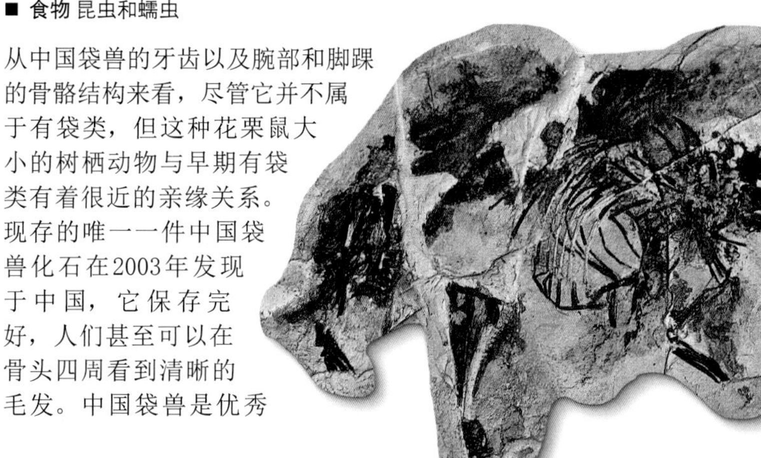

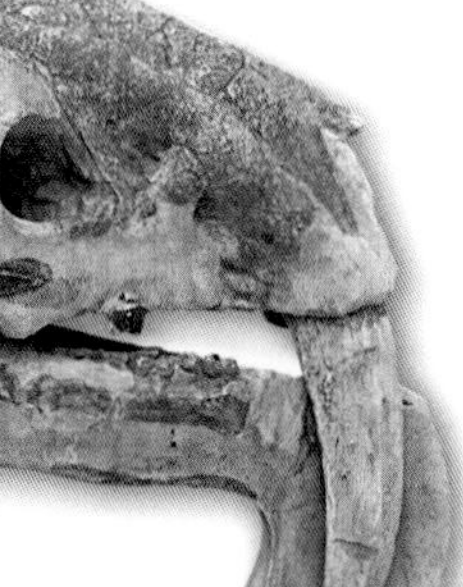

▲ **致命的利齿** 两根长长的剑形犬齿从袋剑齿虎的上颌伸下来，并被骨质的牙鞘保护起来。

哺乳类

袋狼

一般来说，我们只能通过残存的化石来了解已经灭绝了的动物。袋狼，或称塔斯马尼亚虎，却是极少数在灭绝前留下了照片，甚至影像资料的动物之一。这是一种奇特的有袋类，其外形、大小和生活方式都与狼很像。袋狼的足迹曾经遍及新几内亚、塔斯马尼亚岛和澳大利亚大陆。1936年，最后一只袋狼在动物园中孤独地死去。

袋狼

- **时期** 距今200万年前～1936年
- **发现地** 塔斯马尼亚岛、澳大利亚大陆、新几内亚
- **栖息地** 林地
- **身长** 约1米
- **食物** 肉类

在其灭绝之前，袋狼曾是近代最大的肉食性有袋类。它体形修长，身体结构跟狗类似，背部有棕褐色的深色条纹，头骨跟狼很像。然而，与狼不同的是，袋狼无法四肢着地快速奔跑，并且有一条像袋鼠一样僵直的尾巴。作为一种特殊的有袋类，雌性和雄性袋狼都有育儿袋。它们昼伏夜出，白天躲藏起来，在夜间出动猎食鸸鹋、袋鼠和小型动物。

最后一只袋狼

20世纪初，袋狼已经从澳大利亚大陆彻底消失，仅有少量生存在塔斯马尼亚岛。但是农民们认为这种动物会猎杀羊群，塔斯马尼亚政府为此宣告每射杀一只袋狼可领取1英镑奖金。就这样，到了20世纪30年代，世界上只剩下塔斯马尼亚霍巴特动物园中的这一只袋狼（如图），它在1936年死亡。尽管此后仍有一些目击报告，但该物种还是在1982年被正式宣布灭绝。

单位：亿年前

46	5.42	4.88	4.44	4.16	3.59
前寒武纪	寒武纪	奥陶纪	志留纪	泥盆纪	石炭纪

现生亲戚

袋獾（又称塔斯马尼亚魔鬼）是目前存活的与袋狼亲缘关系最近的动物之一。这种跟猫差不多大小的肉食性动物因其令人毛骨悚然的尖叫声，以及强大到可以粉碎骨头的咬合力而得名。它食用猎物的每个部分——骨头、皮毛、脚和躯体。当有威胁逼近时，它会发出难闻的气味来赶走敌人。

▲澳大利亚原住民的岩画告诉我们袋狼曾经广泛分布在澳大利亚的土地上。

2.99	2.51	2	1.45	0.66	0.23	现代
二叠纪	三叠纪	侏罗纪	白垩纪	古近纪	新近纪	

食虫家族

很多早期的哺乳类以捕食昆虫、蠕虫、蜗牛和其他小型动物为生。它们的嗅觉和听觉都十分发达，但通常视力较差。它们要么住在地下的洞穴中，要么栖息在树林间。这些胆小又神秘的动物大部分昼伏夜出，等到晚上安全时才出洞捕猎。

长鼻跳鼠

- **时期** 距今4000万年前
- **化石发现地** 欧洲
- **栖息地** 林地
- **身长** 1米
- **食物** 昆虫和其他小型动物

长鼻跳鼠有发达的后肢，看起来像个缩小版的袋鼠，不同的是它能用四肢弹跳。从它的头骨可知，它长着一个长长的像大象一样的鼻子，会用鼻子嗅到昆虫或其他小型动物。胃容物化石表明它不仅吃昆虫，还会捕食蜥蜴和小型哺乳类。

家族真实档案

许多哺乳动物以昆虫为食。虽然这些食虫者有一些共同的特点，但事实上它们并没有密切的亲缘关系，也不能作为一个动物物种来分类。

主要特征

- 全身覆盖皮毛
- 尖尖的吻部
- 短短的腿
- 适于攀爬与挖掘的爪子

雕齿兽

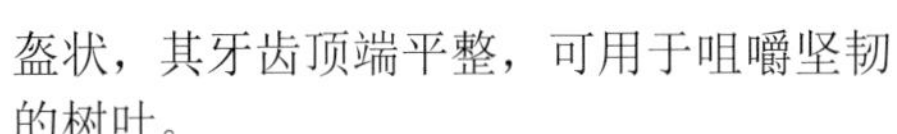

- **时期** 距今200万～1万年前
- **化石发现地** 南美洲
- **栖息地** 沼泽
- **身长** 2米
- **食物** 植物

雕齿兽是今天犰狳的巨人亲属，不同于犰狳的食虫性，它只吃植物。雕齿兽体形巨大，体重大约和一辆小轿车差不多。它的全身从背部到尾巴整齐地排列着上千块小骨板，如同铠甲一般。雕齿兽头部较小呈盔状，其牙齿顶端平整，可用于咀嚼坚韧的树叶。

现生亲戚

像其古老的亲属雕齿兽一样，犰狳用骨板构成的盔甲保护自己不受天敌的侵害。犰狳幼崽出生的时候外壳是软的，随着它们的成长会逐渐变硬。三带犰狳可以蜷缩成球状以保护柔软的腹部，其他种类的犰狳则会趴在地上缩起腿。

欧食蚁兽

- **时期** 距今5000万～4000万年前
- **化石发现地** 德国
- **栖息地** 林地
- **身长** 1米
- **食物** 蚂蚁和白蚁

欧食蚁兽是现生穿山甲的近亲。穿山甲没有牙齿，只能靠爪子翻开蚁穴或白蚁穴，然后用长长的布满黏液的舌头舔食穴内的虫子。欧食蚁兽也没有牙齿，同样有着长长的吻部和细长的舌头。它也有一条灵活且肌肉发达的尾巴，用以在爬树的时候绕紧树枝。

恐毛猬

- **时期** 距今1000万～500万年前
- **化石发现地** 意大利
- **栖息地** 林地
- **身长** 0.5米
- **食物** 可能是昆虫和动物尸体

恐毛猬并不像它的现生亲属一样全身是刺。相反地，它的全身都被毛发覆盖。它长着锥形的长吻部、小而尖的耳朵和尖细的尾巴，看上去更像是一只巨大的老鼠而非刺猬。恐毛猬可能以大型的昆虫，如甲虫、蟋蟀等为食，但也可能会吃鸟类和小型哺乳类，同时还会吃一些动物尸体。它们不会追捕猎物，而是偷偷躲在树下，等猎物路过时突然袭击它们，完全不给猎物逃生的时间。

伊神蝠

以伊神蝠为代表的史前蝙蝠跟今天的蝙蝠并无明显的不同，它们捕猎的方式（在夜间盘旋于树丛或湖面等昆虫聚集的地方觅食）也和现生蝙蝠差不多。一些科学家认为，这些早期的蝙蝠在夜间活动是为了躲避白天猛禽的猎杀。

你知道吗？

伊神蝠的学名（*Icaronycteris*）源自古希腊工匠达罗斯的儿子伊卡洛斯。希腊神话记载，伊卡洛斯和他的父亲用蜡将翅膀粘在背上以逃离监狱。可是伊卡洛斯飞得离太阳太近了，高温融化了连接翅膀的蜡，他便掉入海中淹死了。

伊神蝠

- **时期** 距今5500万～5000万年前
- **化石发现地** 美国
- **栖息地** 北美洲林地
- **身长** 0.3米
- **食物** 昆虫

胃容物化石中发现的蛾鳞告诉我们，伊神蝠是在夜间飞行，并在空中捕食的动物。为了在夜间捕捉飞蛾，现生蝙蝠发出声波脉冲，通过捕捉回声在黑暗中确定猎物的位置（回声定位）。伊神蝠的内耳结构表明，它也能够运用回声定位系统来确认猎物的方位。

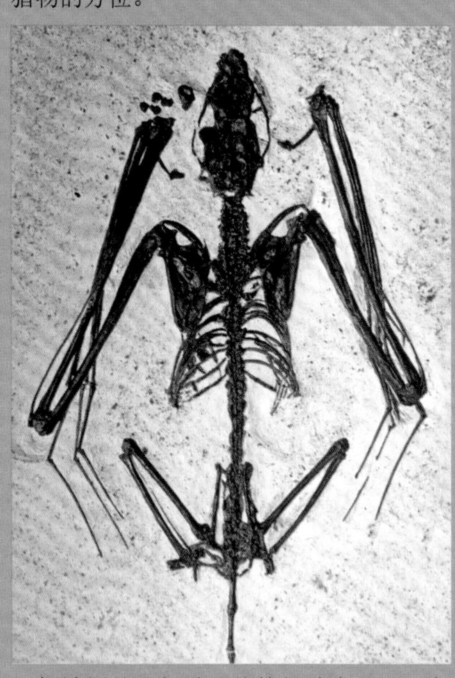

▲ 伊神蝠是已知最早的蝙蝠种类之一。与现生的某些蝙蝠不同，它长长的尾巴并没有连接到后肢的皮膜上。但它确实也倒挂在树枝或洞顶睡大觉。

现生亲戚

蝙蝠是唯一能真正飞翔的哺乳类。它们的前肢特化为长翼，翼由指骨和臂骨间的皮膜构成。有些蝙蝠，如果蝠，并不吃昆虫，而是以水果为食。

猫科动物和鬣狗

史前猫科动物和它们现生的亲戚们一样凶猛，有的甚至体形更为巨大。和现生猫科动物一样，它们都拥有发达的肌肉、矫健的躯体，以及可以轻易撕裂猎物的尖锐牙齿。猫科动物和鬣狗都来自共同的祖先，这两类物种在早期都同时具备彼此的特性。这一群体中包括了地球上效率最高的杀手。

刃齿虎

- **时期** 距今500万～1万年前
- **化石发现地** 北美洲、南美洲
- **栖息地** 平原
- **身长** 1.8米
- **食物** 肉类

科学家们至今发现了100多种具有剑齿的猫科动物，刃齿虎便是其中之一。这是一种体重可观、肌肉发达的掠食者，能够直接扑倒猎物并撕开它们的咽喉。尽管体形硕大，但是刃齿虎的牙齿还不像狮子的牙齿坚硬到可以直接咬穿动物的脖子。刃齿虎的猎食范围很广，包括熊、马和猛犸幼崽。刃齿虎的化石常被成群发现，这说明它们和狮子一样过着群居生活。

◀ 剑齿 刃齿虎的犬齿包含牙根在内可能超过25厘米长。这些牙齿像军刀一样具有弯曲的弧度和锋利无比的边缘。

恐猫

- **时期** 距今500万～100万年前
- **化石发现地** 非洲、欧洲、亚洲、北美洲
- **栖息地** 林地
- **身长** 2米
- **食物** 肉类

恐猫的体形大小和现在居住在丛林里的猫科动物，如豹和美洲豹差不多。和这些猫科动物一样，它的皮毛上很可能满布斑点或条纹，以助其在丛林狩猎时隐藏自己的身影。它的犬齿比其他的剑齿虎类要短些，但一样致命。在非洲，恐猫骨骼化石被发现于早期人类的聚居地附近，这说明恐猫很可能也捕杀人类。

洞鬣狗

- **时期** 距今200万～1万年前
- **化石发现地** 欧洲、亚洲
- **栖息地** 草原
- **身长** 2米
- **食物** 肉类

作为一个猎手和清道夫，洞鬣狗以野马、犀牛、鹿和冰期的欧亚人类为食。从化石中提取的DNA表明，它和现生非洲斑鬣狗属于同一物种，但体形更大，四肢也更为修长。

犬齿

鼬鬣狗

- **时期** 距今1300万～500万年前
- **化石发现地** 欧洲、亚洲、非洲
- **栖息地** 平原
- **身长** 1.2米
- **食物** 昆虫

鼬鬣狗是鬣狗家族的早期成员。然而，它那长长的躯体和短小的四肢使其看上去更像现生的灵猫（一种擅长攀爬、昼伏夜出的哺乳类）。这种动物以昆虫为食，但可能也捕食小型哺乳类和蜥蜴。

短剑剑齿虎

- **时期** 距今1200万～12.5万年前
- **化石发现地** 北美洲、非洲、欧洲、亚洲
- **栖息地** 草地和林地
- **身长** 2米
- **食物** 肉类

大且凶猛的短剑剑齿虎属于剑齿类猫科动物。它的犬齿跟刃齿虎的剑齿相比更像刀刃的形状。与大部分早期猫科动物一样，因为四肢过短，短剑剑齿虎无法进行长时间的追逐，而是采用伏击的方式捕猎。其后生活在平原上的猫科物种演化出了较长的前肢，表明这些动物开始扩大狩猎范围并追逐捕猎。

家族真实档案

主要特征
- 锋利的牙齿
- 有力的双颌和颈部肌肉
- 强有力的前肢
- 足部具爪

时期

最早的类猫科哺乳类出现在距今约3500万年前的古近纪晚期，它们后来逐渐演化成现生猫科动物，包括狮子家族和美洲豹。

冰期

想象一下，如果北极厚厚的冰盖向外延伸直至覆盖北美洲、欧洲和亚洲，这个世界会是什么样子？历史上，地球表面的大部分地区曾好几次被厚厚的坚冰覆盖。这些时期在地球历史上被称为冰期。大规模的冰川是冰期的主要特征。

▲ 早期的观点 19世纪的瑞典地质学家、博物学家奥斯瓦尔德·海尔创作了一幅不是很写实的画作，描绘了在最近一个冰期边缘存活的大型哺乳类，包括猛犸和鹿。事实上，这些哺乳类生活在大草原上。

什么是冰川?

冰川是指因其自身重量作用而缓慢流动着的冰体，它可以十分庞大。在冰期，冰川的体积随着地球温度的变化而改变。在寒冷的时期（冰期），冰川会大规模扩展；在温暖的时期（间冰期），冰川则退缩。

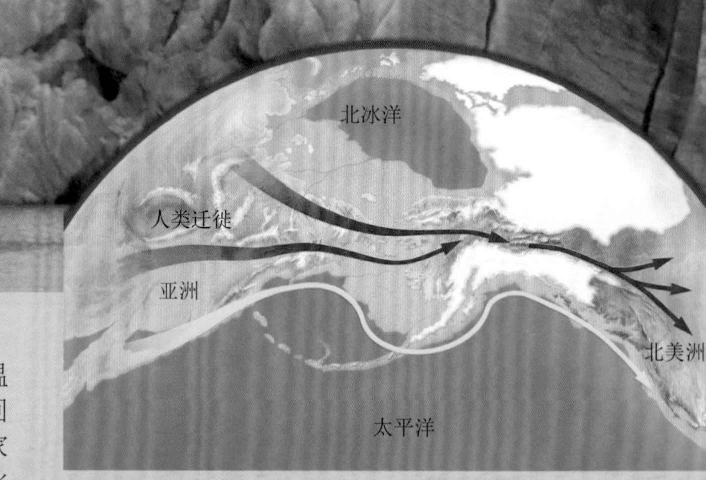

雪球般的地球

数亿年来，地球经历了从温暖时期进入寒冷时期，又回到温暖时期的过程。科学家们不知道什么原因导致了冰期的到来，但普遍认为它与数亿年间地球绕太阳运行时逐渐改变轨道有关。

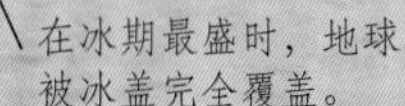

在冰期最盛时，地球被冰盖完全覆盖。

不同寻常的迁徙之路

在冰期中，由于海水被冻结成冰体覆盖在陆地上，导致海平面下降达100米。随着海平面下降，更多的陆地露出水面，有时会形成沟通大陆或岛屿间的桥梁。在最后一个冰期，大陆桥的出现连通了英国和欧洲，新几内亚和澳大利亚，西伯利亚和阿拉斯加，使得人类能够从亚洲横跨大洋，迁徙至北美洲。

冰川漂石被称为漂砾。它们有的很小，有的则非常巨大。

通往过去的线索

当冰期结束、冰川消融后，这片土地上仍会遗留着它曾被掩埋在冰盖下的种种线索。移动的冰川会磨蚀土地，形成很深的U形谷。冰川消融后常会残留下被称为漂砾的大石块，这些石块往往不同于本地所有的岩石类型。

你知道吗？

现代人类出现在最后一个冰期，他们生活在冰盖的南部。那里还生活着其他巨型哺乳类，包括：

- 真猛犸象
- 多毛犀
- 穴居熊
- 穴居狮
- 大河狸

很多巨型哺乳类在人类到达后不久便灭绝了。

冰毯

在距今约2万年前最后一个冰期的高峰期，北欧的大部分、格陵兰岛和大西洋的部分地区都被冰盖覆盖着。欧洲的山脉——阿尔卑斯山脉、比利牛斯山脉、乌拉尔山脉和喀尔巴阡山脉也都隐藏在了冰川之下。

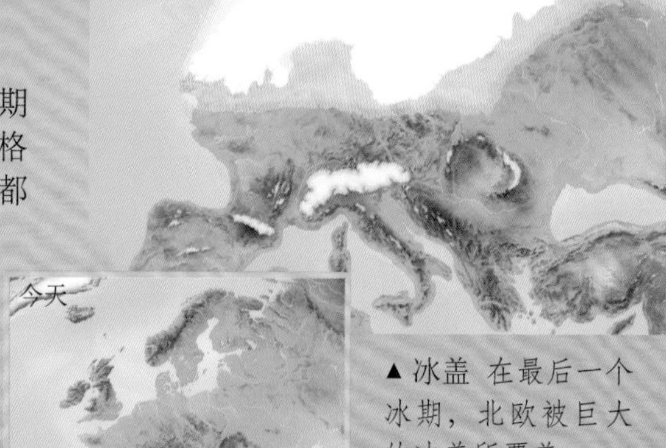

▲冰盖 在最后一个冰期，北欧被巨大的冰盖所覆盖。

犬形类

这是一个肉食性哺乳类的大家族，包括狗、熊、狐狸、浣熊、黄鼠狼，以及更令人惊奇的物种——海豹、海狮和海象，它们都是由类似熊的祖先演化而来的。早期的犬形类体形并非像狗，而是像松貂那样的攀爬动物。当它们开始转移到地面生活后，才逐渐演化出了似狗的形态。

恐狼

- **时期** 距今200万～1万年前
- **化石发现地** 加拿大、美国、墨西哥
- **栖息地** 平原
- **身长** 1.5米
- **食物** 肉类

恐狼是一种大型动物，有着比现生狼更大的双颌和牙齿。它的四肢比其表亲灰狼要短，所以它通常通过伏击来捕获猎物，而不是追捕。恐狼在最后一个冰期销声匿迹，很可能是因为其赖以生存的植食性动物灭绝殆尽。在美国洛杉矶拉布雷亚沥青坑（见240页）中发现的数千件恐狼化石表明，它们是集体狩猎的动物。

家族真实档案

主要特征

- 长长的吻部
- 颌骨前端长着4个切牙
- 四足行走
- 大部分物种的尖爪无法像猫那样收回肉垫中

时期

它们最早出现在距今约5500万年前的古近纪早期，并存活至今。

短面熊

- 时期 距今200万～1万年前
- 化石发现地 加拿大、美国、墨西哥
- 栖息地 山脉和林地
- 身长 3米
- 食物 杂食

这种巨大的肉食性动物是已知体形最大的熊类，当它用后肢站立的时候，甚至比两个成人加在一起的身高还要高。短面熊捕食鹿、野牛和马等猎物，依靠修长的四肢追上它们。同时，它也吃植物，有时还会食用腐肉。

强有力的双颌具有强大的咬合力。

犬熊

- 时期 距今3000万～2000万年前
- 化石发现地 北美洲、西班牙、德国、法国
- 栖息地 平原
- 身长 2米
- 食物 杂食

犬熊也被称为熊犬，长得就像狗和熊的综合体。但是它巨大的躯体跟现生的灰熊差不多大，看上去更像是熊而不是狗。它长着像狼一般的牙齿、有力的四肢和一条长长的尾巴。犬熊过于巨大笨重，因此无法长距离追逐猎物。它很有可能以伏击的方式猎食——乘猎物不备时，利用强有力的颌部和牙齿将其杀死。

海熊兽

- 时期 距今2000万年前
- 化石发现地 美国
- 栖息地 海岸地区
- 身长 1米
- 食物 鱼类、肉类和贝类

海熊兽是最早的鳍足类之一，这个家族的成员还包括海豹、海狮和海象。像现生海狮一样，它似乎将陆上和水中的时间分配得清清楚楚。因为长着脚蹼，海熊兽在水中可以很轻松地游弋，在岸上则行动迟缓。它长着大大的眼睛，可以在深海中远距离观察猎物，还有用于在水底捕捉声音的特殊内耳。它的牙齿非常适合切割肉，所以它很可能会在捕获鱼或贝类后返回岸上享受美食。

小古猫

- 时期 距今5500万年前
- 化石发现地 欧洲、北美洲
- 栖息地 热带雨林
- 身长 0.3米
- 食物 小型哺乳类、爬行类、鸟类

小古猫来自一个显赫的大家族，现生所有的肉食性哺乳类都是由这个家族演化而来的。它的大小与黄鼠狼差不多，有着修长的身体和短短的四肢。小古猫生活在高高的树上，利用其敏捷的四肢在林木上攀爬。它的长尾巴可以帮助其在树枝间跳跃时保持平衡。小古猫很可能会猎食小型动物，如小型哺乳类和爬行类，用其上下颌锋利的牙齿如剪刀般切下肉块。它也可能会吃蛋和水果。它的视力虽好，但却远不及现生的犬类。

▶ 牢牢抓住 小古猫像针一般的利爪使得它在爬树时可以牢牢抓住树干。

深陷沥青坑

距今3.8万年前，一群剑齿虎正在追捕一头虚弱的猛犸。逃亡中的猛犸慌不择路，跌跌撞撞地奔进一个浅池中后，却惊恐地发现自己陷入了黏稠的沥青坑中。紧接着，专心致志追赶猎物的剑齿虎群也随之深陷其中，无法自拔。就这样，猎手和猎物一起慢慢地沉入这巨大的沥青坑中，离开了这个世界。

许多丧生于拉布雷亚沥青坑中的动物物种仍繁衍至今，如加州神鹰。

拉布雷亚沥青坑

在美国洛杉矶的拉布雷亚沥青坑，人们发现了成千上万的动物遗骸化石，其中大部分的动物遗骸可以回溯到最后一个冰期。同时，人们还在这里发现了大量的植物和昆虫化石。这个深坑中蕴含的大量化石为我们描绘了一幅活灵活现的3.8万年前洛杉矶地区的生命画卷。

你知道吗？

沥青坑是从地下涌出的天然沥青堆积而成。这里蕴藏了丰富的且保存完好的动物遗骸化石。这些化石为科学家研究数千年乃至数万年前的生态系统提供了非常有价值的信息。

▲好一头猛犸！ 在拉布雷亚沥青坑中发现了至少60种哺乳类，其中包括一些保存十分完好的猛犸。当地一家专门的博物馆收藏并展出了这些标本。

从拉布雷亚沥青坑中总共挖掘出了350万件化石。这些化石来自约650种动物和植物。

狼多肉少

在整理拉布雷亚沥青坑出土的化石时，人们发现了一个奇怪的现象：丧生其中的哺乳类有90%是肉食性动物。这是为什么呢？科学家认为很可能因一只植食性动物身陷沥青坑，它的垂死挣扎引来了掠食者和腐食性动物。它们纷纷扑向唾手可得的猎物，最终也丧命于沥青坑中。

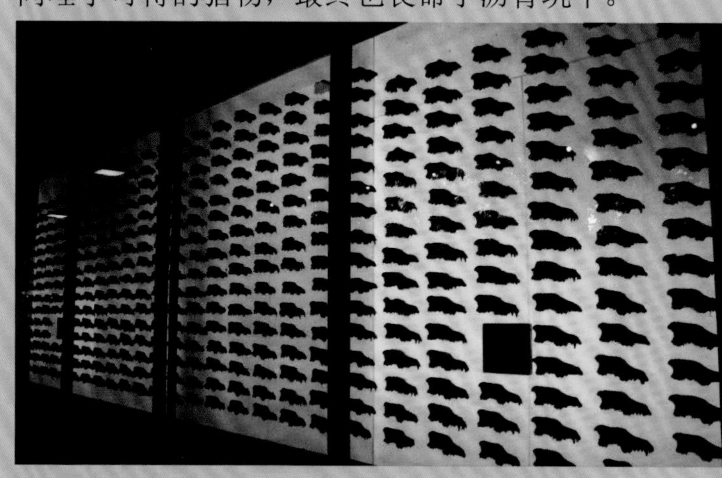

▲恐狼的头骨 科学家在拉布雷亚沥青坑中发现了超过4000个恐狼头骨。这种动物灭绝于距今1万年前。

真实档案

以下是在拉布雷亚沥青坑中发现的动物化石名单。

植食性哺乳类
- 猛犸
- 美洲乳齿象
- 大地懒
- 沙斯达地懒
- 古美洲野牛
- 美洲骆驼
- 瘦足美洲驼
- 马
- 叉角羚
- 焦油坑叉角羚
- 加州貘
- 麋鹿
- 鹿

肉食性哺乳类
- 短面熊
- 棕熊
- 黑熊
- 古美洲狮
- 剑齿虎
- 美洲豹
- 美洲猎豹
- 美洲狮
- 恐狼
- 灰狼
- 郊狼
- 黄鼬

鸟类
- 鹰
- 隼
- 秃鹫
- 沙丘鹤
- 加拿大雁
- 野鸭
- 夜鹭
- 拉布雷亚鹳
- 鹈鹕
- 鸬鹚
- 喜鹊
- 大角枭
- 拉布雷亚枭
- 走鹃
- 斑尾鸽
- 杓鹬
- 珠颈斑鹑

爬行类、两栖类和鱼类
- 王蛇
- 乌梢蛇
- 池龟
- 虹鳟
- 响尾蛇
- 真螈
- 三刺鱼
- 树蛙
- 蟾蜍

兔类和啮齿类

啮齿类包括大鼠、小鼠和松鼠等动物。这些在今日很常见的动物，其实早在史前时代就已遍布天下。远古兔子们的活动方式也与如今的后裔十分相近，常蹦蹦跳跳地穿梭于山林草丛间。尽管大部分啮齿类都是体形娇小的植食性动物，但某些啮齿类也拥有令人望而生畏的巨大身形。

大河狸

- **时期** 距今300万～1万年前
- **化石发现地** 北美洲
- **栖息地** 湖泊、池塘、沼泽
- **身长** 3米
- **食物** 植物

与黑熊体形相近的大河狸是有史以来体形最大的啮齿类之一。与现生河狸的凿状门牙不同，大河狸的牙齿又宽又大。它们还长着比现生河狸更短的后肢和窄长的尾巴。跟现生河狸一样，大河狸栖息在水体中及其周边，还有可能也建造小型堤坝和穹窿状的巢穴以供居住。

有2万年历史的大河狸牙齿化石

古河狸

- **时期** 距今2500万年前
- **化石发现地** 美国、日本
- **栖息地** 林地
- **身长** 40厘米
- **食物** 植物

古河狸要比大河狸更古老，而且体形要比后者小得多。古河狸生活在陆地上，与其他河狸不同的是，它们不筑造堤坝和穹顶巢穴，而是用发达的门牙掘出深深的洞穴以居住其中。1891年，人们发现了这些神奇的洞穴，洞穴中还保留着古河狸的牙印和骨架。当时这些狭窄的螺旋形洞穴被称为“魔鬼的开瓶器”。

哺乳类

家族真实档案

主要特征

■ 啮齿类通常有4个独特的用于啃咬食物的门牙，兔类则有8个
■ 全身被毛
■ 趾有尖爪

时期

它们最早出现于古近纪（距今约6600万年前），并繁衍至今。

始鼠

- **时期** 距今2500万年前
- **化石发现地** 法国、德国、西班牙、土耳其
- **栖息地** 林地
- **身长** 25厘米
- **食物** 植物

大量已出土的始鼠骨骼化石告诉我们，这种小型啮齿动物能利用其前后肢间长长的翼膜在空中滑翔，这与现生鼯鼠十分相似。科学家还认为始鼠与存活至今的囊地鼠和大颊鼠有很近的亲缘关系。

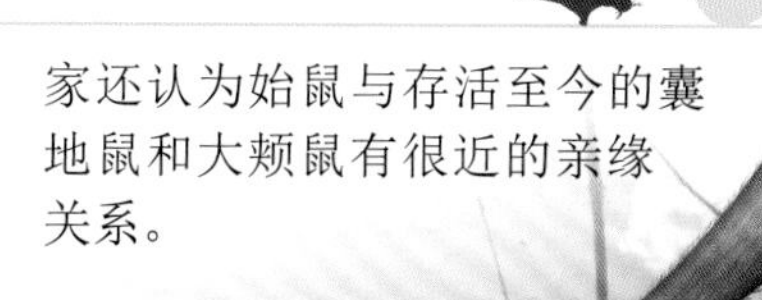

古兔

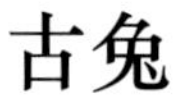

- **时期** 距今3300万～2300万年前
- **化石发现地** 美国
- **栖息地** 平原和林地
- **身长** 25厘米
- **食物** 草

古兔是已知化石中最古老的兔类动物。它有着高高竖起的长耳，尾巴也明显比现生兔子要长。古兔的后肢短于现生兔子，这表明它的行进方式可能与现生兔子不同，不能蹦来跳去，而是像松鼠一样疾走奔跑。它长着两对用于啃咬青草等植物的上门牙。

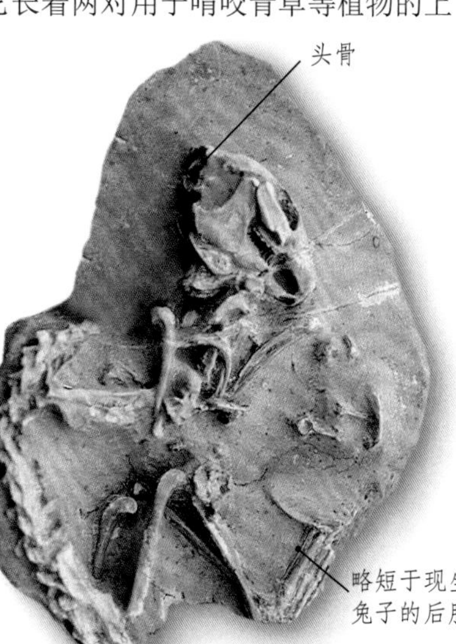

有角囊地鼠

- **时期** 距今1000万～500万年前
- **化石发现地** 加拿大、美国
- **栖息地** 林地
- **身长** 30厘米
- **食物** 植物

有角囊地鼠是已知体形最小的有角哺乳类，也是少数有角的啮齿类之一。科学家们曾一度认为它们用角挖掘泥土，但这些角在头骨上的位置又非常不便于挖掘。此外，由于雌性和雄性有角囊地鼠都长有角，所以比起在求偶时用于展示自身的威武外，这些角更有可能是用于日常防御。有角囊地鼠居住在自己用利爪挖掘出的洞穴里，它们的眼睛非常小，视力也很差。

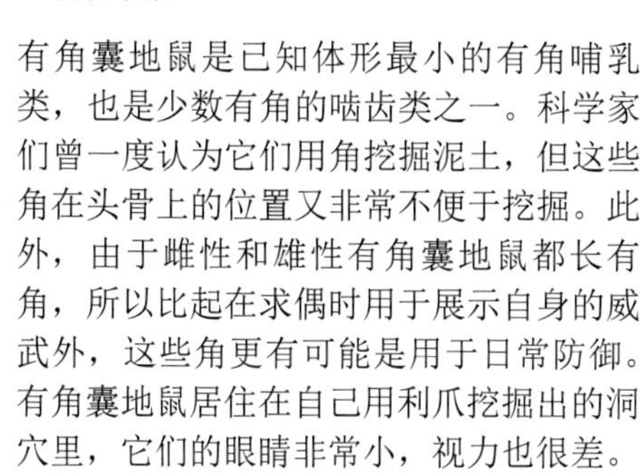

有蹄类

蹄是指生长在某些动物趾端的角质保护物，起到支撑动物身体，帮助其在硬地上行走等作用。所有有蹄类都由长着5个足趾的祖先演化而来。随着时间的推移，一部分有蹄类的足趾退化消失，所以现生有蹄类的每只足上一般只有1~3个足趾。早期有蹄类体形像猫一般袖珍，后来逐渐发展成为以草和各种植物叶子为食的大型动物。

家族真实档案

主要特征

- 大部分有蹄类都是植食性动物
- 四足行走
- 趾端有蹄
- 大大的牙齿用来碾磨植物，有的还长有獠牙
- 部分头部有角

时期

有蹄类最早出现于古近纪（距今约6600万年前）。大部分有蹄类生活在树林中或草原上。

巨角犀

- **时期** 距今3800万～3000万年前
- **化石发现地** 北美洲、亚洲
- **栖息地** 平原
- **身长** 3米
- **食物** 植物

当美国的原住民苏族印第安人在泥土中发现巨角犀那巨大的骨骼化石时，他们以为自己找到了传说中奔驰于云间能生成风暴的神秘生物，因而将其称为雷马。事实上，巨角犀确实与马有亲缘关系，但它很可能全身皮肤很厚，体形和身体结构都与现生犀牛更为接近。它肩部的椎体发育着长长的神经棘，以支撑它硕壮的颈部肌肉和沉重的头颅。

取食习性

巨角犀的牙齿表明其主食是柔软的植物而非坚韧的草木。它可能有着长长的舌头和灵活的嘴唇，可以用来细心挑选适合自己胃口的植物。

尤因它兽

- **时期** 距今4500万～4000万年前
- **化石发现地** 北美洲、亚洲
- **栖息地** 平原
- **身长** 3米
- **食物** 植物

尤因它兽是另一种形似犀牛的哺乳类，其体形硕大，躯干呈桶状。尽管有着巨大扁平的颅骨，但其脑容量却十分小。它的头部长着3对被皮肤覆盖的角，最大的角位于最后方。雄性尤因它兽的角要比雌性的大，这表明雄性尤因它兽可能用角相互搏斗，并进行求偶炫耀。尤因它兽可观的体重和粗短的四肢说明它们日常移动缓慢，但也可能具有短距离奔跑的爆发力。

原蹄兽

- **时期** 距今5500万～4500万年前
- **化石发现地** 北美洲、欧洲
- **栖息地** 草原、开阔的林地
- **身长** 1米
- **食物** 草

原蹄兽和马一样的骨骼结构适合奔跑。事实上，原蹄兽的发现者曾认为它是马的祖先。它的四肢都比其他原始有蹄类更修长灵活，并用中间的3趾承担了大部分的体重。原蹄兽硕大的方形牙齿是咀嚼、磨碎坚韧植物的理想工具。人们猜测原蹄兽的皮毛上可能有条状或点状的花纹。这种特殊的毛色可帮助其在林地和灌木丛间隐藏身影，以此躲过掠食者的搜寻。

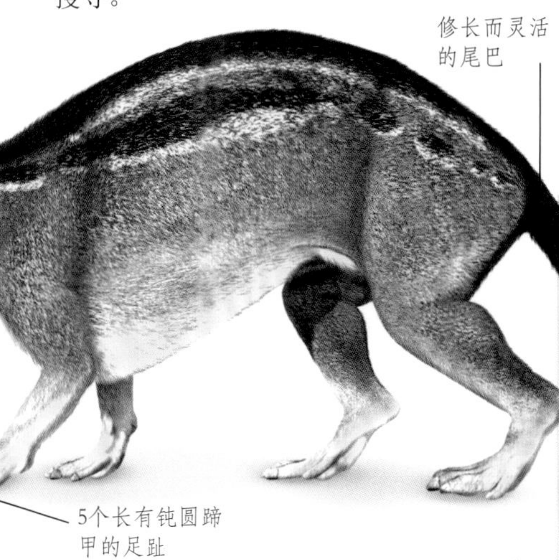

中岳齿兽

- **时期** 距今2300万年前
- **化石发现地** 美国
- **栖息地** 沙漠、大草原
- **身长** 1米
- **食物** 植物

中岳齿兽是一种体形大小跟绵羊差不多、长着大眼睛的有蹄类。人们曾发现过一块带有喉部结构的中岳齿兽化石，通过对这块化石的研究知道了中岳齿兽可以发出类似喇叭声的响亮叫声，这种叫声跟现生吼猴的叫声很相似。它们可能通过这种叫声来震慑掠食者，并通知族群天敌来袭。中岳齿兽尖利的犬齿可能用于防御或求偶炫耀，其齿列后端的牙齿边缘呈新月状，适用于咀嚼低矮植物。

细鼷鹿

细鼷鹿是一种体形袖珍、外形似鹿的动物，它们曾在北美洲的森林草地间活跃了至少130万年之久。细鼷鹿的身形比野兔大不了多少，行为敏捷，常用它们的小蹄子飞奔于灌木丛中。这些小型植食者曾数量众多，繁盛一时，估计也是当时掠食者们唾手可得的美味点心。

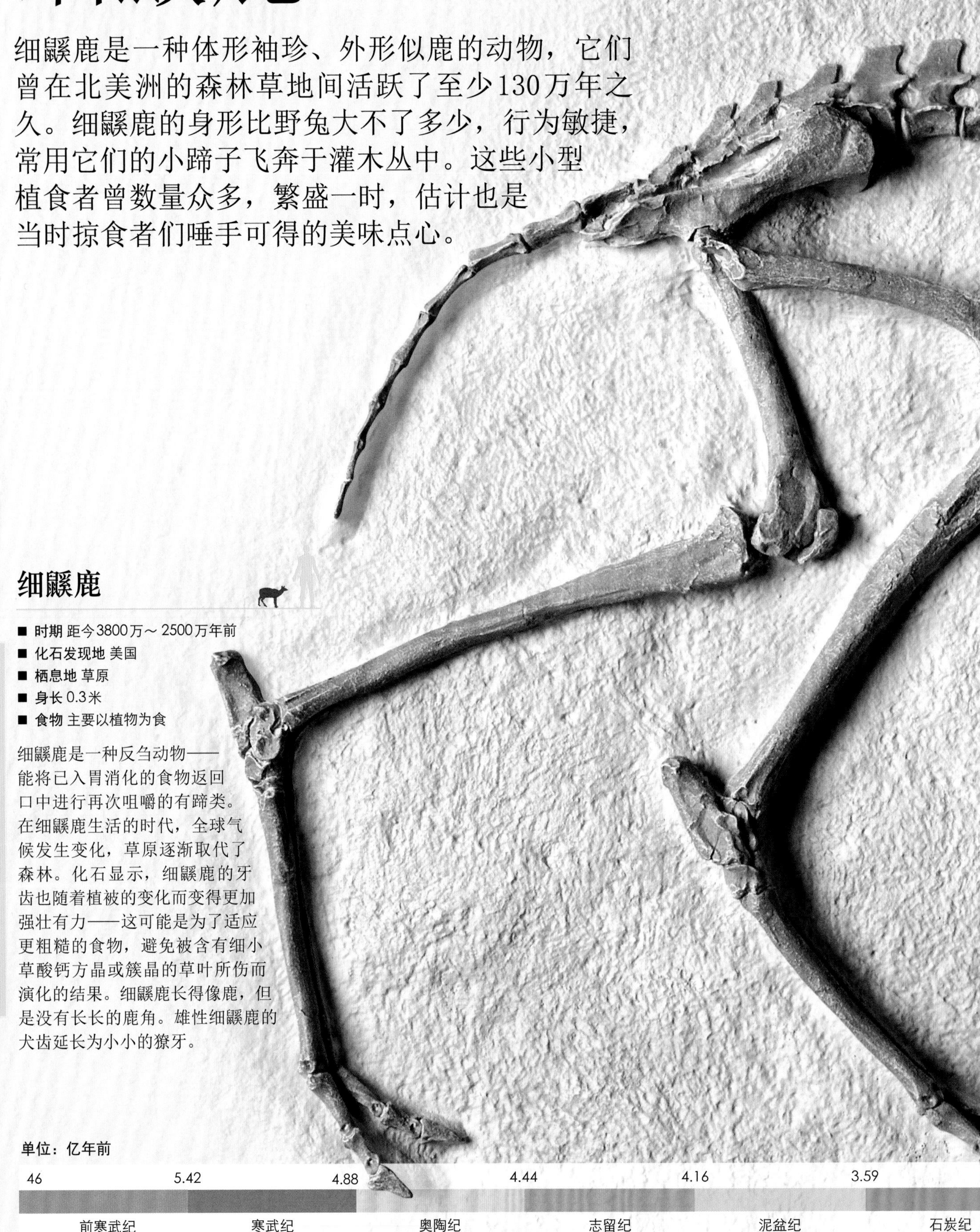

细鼷鹿

- **时期** 距今3800万～2500万年前
- **化石发现地** 美国
- **栖息地** 草原
- **身长** 0.3米
- **食物** 主要以植物为食

细鼷鹿是一种反刍动物——能将已入胃消化的食物返回口中进行再次咀嚼的有蹄类。在细鼷鹿生活的时代，全球气候发生变化，草原逐渐取代了森林。化石显示，细鼷鹿的牙齿也随着植被的变化而变得更加强壮有力——这可能是为了适应更粗糙的食物，避免被含有细小草酸钙方晶或簇晶的草叶所伤而演化的结果。细鼷鹿长得像鹿，但是没有长长的鹿角。雄性细鼷鹿的犬齿延长为小小的獠牙。

单位：亿年前

46	5.42	4.88	4.44	4.16	3.59
前寒武纪	寒武纪	奥陶纪	志留纪	泥盆纪	石炭纪

因趾而分

有蹄类根据其拥有足趾个数的不同分为两类。马、犀牛和貘都拥有奇数足趾，统称奇蹄目；羚羊、鹿、河马和猪等是拥有偶数足趾的有蹄类，统称偶蹄目。

现生亲戚

麝香鹿（又称鼠鹿）被发现于东南亚和非洲的热带雨林中。虽然目前尚不清楚它是否与细鼷鹿有较近的亲缘关系，但二者的身形大小极为相近。麝香鹿同细鼷鹿一样没有鹿角，且都长着细小的獠牙。这些形似小鹿的小动物们常成群结队地生活。

2.99	2.51	2	1.45	0.66	0.23	现代
二叠纪	三叠纪	侏罗纪	白垩纪	古近纪	新近纪	

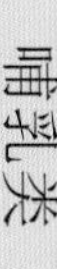

后弓兽

700万年前，这种外貌怪异的植食性动物在南美洲的平原上随处可见。它看上去就像是多种不同动物的综合体：长着像马一样的躯干，像骆驼一样的长脖子，可能还有个短短的象鼻。后弓兽属于已灭绝的有蹄类族群，这个族群只在南美洲和南极洲出现过。

你知道吗？

英国科学家查尔斯·达尔文在他20多岁时花了5年时间乘“小猎犬”号双桅横帆船周游世界进行博物学研究。在此期间，他发现了许多已灭绝的动植物化石。1834年，在南美洲阿根廷的一次中途停留时，达尔文找到了半具未知动物的遗骨，它看上去像是某种史前骆驼或美洲驼。事实上，这就是世界上最早被发现的后弓兽化石。

单位：亿年前

46	5.42	4.88	4.44	4.16	3.59
前寒武纪	寒武纪	奥陶纪	志留纪	泥盆纪	石炭纪

后弓兽

- **时期** 距今700万～2万年前
- **化石发现地** 南美洲
- **栖息地** 草原
- **身长** 3米
- **食物** 树叶和草

后弓兽的鼻孔高开于其头骨上方，位于两眼之间，有研究者据此推测后弓兽长着一只短短的象鼻。长长的颈部使它能方便地啃食枝头绿叶和脚边的美味青草。其短小的股骨说明后弓兽并不是个快跑能手，但其四肢骨骼的特殊结构却能让它在奔跑中随意改变姿势和方向，这可以帮助它在被刃齿虎等掠食者追赶时机智逃脱。

马类

世界上最古老的马其实是居住在林间的小型哺乳类，以树叶为食。在距今约200万年前，地球气候发生了变化，树林逐渐被草原所取代，马类也随之迁徙到开阔的平原生活，主食也由树叶变成了草。于是，它们逐渐发展演化出更大的身形，四肢也越来越长，成为善于奔跑的动物。迄今为止，已有数百种史前马类的化石在世界各地被发现。这些化石告诉我们，马类的演化就像树木一样，有着许多不再延续的分支。

三趾马

- **时期** 距今2300万～200万年前
- **化石发现地** 北美洲、欧洲、亚洲、非洲
- **栖息地** 草原、平原
- **身长** 2米
- **食物** 树叶和草

身轻如燕的三趾马具有修长的四肢和长长的吻部，长得跟现生矮种马很相似。与每只脚上只有1个足趾的现生马不同，三趾马每只脚上长有3个足趾。在这3个足趾中，只有末端有蹄且十分粗大的中趾起到承重作用，其他足趾都不与地面相接触。这样的特殊结构使其足部可以迅速跃离地面，帮助三趾马更快速地奔跑。

▲食草者 三趾马以草本植物为食。马尚未完全演化出可将草全部消化的消化系统。因此，它们的粪便中充满了未消化的草梗。

家族真实档案

主要特征

- 窄长的头部
- 长长的颈部
- 修长的四肢
- 发达的牙齿
- 有蹄的足部，单数（奇数）足趾（有的仅有1个足趾，有的有3个足趾）

时期

马类动物最早出现于古近纪，距今约5400万年前。

草原古马

- **时期** 距今1700万～1000万年前
- **化石发现地** 美国、墨西哥
- **栖息地** 平原
- **身长** 1米
- **食物** 草

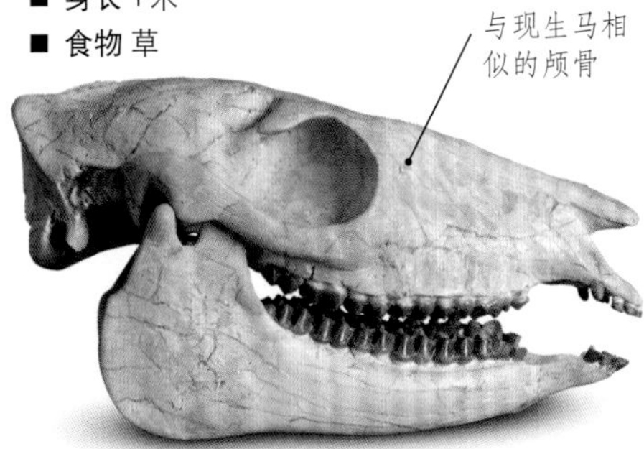

与其以树叶为主食的祖先们不同，草原古马是至今发现的最早的只以草为食的马属动物。它最早演化出与现生马相似的头部，包括长且突出的吻部、深深的双颌和位于头部两侧的双眼。它有着修长的颈部，可以舒适地享用地面的青草。草原古马营群居生活，常成群结队地长途迁徙以寻找食物。修长的四肢使草原古马跑得很快，它可以在被掠食者追逐时发力狂奔，逃离险境。

原古马

- **时期** 距今5200万～4500万年前
- **化石发现地** 美国
- **栖息地** 林地
- **身长** 0.3米
- **食物** 植物

作为现知最早的马类之一，体形娇小的原古马居住在森林中，可能营独居生活或结对而居，主要以树叶为食。它的四肢短小，后肢比前肢稍长，这说明它擅长跳跃。其3个足趾中，中趾要比其他足趾更粗大，因此担任了承重的任务。

上新马

- **时期** 距今1200万～200万年前
- **化石发现地** 美国
- **栖息地** 平原
- **身长** 1米
- **食物** 植物

可能因为上新马的每只脚只有一个足趾，所以直到最近，科学家们还认为它是现生马的祖先。然而，与现生马不同的是，上新马长着弧形齿（其他马类的牙齿是直的），脸上还有奇怪的凹陷。上新马拥有为疾速奔驰而生的修长四肢。

单趾足

马属

- **时期** 距今400万年前至今
- **化石发现地** 全世界各地
- **栖息地** 平原与草原
- **身长** 3米
- **食物** 草

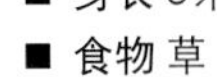

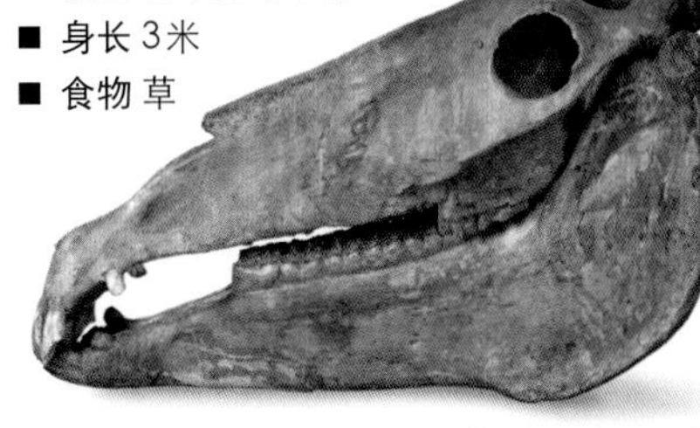

马属包括了从赛马、家驴到野生斑马等在内的所有现生马类。今天，野生马在非洲以外的地区已十分罕见。马属的脑容量大于其他马类。马属的体形从中型到大型皆有，并且它们都拥有窄长的头部和长有鬃毛的修长颈部。它们营群居生活，擅长奔跑，被袭击时可以跑得飞快。

现生亲戚

现生马是体形硕大、擅长奔跑的哺乳类。它们具有单趾足和修长的四肢，窄长的头部和长长的尾巴，颈部还长着飘逸的鬃毛。现在，世界上大约有400种已驯养的马类。但野生马，包括斑马和野驴在内只有7种。

渐新马

- **时期** 距今4000万～3000万年前
- **化石发现地** 美国
- **栖息地** 林地
- **身长** 0.5米
- **食物** 植物

渐新马同时拥有早期马类和晚期马类的特征。像现生马一样，它拥有长长的吻部，并在前后齿之间有间隙。渐新马擅长奔跑，它修长的四肢也与现生马十分相似，不同的是它的每只脚拥有3个足趾。渐新马很有可能在灌木和树丛间觅食，用它比食草马类略小的牙齿细细咀嚼树木的叶片。

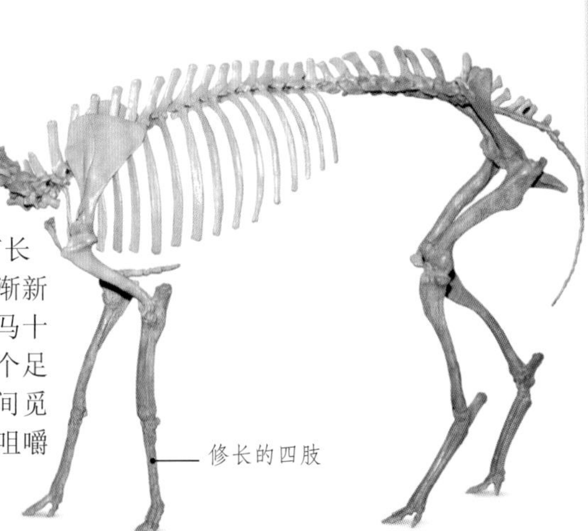

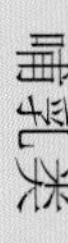

砂犷兽

砂犷兽是一种似马又似大猩猩，外表奇特的有蹄类。它的前蹄演化为巨大的钩状爪，这可能是为了方便拉下树枝，以取食高处的树叶。当不需要移动时，砂犷兽会用臀部坐下进食。它的后腿很可能可以站立起来，以便接近高处的树枝。砂犷兽长有对生拇指的前肢表明它是马和犀牛的远亲。

砂犷兽

- **时期** 距今1500万～500万年前
- **化石发现地** 欧洲、亚洲、非洲
- **栖息地** 平原
- **身长** 2米
- **食物** 植物

这种比大灰熊还要高的动物长着像马一样的头部、长且有爪的前肢和用于承重的粗壮后肢。在最初发现其前爪化石的时候，科学家们曾以为它是一种肉食性动物。然而进一步的研究却证明，它其实是一种植食性哺乳类，最早出现在距今约1500万年前的新近纪。

单位：亿年前

46	5.42	4.88	4.44	4.16	3.59
前寒武纪	寒武纪	奥陶纪	志留纪	泥盆纪	石炭纪

砾石之兽

砂犷兽的学名（*Chalicotherium*）意为“砾石之兽”，因为这种动物的第一块牙齿化石看起来很像砾石。成年后，砂犷兽嘴巴前部的牙齿会脱落，它只用肥厚多肉的唇部和牙龈来剥离树叶，然后用后齿将满口的树叶嚼成浆液。

◀ **指关节抵地的行者** 砂犷兽的前肢比后肢要长得多，前肢末端还长着又长又弯的大爪子，使其前足无法水平着地。因此，它大概只能像现生大猩猩一样，用前肢的指关节在地面行走。

犀牛

现今世界上只生存着5种犀牛，它们无论从外形还是习性上都十分接近。然而，在史前时代，犀牛家族要比现在多元化得多。从体形如狗的小家伙，到高如大树、体重极重的陆生巨兽，都是史前犀牛家族的成员。有些史前犀牛并没有角，而是长着修长的四肢，可以像马一样飞速奔跑；另一些史前犀牛则长着粗短的四肢，喜欢像现生河马一样在水中打滚。

长颈副巨犀

- **时期** 距今3300万～2300万年前
- **化石发现地** 巴基斯坦、哈萨克斯坦、印度、蒙古、中国
- **栖息地** 平原
- **身长** 8米
- **食物** 植物

这种原始无角犀牛的体形跟虎鲸差不多大，是有史以来世界上最大的陆生哺乳类。它庞大的躯干和长颈可以让它像长颈鹿一样取食树顶的树叶。它又长又灵活的嘴唇可以在扫过树枝的同时，把上面所有的树叶都收入口中。

远角犀

- **时期** 距今1700万～400万年前
- **化石发现地** 美国
- **栖息地** 平原
- **身长** 4米
- **食物** 草

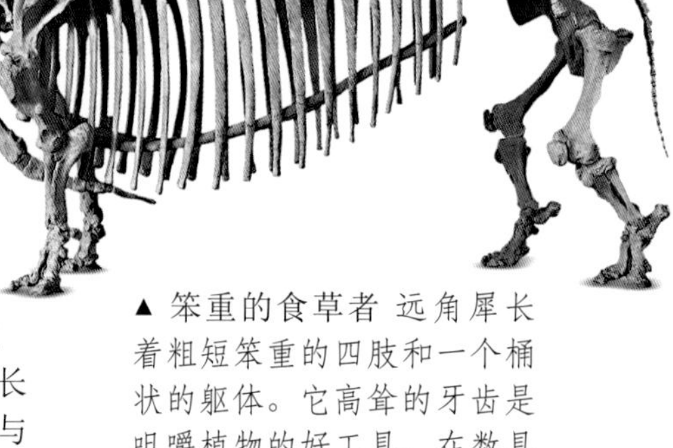

▲ **笨重的食草者** 远角犀长着粗短笨重的四肢和一个桶状的躯体。它高耸的牙齿是咀嚼植物的好工具。在数具远角犀骨架的喉部发现的草种子化石表明，草是它们的主要食物。

在美国内布拉斯加州的火山灰沉积化石床（见256～257页），人们发现了数百具远角犀的完整骨架，这些远角犀都是在距今1000万年前的一次火山爆发后因吸入大量火山灰窒息而亡的。远角犀是一种体形巨大的犀牛，在鼻子上长着小小的圆锥形角，但它们又长又笨重的庞大身躯和粗短的四肢看上去与河马更接近。远角犀化石发现于史前河流和湖泊沉积物中，这说明它们也像河马一样在水中活动。

家族真实档案

主要特征

- 体形庞大
- 大部分长有由角蛋白（同时也是指甲的主要成分）构成的角
- 用来咀嚼草和树叶的硕大牙齿
- 足上有蹄

时期

犀牛最早出现于古近纪。

披毛犀

- **时期** 距今约300万～1万年前
- **化石发现地** 欧洲、亚洲
- **栖息地** 平原
- **身长** 4米
- **食物** 草

披毛犀又叫多毛犀。它全身长满又厚又长的体毛使其得以度过漫漫寒冬。它们生活在最后一个冰期的亚欧大陆。在长年不化的冰原冻土（永冻层）下保存完好的披毛犀化石，加上石器时代遗留至今的史前岩洞壁画中它们的形象，让我们得以一窥披毛犀的外表形态。披毛犀有着与现生白犀差不多大的身形，有着庞大的躯干和粗短笨重的四肢。在它吻部上方有一对巨大的尺寸不等的犀角——雄性披毛犀的前角可长达1米。披毛犀是一种植食性动物，它很可能会把草和其他植物从土中狠狠拔起，再送到口中慢慢咀嚼，以这种方式享用美食。

◀庞然大物 作为有史以来体形最大的陆生哺乳类，长颈副巨犀体重约达15吨，约是暴龙的两倍，比4头大象还要重。

板齿犀

- 时期 距今200万～约12.6万年前
- 化石发现地 亚洲
- 栖息地 平原
- 身长 6米
- 食物 草

板齿犀是一种体形巨大的犀牛，其体重可达3吨。它们直到冰期还生活在地球上，并可能曾是早期人类的猎物。它们巨大的独角曾让人联想到独角兽传说的源头。由于它们的身影可能消失得太早，人类只能在民间传说中找到关于它们的故事。板齿犀的四肢比现生犀牛要长，它们或许可以较为迅速地行走。它们的牙齿很大，且有着适合食草和小型植物的平坦齿面。它们还很可能通过摇摆头部来拔出植物进食。

副跑犀

- 时期 距今3300万～ 2500万年前
- 化石发现地 美国
- 栖息地 平原
- 身长 3米
- 食物 植物

这种体形跟牛差不多大的犀牛没有犀角，也不像现生犀牛一样笨重。与之相反，副跑犀依靠其修长的四肢来逃脱危险。它的牙齿有锐利的波浪状边缘，是将树叶从树枝上剥下碾碎的理想工具。

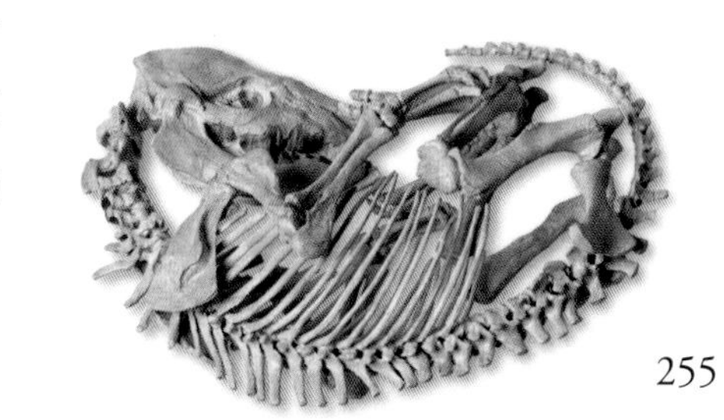

火山灰沉积化石床

距今1200万年前，北美洲的一次火山爆发形成了厚厚的火山灰，无数的史前动物因此死去。此后这些动物被深埋在地底下，直到1971年才被发现。欢迎来到美国内布拉斯加州火山灰沉积化石床！

远角犀的桶状躯体

罕见的发现

在内布拉斯加州火山灰沉积化石床发现了数百具保存良好的哺乳类骨架，其中许多骨架完好无损，这是举世罕见的。有的动物在火山爆发中幸存下来，但沉积下来的厚达50厘米的火山灰附着在植物上，并随着动物进食进入了它们的肺部。这些火山灰由微小的硅质碎片组成，这种物质一旦大量进入动物的肺部，动物们就再无生存的希望。

▼犀牛遗骸 这里有数以百计的，因吸入火山灰痛苦窒息而死的犀牛遗骸。如此的惨状使此地有了“犀牛庞贝”之称。

看一看

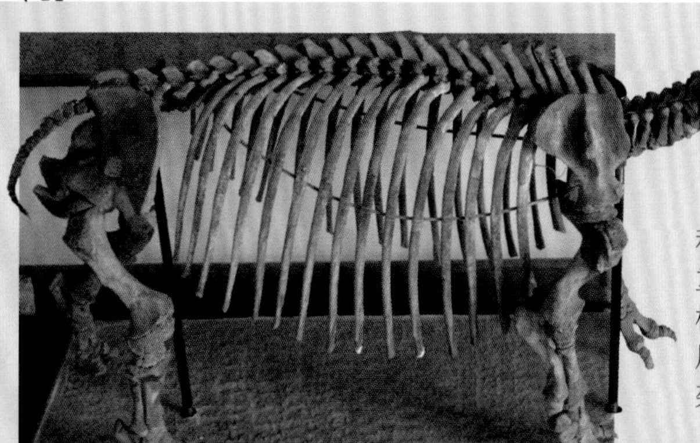

科学工作者将某些化石进行重建以复原它们生前的模样，其中也包括了这头远角犀幼崽。这里的许多化石骨架被留置在了原地。

真实档案

- 内布拉斯加州火山灰沉积化石床已发掘出多达17种脊椎动物的化石，其中有12种哺乳类。
- 它们包括犀牛、马、骆驼、鹿、狗和鸟等动物化石，保存都十分完好。
- 1971年的一天，有人在一片玉米地边的沟渠里看到一个暴露在外的犀牛头骨，这片骨床也由此被发现。
- 这里现在是受保护的国家公园。每年夏天，公园都开辟特殊的游览路线，让游客们在行走于骨床之间的同时观看古生物学家现场作业。

大象的家族

现生的3种大象是当今陆地上体形最大的动物，但在演化史上，象并不是一直都拥有庞大的身躯。已知最早的一种象只有60厘米高。随着时间的推移，它们的体形越来越大，鼻子和长牙也越来越长，最终成了我们所熟知的令人惊叹的庞然大物。

恐象

- **时期** 距今1000万年前
- **化石发现地** 欧洲、非洲、亚洲
- **栖息地** 林地
- **肩高** 5米
- **食物** 植物

作为有史以来第三大的陆生哺乳类，恐象的体形比现生非洲象还要略大一些，但它的象鼻却要明显短于现生象，此外还有从下颌伸出的向后弯的象牙。恐象可能用这对特殊的象牙来挖掘树根、剥脱树皮或把树枝拉下以便啃食上面的树叶。

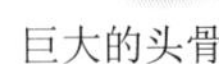

巨大的头骨

从下颌长出的弯弯的长牙

家族真实档案

主要特征

- 几乎所有的早期象类都长有长鼻
- 大部分皮肤无毛、多褶皱
- 大部分长有象牙
- 四肢呈圆柱状

时期

最早的象出现于古近纪（距今约4000万年前）。

短短的象鼻

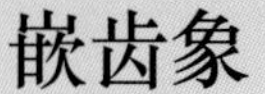

嵌齿象

- **时期** 距今13万年前
- **化石发现地** 北美洲、欧洲、亚洲、非洲
- **栖息地** 沼泽
- **肩高** 3米
- **食物** 植物

嵌齿象有两对象牙，较大的一对自上颌伸出，较小的一对呈铲状，由下颌向外长出。上颌的那对象牙可能用来搏斗和求偶炫耀，较小的那对则可能用于将植物掘出土层或剥去树皮。

始祖象

- **时期** 距今3700万年前
- **化石发现地** 埃及
- **栖息地** 沼泽
- **身长** 3米
- **食物** 植物

始祖象可算是大象家族的表亲，象鼻就是从它身上开始初现雏形的。始祖象的体形比现生象要小得多，有着长长的躯干和短短的四肢。它可能有着与河马相近的生活方式，在溪流和湖泊中流连，用灵活的嘴唇取食植物的枝梗。水生植物是它的主食。始祖象的双颌上都长着硕大的牙齿，这些巨齿自口中露出，形成了小小的象牙。

埃及重脚兽

- **时期** 距今3500万～3000万年前
- **化石发现地** 非洲
- **栖息地** 平原
- **肩高** 2米
- **食物** 植物

埃及重脚兽不是象，而是与象有亲缘关系的远古哺乳类族群中的一员，这个族群早已灭绝。它没有长长的象鼻，在吻部长着两只角，看起来更像头犀牛。科学家相信雄性埃及重脚兽在求偶期会通过展示大角或相互搏斗来获得雌性的青睐。比起在陆地上行走，埃及重脚兽粗壮弯曲的后肢似乎更适合在水中摇摆行进。

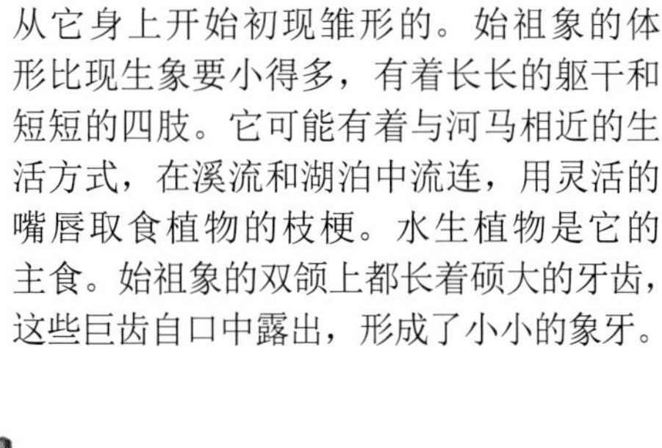

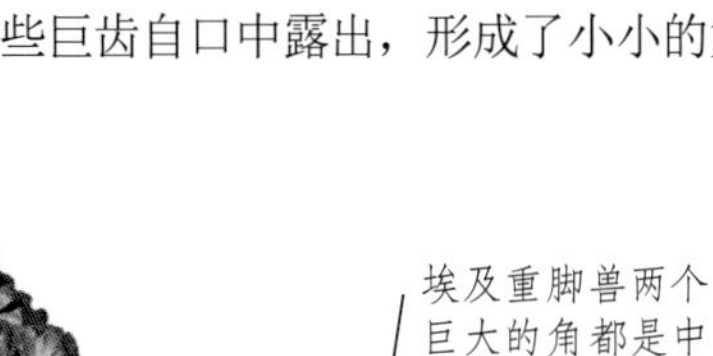

埃及重脚兽两个巨大的角都是中空的。

铲齿象

- **时期** 距今1000万～600万年前
- **化石发现地** 北美洲、非洲、亚洲、欧洲
- **栖息地** 平原
- **肩高** 3米
- **食物** 植物

铲齿象一对扁平的下门齿（象牙）并拢在一起，看上去就像铲子一样。科学家猜测它可能会用这对奇特的牙来铲起水中或沼泽间的植物。其下门齿上面的磨痕表明铲齿象可能还用它们来切割树枝。跟现生象一样，铲齿象靠圆柱状的四肢来支撑它笨重的身躯。它的脚底还长着富含脂肪的肉垫，用于分担其庞大的体重。

真猛犸象

在冰期，仪表威严的猛犸曾成群结队地游荡于北美洲、欧洲和亚洲广袤的平原上。猛犸与现生象有着很近的亲缘关系——对西伯利亚冰封猛犸尸体的研究表明，它们拥有与现生大象基本相同的DNA。已知的猛犸一共有8种，其中最广为人知的当属距今3700年前灭绝的真猛犸象（又称长毛象）。

单位：亿年前

46	5.42	4.88	4.44	4.16	3.59
前寒武纪	寒武纪	奥陶纪	志留纪	泥盆纪	石炭纪

真猛犸象

- **时期** 距今3700年前
- **化石发现地** 北美洲、欧洲、亚洲、非洲
- **栖息地** 平原
- **身长** 5米

真猛犸象全身都覆盖着又长又密的长毛，长毛底下还有一层纤密的绒毛。大部分成年真猛犸象体形比非洲象稍大，但人们也曾在北极地区的岛屿上发现过肩高仅2米的侏儒真猛犸象。成年真猛犸象长着又大又弯的长牙，肩上还有像骆驼一样的背峰。真猛犸象生活在冰期的草原上，其多脊的臼齿帮助它们更好地咀嚼坚韧的野草等小型植物。科学家对真猛犸象的DNA进行研究的结果表明，真猛犸象与亚洲象之间的亲缘关系要近于它们与非洲象的亲缘关系。

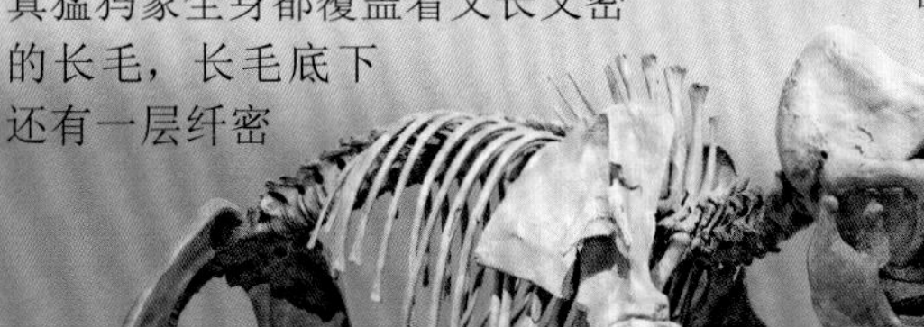

▲ 雪铲 猛犸很可能在觅食时用它们的长牙来移开覆盖在地面上的冰雪。雄性猛犸的长牙大概还是它们吸引雌性的工具。

▲ 白骨棚屋 史前人类会用猛犸的骨头和长牙建造椭圆形或圆形的棚屋。人们曾在东欧发现过大约30处这样的棚屋群。

现生亲戚

初生的亚洲象幼崽全身覆盖有薄薄的棕红色毛发，看上去跟它们的近亲——真猛犸象的长毛外套有相似之处。然而，由于亚洲象生活在温暖的热带地区，随着年岁的增长它们会逐渐褪去身上的毛发。成年后，大部分亚洲象身上只残留稀疏的细毛，而非洲象身上的毛发就更少了。

2.99 | 2.51 | 2 | 1.45 | 0.66 | 0.23 | 现代

二叠纪 | 三叠纪 | 侏罗纪 | 白垩纪 | 古近纪 | 新近纪

猛犸宝宝莱巴

2007年，一位西伯利亚驯鹿牧人发现了一具保存异常完好的冰冻猛犸幼崽尸体。科学家们以这个驯鹿牧人妻子的名字“莱巴”命名了这头大约死于距今4万年前的雌性小猛犸。它是迄今为止人类发现的最完美的猛犸标本。

▲ 莱巴的发现地是俄罗斯境内的位于北极圈内的亚马尔半岛（在上面的地图中以黄色块标示）。

你知道吗？

- 莱巴体形很小，只有1.2米长，90厘米宽。
- 科学家认为莱巴死亡时只有30天左右大。
- 莱巴很可能是困于淤泥中窒息而死的。
- 莱巴长着“乳牙”——短小的会在真正的象牙长出来前脱落的长牙。

莱巴被保存得如此完好，科学家们甚至在它的胃部发现了它死前不久饮用的母乳。

科学家在莱巴的颈后发现一组脂肪细胞，它们很可能是猛犸在严寒中保持体温的能量来源。

▶ 隐藏的线索 通过对莱巴发现地的研究，科学家得到了其身体早在被发现前一年就已经暴露在外的推论。

▶蛮荒之地 在莱巴被发现一年后，一个科学家团队重返它的发现地，以寻找更多与它的生活和死亡有关的线索。

让我们来研究！

随着莱巴的出现，来自世界各地的科学家们组建了一个科研团队，希望能通过他们的研究重现莱巴生活的画卷。这些来自俄罗斯、法国、日本和美国的科学家们为莱巴拍摄了X线片，并在它身上提取了各种组织样本进行研究。这些研究的结果都表明，莱巴身体十分健康，它是由于陷入淤泥而意外死亡的。

科学家们希望能利用冰冻猛犸身上的DNA使这种神奇的生物重返人间。

测试！测试！测试！

莱巴自被发现至今已“身经百试”：它首先在日本的一所医学院进行了相关测试和检查，尔后又返回俄罗斯。它的保存状况之完好令人惊叹：科学家们可以近距离观察它的皮肤、眼睛、牙齿和睫毛，甚至有些地方还保留着完好的皮毛。能短时间有限度地解冻莱巴躯体的技术为科学家们提供了提取莱巴组织样本的可能性。在解剖莱巴时，科学家们需要穿上特殊的防护服以防污染到它。

大地懒

尽管大地懒（又叫大树懒）算得上是现生树懒血缘很近的表亲，但这种史前野兽却巨大如象，并在地面上生活。大地懒的粪化石显示它是无所不吃的植食性动物，其食谱内容涵盖了数十种植物。它通常四足行走，但也可以用后肢站立，并用弯弯的爪子拉下高处的枝条。大地懒在人类到达美洲后不久就突然绝迹了，很可能因人类的过度猎杀而灭绝。

▲大部分大地懒化石都发现于南美洲的潘帕斯草原。图中这块大地懒的骨头被发现于阿根廷的一条因旱灾而干涸的河床上。与这块骨头同时被发现的是12具不同种类的动物的遗骸。

单位：亿年前

46	5.42	4.88	4.44	4.16	3.59	2.99	2.
前寒武纪	寒武纪	奥陶纪	志留纪	泥盆纪	石炭纪	二叠纪	

▼巨爪 大地懒长着巨大的弯钩状利爪。这些爪子适合攀握树枝，也是它与掠食者搏斗时的利器。大地懒无法将长着如此巨爪的脚平放在地面上，于是就形成了它足外侧着地、弯爪朝内的独特的行走方式。

大地懒

- **时期** 距今500万～1万年前
- **化石发现地** 南美洲
- **栖息地** 林地
- **身长** 6米
- **食物** 植物

当大地懒直立行走时，其身高是大象的两倍。它全身覆盖着一层厚厚的浓密毛发，毛发下还隐藏着由骨性甲片构成的盔甲。大地懒长着适合咀嚼树叶的牙齿，但有的研究者认为它可能会用利爪撕扯动物尸体上的腐肉为食，甚至捕食动物。

▲大地懒的臀部骨骼异常强壮，这些骨头在它依靠后腿直立的时候，起到了承载其全身重量的作用。与此同时，它粗壮的尾巴也为支撑身体起到了辅助作用。

现生亲戚

现生树懒可算是世界上最懒的动物。它每天睡眠时间达18小时，即使在清醒时也只以极其缓慢的速度移动。与大地懒不同，现生树懒生活在树上。它们利用长臂和钩状爪在树枝间缓慢地攀爬，终其一生都懒洋洋地倒挂在树上，甚至连吃饭睡觉也不例外。

巴拿马三趾树懒

鹿、长颈鹿和骆驼

大约2000万年前，地球上的森林开始被新的植被——草原所取代。这个巨变促使食草有蹄类动物演化出可以消化草类等坚韧植物的胃部，并开始大规模迁徙。这些植食性动物逐渐演化，成为自然选择的成功者。这样的有蹄类种类繁多，除了本页介绍的鹿、长颈鹿和骆驼之外，还包括绵羊、山羊、牛、水牛、美洲驼、羚羊和河马。

庞大的鹿角

有力的后腿使其能飞速奔跑。

大角鹿

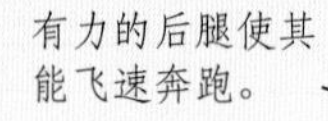

- **时期** 距今500万～7700年前
- **化石发现地** 欧亚大陆
- **栖息地** 平原
- **身长** 3米
- **食物** 植物

大角鹿是已知体形最大的鹿类之一，其大小与现生麋鹿相当。雄性大角鹿长着有史以来无可匹敌的鹿角——其鹿角之间的距离比老虎的身长还要长。它们的鹿角是求偶炫耀的必备品，也是震慑竞争对手的利器。跟其他鹿类一样，大角鹿的鹿角每年更换一次。大角鹿经常成为早期人类、大型猫科动物和狼的猎物，已于7700年前灭绝。

家族真实档案

主要特征

- 鹿、长颈鹿和骆驼将吞进胃里的食物再返回口中，进行二次咀嚼
- 有三四个胃室
- 头上往往长有角或分叉的鹿角
- 足上长有偶数（双数）有蹄的足趾（骆驼的足趾末端无蹄）

时期

偶蹄类最早出现于距今大约5400万年前，于大约2000万年前广泛分布开来，并繁衍至今。

▲长长的舌头 始长颈鹿很可能长着又长又灵活的舌头，并用它来挑选鲜嫩可口的树叶。

始长颈鹿

- **时期** 距今1600万～500万年前
- **化石发现地** 亚洲、欧洲、非洲
- **栖息地** 草原
- **身长** 1.6米
- **食物** 植物

现生长颈鹿家族只有两组成员：长颈鹿和獾㹢狓。然而在历史上，长颈鹿家族也曾经繁荣壮大过，始长颈鹿就是其中的一员。始长颈鹿长着两对毛茸茸的角——一对在头顶，另一对则在口鼻部。颌部后方的牙齿上有脊，非常适合咀嚼坚韧的植物。

三角始麑鹿

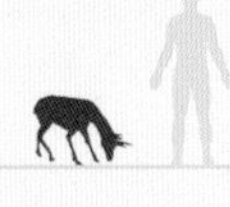

- **时期** 距今2000万～500万年前
- **化石发现地** 北美洲
- **栖息地** 林地
- **身长** 1米
- **食物** 树叶

▼角 与鹿的骨性鹿角相比，三角始麑鹿的角可能更接近于长颈鹿毛茸茸的角。

三角始麑鹿属于反刍有蹄类，它是早期鹿类和长颈鹿的近亲。雄性三角始麑鹿眼睛上方长着两个又短又直的角，头部后方则长着一个又粗又钝的弯角。其角化石上的伤痕表明，三角始麑鹿的角是它们求偶、搏斗或争夺领地的武器。

足部长有双趾，使其能快速奔跑。

古骆驼

- **时期** 距今1500万～500万年前
- **化石发现地** 美国
- **栖息地** 林地和草原
- **身高** 3米
- **食物** 植物

古骆驼虽然是骆驼，但却长得有点像长颈鹿——它有着长长的脖子和修长的四肢。古骆驼可以飞速奔跑，它的每只脚都长着两个足趾。除了足趾前端的蹄之外，足底还长有厚厚的肉垫。跟其他骆驼和长颈鹿一样，它走路时总是同时迈动同侧的前后肢。这样的行走方式被称为溜蹄。它的主要食物可能是树叶而非草类。

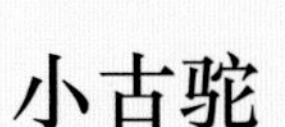

小古驼

- **时期** 距今2500万～1600万年前
- **化石发现地** 美国
- **栖息地** 草原
- **身高** 60厘米
- **食物** 草

小古驼属于一种小型骆驼类。它的脖子、四肢和躯干都相当纤细、修长。与其说它长得像现生骆驼，倒不如说像瞪羚。与现生骆驼不同的是，小古驼走路时以足尖着地。臼齿硕大且牙根很深，小古驼的牙齿化石上呈现的磨损程度说明，它常常咀嚼坚韧的植物。

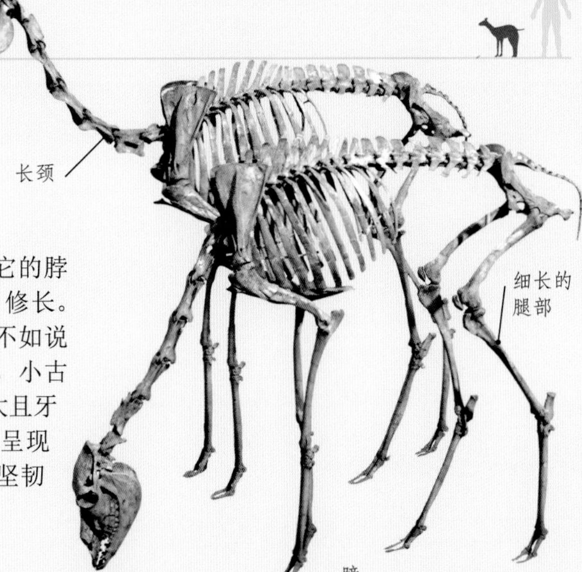

搞什么名堂?
20世纪20年代，德国的黑恩兹·海克和鲁特兹·海克兄弟试图复活灭绝已久的原牛。他们从家牛中选取拥有与原牛相似特征的品种，如苏格兰的大角高原牛和凶猛的西班牙斗牛等，通过杂交，他们培育出了一个新的品种——赫克牛。这种牛看上去就像缩小版的原牛。

原牛

今天，我们在农场看到的温驯的牛类都来自它们狂野、凶猛、体形庞大的祖先——原牛。尽管原牛如今已经灭绝，但很久以前，原牛也曾成群结队地奔驰在欧亚大陆上。石器时代的人类猎杀这些令人望而生畏的动物，并把它们画在岩洞壁上，图中这幅画就是典型的例子。直至1627年，随着最后一头野生原牛在波兰被捕杀，这种动物从此便在欧洲消失了。

朝前的角

原牛骨骼

原牛

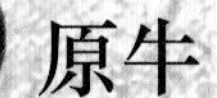

- **时期** 距今200万～400年前
- **化石发现地** 欧洲、非洲、亚洲
- **栖息地** 树林
- **身长** 2.7米
- **食物** 草、水果和植物

原牛体态魁梧，远大于一般家牛，体重可达1吨。它有着粗壮有力、肌肉发达的肩颈，以及巨大的朝前弯曲的角。长足和高位的踝关节使其成为出色的奔跑者，它甚至还可以进行短距离游泳。雄性原牛的皮毛可能呈黑色，雌性则呈红棕色。但不论雄雌，所有原牛脊背处的皮毛上都有白色的条纹。

单位：亿年前

46	5.42	4.88	4.44	4.16	3.59
前寒武纪	寒武纪	奥陶纪	志留纪	泥盆纪	石炭纪

现生亲戚

距今约8000年前，伊拉克和古印度的居民就懂得如何驯服原牛，并饲养它们以获取奶、肉和皮毛。由于育种者们有意选择体形较小、性情温顺的原牛后代加以培育，随着时间的推移，原牛逐渐演化成为现生家牛。尽管现生家牛的外表跟野生原牛区别很大，但它们依然归属于同一物种。

2.99	2.51	2	1.45	0.66	0.23	现代
二叠纪	三叠纪	侏罗纪	白垩纪	古近纪	新近纪	

岩洞壁画

1940年9月，4个十几岁的法国男孩结伴出游，去寻找传说中位于他们村庄附近的神秘通道。他们在岩洞中发现了一系列绘制着成百上千只史前动物的壁画，这就是举世闻名的拥有1.7万年历史的拉斯科岩洞壁画。

▲鸟中杀手 这幅发现于澳大利亚北部的壁画至少已有4万年的历史。图中描绘了两只巨大的肉食性不飞鸟——牛顿巨鸟的身影。在牛顿巨鸟的附近还画有体形庞大的史前袋鼠和袋狼（塔斯马尼亚虎）。

冰期的兽群

拉斯科岩洞壁画绘制于冰期。那时的北欧还被层层坚冰所覆盖，但法国已是一片稀树多风的苔原，规模庞大的野生兽群常在苔原上游荡。人们猜测是当时的猎人绘制了这些岩壁上的壁画，但奇怪的是，他们竟然没有画当时猎人们最爱的猎物——驯鹿。

◀奔跑中 牡鹿和马是拉斯科岩洞壁画中最常见的动物，常以动态形象出现，仿佛在画中成群奔跑。这些动物在最后一次冰期常进行穿越苔原的大迁徙，就像现在的驯鹿大迁徙一样。

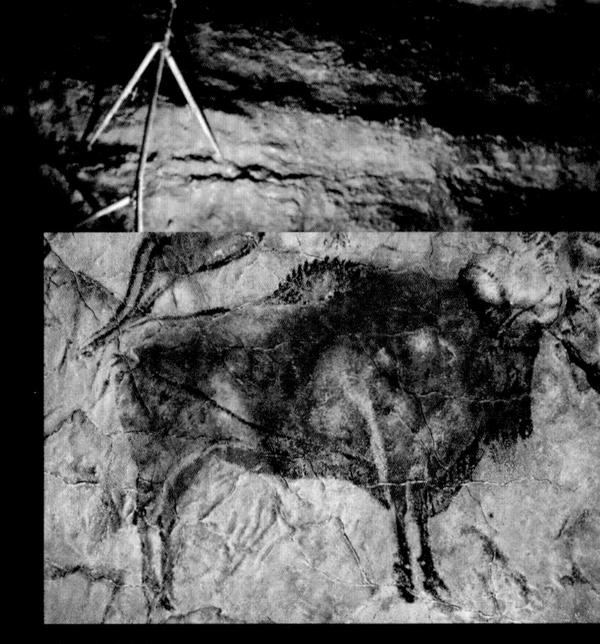

美丽的野牛

壁画中许多动物都是用一种叫代赭石（又称红赭石）的原料来绘制的。这张图片描绘了一只欧洲野牛，这是一类后来在西欧绝迹，但如今又被重新引进的物种。

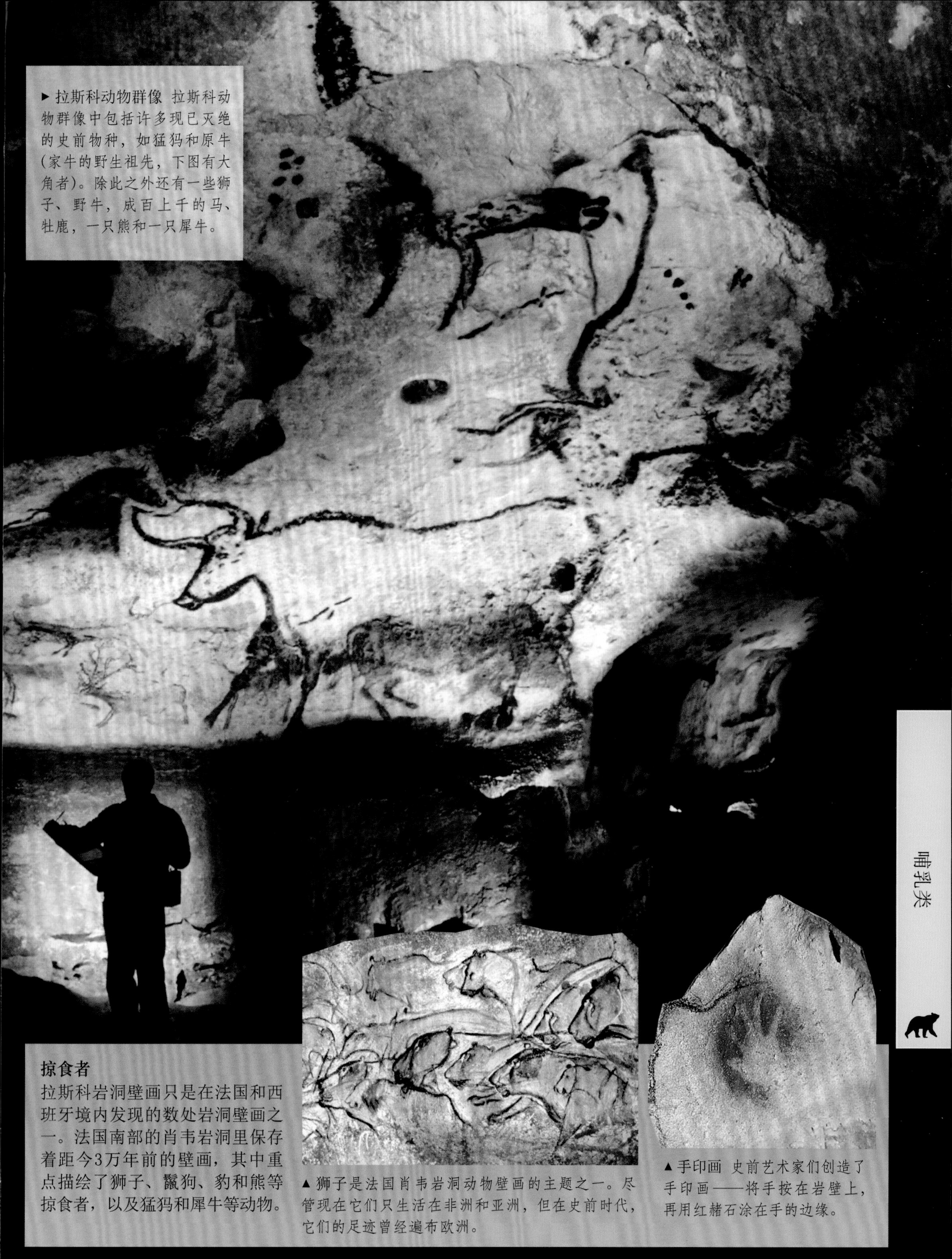

▶拉斯科动物群像 拉斯科动物群像中包括许多现已灭绝的史前物种，如猛犸和原牛（家牛的野生祖先，下图有大角者）。除此之外还有一些狮子、野牛，成百上千的马、牡鹿，一只熊和一只犀牛。

掠食者

拉斯科岩洞壁画只是在法国和西班牙境内发现的数处岩洞壁画之一。法国南部的肖韦岩洞里保存着距今3万年前的壁画，其中重点描绘了狮子、鬣狗、豹和熊等掠食者，以及猛犸和犀牛等动物。

▲狮子是法国肖韦岩洞动物壁画的主题之一。尽管现在它们只生活在非洲和亚洲，但在史前时代，它们的足迹曾经遍布欧洲。

▲手印画 史前艺术家们创造了手印画——将手按在岩壁上，再用红赭石涂在手的边缘。

安氏兽

一提及有蹄类，我们通常想到的是鹿、绵羊之类的植食性动物。但在数千万年前，一些有蹄类也是嗜血的肉食性动物。其中，最为凶猛的当属安氏兽——一种徘徊于蒙古戈壁的巨大的掠食者。人们至今只发现了一块较完好的安氏兽化石——长达83厘米的巨大头骨化石。尽管科学家们不能确定安氏兽的外形，但巨大的头骨化石表明，它很可能具有两倍于大灰熊的巨大身体，极有可能是有史以来体形最大的陆生肉食性哺乳动物。

安氏兽

- **时期** 距今4500万～3500万年前
- **化石发现地** 蒙古
- **栖息地** 中亚平原
- **身长** 4米
- **食物** 肉类

安氏兽可能看上去像一头巨大的狼，也有可能看上去像熊。它长着长长的吻部和极其强壮有力的双颌。安氏兽口腔前部长满了可以刺穿猎物身体的长尖牙，后部则长着很钝的牙齿，很可能是用来啃咬骨头的。它可能跟熊一样，既吃植物，也吃腐尸——硕大无朋的身形足以震慑其他掠食者，吓得它们丢下猎物尸体落荒而逃。由于安氏兽的颌部结构和鲸鱼十分相似，一些科学家认为二者很可能是近亲。

单位：亿年前

46	5.42	4.88	4.44	4.16	3.59
前寒武纪	寒武纪	奥陶纪	志留纪	泥盆纪	石炭纪

你知道吗？

安氏兽的名字来自美国探险家、化石猎人罗伊·查普曼·安德鲁斯（1884～1960）。20世纪20年代，安德鲁斯领导了多次对蒙古戈壁沙漠的探险考察活动，并发现了伶盗龙、原角龙和最早被世人所知的恐龙蛋（见192～193页）。1923年，他找到了安氏兽部分残缺的头骨，这也是迄今为止发现的安氏兽的唯一一块化石。这件无价之宝现珍藏于美国纽约自然史博物馆。

罗伊·查普曼·安德鲁斯和戈壁沙漠中的恐龙蛋

鲸类的演化

所有的陆地动物都是由生活在海洋中的祖先演化而来的，这些祖先离开海洋并逐渐适应了陆地上的生活。而有一些动物则反其道而行之，在适应了陆地生活后再次回归海洋，鲸类就是其中的一员。它们自陆生有蹄类演化而来，是牛和猪的远亲，而和它们亲缘关系最近的现生哺乳动物竟是水陆两栖的河马！

步行的鲸

陆行鲸，早期鲸类成员，至少生活在距今5000万年前。它跟水獭一样，有一半时间居住在陆地，另一半时间生活在水中。它的前足适合在陆地上行走，后足则是其在水中前进的主要工具。

近亲

早在1870年就有人提出了鲸类与河马之间具有亲缘关系的理论，但当时大部分科学家认为这只是无稽之谈。后来，经过对两者基因的详细比对，科学家们发现，河马很有可能是与鲸类亲缘关系最近的现生动物。

► 河马一生的大部分时间都生活在水中，但其水栖程度远不及鲸。

鲸类的族谱

科学家们尚未发现足够的能全面追踪鲸类演化线索的化石，但是大量令人眼花缭乱的发现足以为我们提供其族谱不同时期的信息，让我们得以看到鲸类在不同演化阶段的快照：晚期鲸类的四足已演化为鳍状肢，鼻孔上移到背部并演化为呼吸孔，使鲸类能更好地适应水中生活。

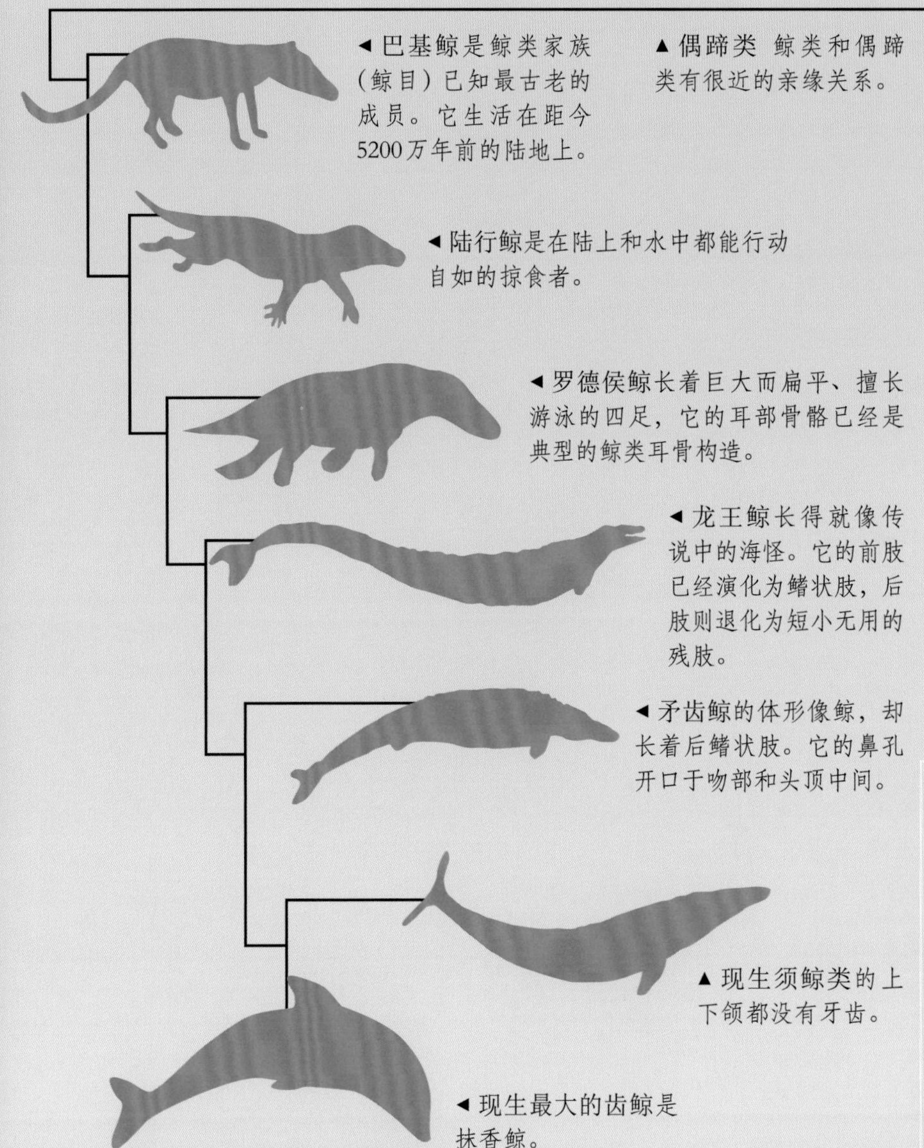

◀ 巴基鲸是鲸类家族（鲸目）已知最古老的成员。它生活在距今5200万年前的陆地上。

▲ 偶蹄类 鲸类和偶蹄类有很近的亲缘关系。

◀ 陆行鲸是在陆上和水中都能行动自如的掠食者。

◀ 罗德侯鲸长着巨大而扁平、擅长游泳的四足，它的耳部骨骼已经是典型的鲸类耳骨构造。

◀ 龙王鲸长得就像传说中的海怪。它的前肢已经演化为鳍状肢，后肢则退化为短小无用的残肢。

◀ 矛齿鲸的体形像鲸，却长着后鳍状肢。它的鼻孔开口于吻部和头顶中间。

▲ 现生须鲸类的上下颌都没有牙齿。

◀ 现生最大的齿鲸是抹香鲸。

今天的鲸类

现在世界上有超过100种鲸和海豚，它们主要分为两大类：以鱼为食的齿鲸和用鲸须过滤海水中小型动物为食的须鲸。座头鲸（右图）就是一种须鲸。

灵长类

灵长类是最大的树栖动物家族，其成员包括了原猴类和猿猴类。最早的灵长类是外形类似松鼠的小型动物，它们敏捷地出没于恐龙灭绝时期前后的树林中。在恐龙灭绝后，灵长类演化出许多新的物种，体形逐渐变大，头脑也越来越聪明了。

达尔文猴

- **时期** 距今4700万年前
- **化石发现地** 德国
- **栖息地** 西欧林地
- **身长** 0.6米
- **食物** 水果和植物

迄今为止发现的唯一一件达尔文猴化石是一具被命名为艾达的骨架。艾达保存得十分完好，其全身的细软毛发都清晰可见（见左图）。我们甚至可以看到艾达胃中保留的最后的晚餐——树叶和水果。达尔文猴外形与狐猴相似。作为一个敏捷的攀爬者，它长有与其他指（趾）生长方向相对的拇指。对生拇指更利于它做抓握树枝、摘取食物等动作。

家族真实档案

主要特征

- 脑容量大
- 大部分灵长类的双眼朝前
- 具有抓握能力的手和脚
- 大部分长有指（趾）甲而非爪子

时期

最早的灵长类出现在距今约6600万年前的晚白垩世，大量灵长类物种繁衍至今。

西瓦古猿

- **时期** 距今1200万～700万年前
- **化石发现地** 尼泊尔、巴基斯坦、土耳其
- **栖息地** 中亚的林地
- **身长** 1.5米
- **食物** 植物

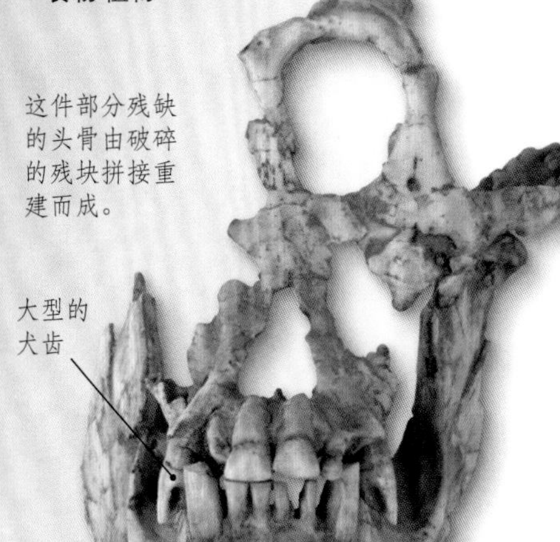

西瓦古猿身体结构与黑猩猩类似，但面部更接近其近亲红毛猩猩。它居住在林地间，但科学家认为它一生中有相当一部分时间是在地面上度过的。它的臼齿很大，说明它经常进食大量坚硬的食物，如从地面收集的草籽等。但它很可能也会攀爬树木去摘取果实，并很可能在树上过夜。

更猴

- **时期** 距今6600万～6000万年前
- **化石发现地** 北美洲、欧洲和亚洲
- **栖息地** 北美洲、欧洲和亚洲的林地
- **身长** 0.6米
- **食物** 植物

更猴是已知最早的灵长类动物，与其说它像猴子，不如说它像松鼠。它长着一条毛茸茸的大尾巴，长长的吻部，像老鼠一样善于啃咬的门牙，以及位于头部两侧、易于发现掠食者的眼睛。然而，更猴那扁平的后齿却近似于现生灵长类，这说明它的食物已包括了水果等较软的植物类食物。

巨猿

- **时期** 距今900万～25万年前
- **化石发现地** 中国、印度和越南
- **栖息地** 亚洲的林地
- **身长** 2.7米
- **食物** 植物

巨猿的体积是大猩猩的两倍，活着时可算是那个时代的金刚，它是已知体形最大的类人猿。有些科学家认为它可能是雪人（雅提）传说的原型。到目前为止，人们只找到了巨猿的牙齿和下颌骨化石。其牙齿磨损的情况说明它很可能以竹子为食。

下颌骨化石

现生亲戚

猩猩是现生最大的树栖哺乳类。它们分为两类：婆罗洲猩猩和苏门答腊猩猩。这两种猩猩都拥有很高的智商，可以制作并使用简单的工具。如今，这两种猩猩的栖息地——热带雨林面积越来越小，使得它们都有濒临灭绝的危险。

森林古猿

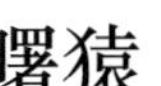

- **时期** 距今1500万～1000万年前
- **化石发现地** 非洲、欧洲和亚洲
- **栖息地** 欧洲、亚洲和非洲的林地
- **身长** 0.6米
- **食物** 植物

1856年，森林古猿化石首次发现于法国。这种灵长类的体形跟一只黑猩猩差不多大，其一生中大部分时间都在树上度过。森林古猿长着细长的牙齿和结实有力的手臂，可以在树枝间荡来荡去。像黑猩猩一样，森林古猿也能四足着地行走。它的脑容量很大，但也只是人类的远亲。

▲ 长长的手臂
森林古猿可以像长臂猿一样，用长长的手臂在树枝间荡来荡去。

曙猿

- **时期** 距今4500万～4000万年前
- **化石发现地** 中国
- **栖息地** 亚洲的林地
- **身长** 5厘米
- **食物** 昆虫和植物

曙猿是最早的灵长类动物之一。与恐龙灭绝后演化出的大型哺乳类不同，曙猿体形袖珍，就像一个小小的毛球，可以轻易地坐在孩子的掌心中。它大大的眼睛或许能帮助其尽早发现掠食者，特别是在黑夜更有奇效。它很有可能以花蜜和昆虫为食。

南方古猿

现在，所有的类人猿（除人类外）都居住在森林中，但距今400万年前的情况却与今大不相同。在非洲的旷野中，生活着许多和我们一样直立行走的类人猿，其中最著名的就是南方古猿，它很有可能是我们人类的祖先。

南方古猿

- **时期** 距今400万～200万年前
- **化石发现地** 非洲
- **栖息地** 开阔的林地和草原
- **身高** 1.2～1.4米
- **食物** 水果、种子、植物根部、昆虫、小型动物

南方古猿在许多方面都跟它的近亲黑猩猩十分相似，比如它拥有小巧的覆满毛发的身体，有力且善于攀爬的双臂，以及仅为人类大脑1/3的脑容量。然而，它的盆骨和双腿结构则更接近现代人类，这表明南方古猿尽管步伐不如我们矫健，但也可以直立行走。有些科学家认为南方古猿以类似大猩猩群落的方式营群居生活，由一只雄性领导数只体形明显较小的雌性。

▲自由的双手 直立行走解放了双手，让双手可以胜任搬运物品等更多的工作。当人类演化到更晚期，我们的祖先拥有制作狩猎武器等工具的能力时，自由双手的重要性就更加突显出来了。

有限的大脑

科学家曾认为我们的祖先在直立行走之前就已经演化出较大的脑容量了，但南方古猿告诉我们的事实却与之相反——虽然南方古猿可以直立行走，但它的脑容量却比黑猩猩大不了多少。南方古猿的智力没有达到可以发展出语言的高度，所以它不能讲话。不同个体间大概只能通过简单的咆哮呐喊和尖叫相互沟通。

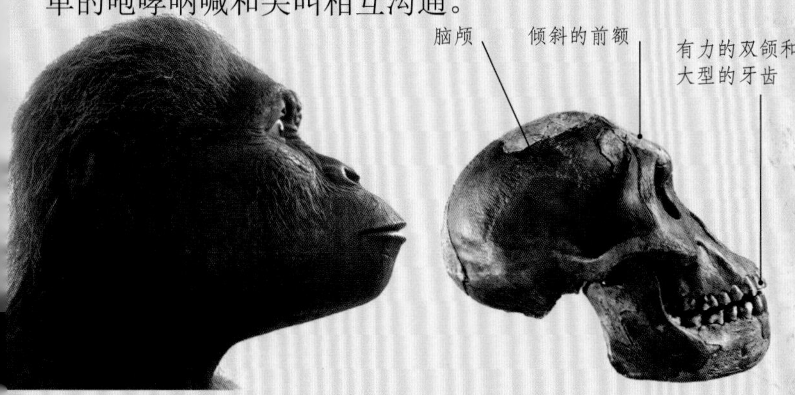

▲ 复原 这座以南方古猿头骨为基础重建的复原头像展示了其典型的类人猿外观。它窄小的脑颅在外观上显现为平坦、倾斜的前额，这与现生人类饱满而前突的前额十分不同。

1975年，科学家们在埃塞俄比亚的一处化石发掘地发现了至少13具南方古猿的遗骸。这些遗骸化石被命名为“最早的家庭”，其成员可能只是丧生于狮子等掠食者口下的素昧平生的受害者。

景观和食物

今天的大部分类人猿都居住在森林里，但南方古猿却居住在一个视野更开阔的场所——一片草地与树丛相间的开阔区域。它发达的双颌和厚实的釉质臼齿都表明，它以植物根部和种子等坚韧的植物为食，但它很可能也跟别的类人猿一样杂食，其食物大概包括水果、昆虫和肉类等。

来自远古的脚印

1976年，科学家们在非洲坦桑尼亚发现了疑似人类脚印的遗迹化石，但该足迹起码有360万年的历史了。研究发现，这是3个南方古猿走过火山灰所留下的足迹。化石清楚地表明，这些动物已经可以双足直立行走。

现生亲戚

黑猩猩与南方古猿间有着极近的亲缘关系。黑猩猩有时会把石头和木棍作为简单的工具使用。它们会用石头敲开胡桃，还会用木棍把白蚁“钓”出蚁穴。南方古猿很有可能也会这样使用一些简单的工具，但没有化石证据表明，它们可以像后来的人类一样制造石器工具。

直立人

数百万年后，南方古猿（见278~279页）在更好地适应了地面的生活后，便踏上了新的演化之路。由此出现了许多外表与现代人类更接近的新物种——直立人就是其中最广为人知的一支。他们大约出现于距今200万年前，身材高大且周身无毛。直立人懂得如何制作石器工具，甚至可能知道如何取火。他们从非洲起源，并逐渐扩散，其足迹遍及了欧亚腹地。

直立人

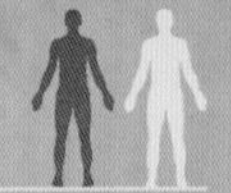

- **时期** 距今200万～10万年前
- **化石发现地** 非洲、欧洲、亚洲
- **栖息地** 林地和草原
- **身高** 1.8米
- **食物** 植物和肉类

直立人有着健硕的身体和修长的四肢，从体形到外表都和现代人类非常接近。其苗条的身材说明他们居住在高温地区；靠出汗散热则说明他们可能基本全身无毛。他们的脑部比我们要小，较为平坦的额头、发达的双颌和牙齿也让他们的面部看上去与我们区别较大。

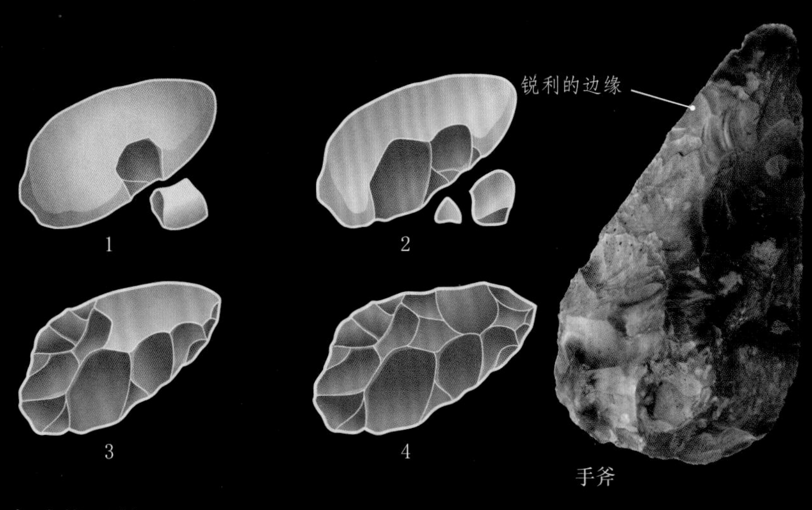

多功能工具

直立人最爱用的是一种被称为手斧的工具。手斧是用一块较重的石头充当锤子，去敲击另一石块，使其慢慢剥落碎片以形成尖锐的边缘而制作完成的。手斧可以应用到各种各样的工作中去，包括将捕猎到的动物宰杀、剥皮剔骨乃至挖掘深埋的树根。拥有这样的工具使直立人食肉比以前更容易了。

取火

直立人懂得生火的方法吗？科学家并不知道确切的答案。距今40万年前，直立人居住过的洞穴中遗留下的少量灰烬残骸给我们带来直立人懂得生火的推论，但是这些灰烬也可能是来自于自然界的火。掌握驾驭火的能力是人类历史上重要的一步，它让我们的祖先懂得如何烹饪，从而使食物更加安全且容易消化。火还能吓跑各种食肉猛兽，并给生活在严寒之地的原始人类带来维持生命的温暖。

你知道吗？

1891年，一位名叫尤金·杜布瓦的荷兰科学家在印度尼西亚的爪哇岛上发现了第一块已知的直立人化石。杜布瓦据此认为最早演化成为人类的是亚洲而不是非洲的类人猿，但此后非洲南方古猿化石的发现证明了他的观点是错误的。

脑容量

直立人的头骨化石告诉我们，其脑容量起码是南方古猿的两倍，大约相当于现代人类的70%。一些科学家认为较大的脑部使得直立人可以使用语言并以较复杂的社会结构生活。

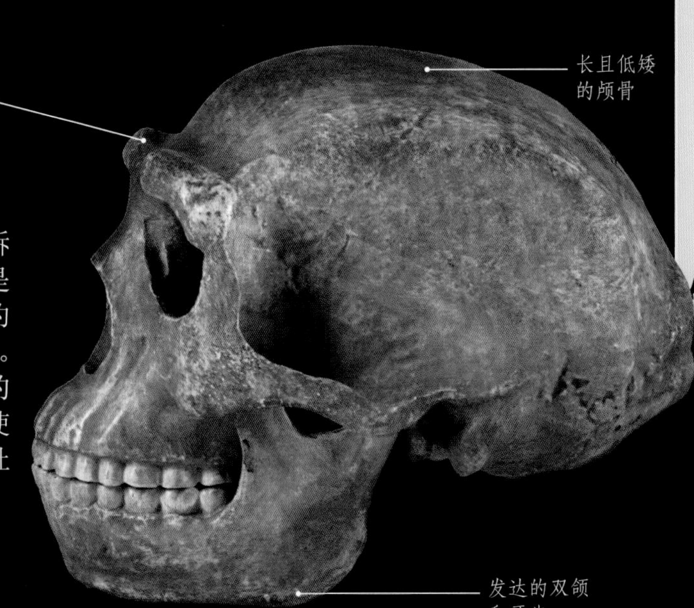

尼安德特人

在冰期，欧洲大陆上居住的这一群身体健壮、头脑聪明的人类，被称为尼安德特人。尼安德特人的脑容量很大，他们懂得使用语言，穿着衣服，拥有固定的居所，会使用火和工具，甚至可能有自己的艺术，但他们跟我们并不属于同一物种。在距今4万年前，在我们的直系祖先自非洲迁徙到欧洲时，尼安德特人就已经悄然绝迹了。

尼安德特人

- **时期** 距今35万～3万年前
- **化石发现地** 欧洲和亚洲
- **栖息地** 冰期的草原和林地
- **身高** 1.66米
- **食物** 主要为肉类

尼安德特人比我们要矮小，也更粗壮有力得多。他们矮小精悍的身体结构使其得以适应周围酷寒的环境，超乎寻常的健硕体格使其得以狩猎大如猛犸的野生动物。动物尸体也可能是他们的食物来源之一。他们的大脑至少跟我们的一样大，但他们的头部形状较为扁平，长着较低矮、倾斜的额头，厚重的眉弓，巨大的鼻子和向前突出的发达的双颌。

保暖很重要

为了在冰期的严寒中生存，尼安德特人会用火来保持他们的居室温暖。他们像现代北极居民一样，穿着由动物皮毛制成的衣服，甚至还可能用兔子的皮毛铺设床铺，如此可以度过一个温暖舒适的夜晚。

厚重的眉弓使尼安德特人看上去总是怒气冲冲的。

大量的缺口和刮痕说明这些牙齿曾被当作某种工具使用。

工具箱

尼安德特人跟直立人一样，也通过敲击石块、剥落较小的石头碎片使之形成锐利的边缘来制造石器工具。但他们的工具要比直立人的更为丰富多样，包括了重型手斧、较为精致细巧的石刀和矛尖。尼安德特人很可能还会制造木头工具，虽然这些工具没能保存至今。

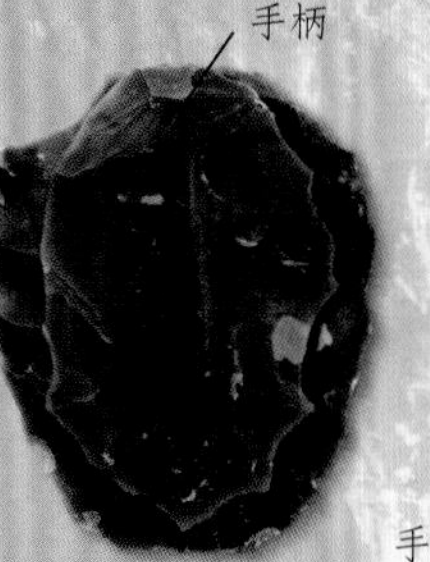

刀身呈圆形的手斧

拥有双侧刀身和刀尖的手斧

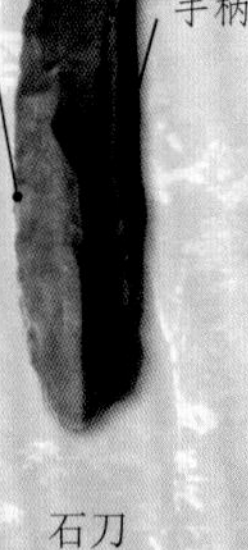

石刀

尼安德特人的喉部结构跟我们的差不多，这表明他们很可能具备说话的能力。

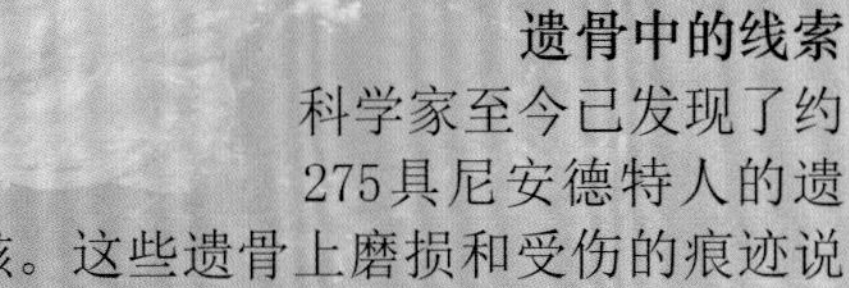

遗骨中的线索

科学家至今已发现了约275具尼安德特人的遗骸。这些遗骨上磨损和受伤的痕迹说明他们生前曾经受过巨大的痛苦，并说明暴力冲突在当时十分常见。研究者们发现尼安德特人遗骨上的伤势与牛仔竞技骑手的相符，这说明他们可能常与猎物近身搏斗。有的尼安德特人的遗骨上遗留着石器工具的刮痕，一些研究者认为这说明尼安德特人是同类相食者，另一些研究者则相信这些人丧生于葬礼前特殊的死亡仪式。

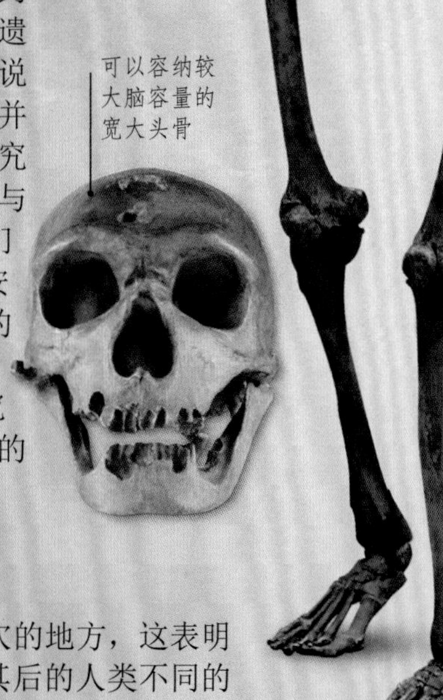

可以容纳较大脑容量的宽大头骨

六尺之下

尼安德特人的骨架曾发现于类似墓穴的地方，这表明尼安德特人已经懂得埋葬死者。与其后的人类不同的是，他们很少将神圣或珍贵的物品与尸体一同埋葬。

事实还是虚构？

刚果真的曾有恐龙出现吗？深山中是否居住着可怕的雪人（雅提）？自人类开始讲述故事的那一天起，就有形形色色的关于神奇动物的传说在流传。虽然许多故事里描述的都是只存在于幻想世界中的神秘野兽，但有的故事中也隐藏着些许现实的影子——它们讲述的可能是发生在失落已久的史前动物仍然鲜活时的远古旧事。

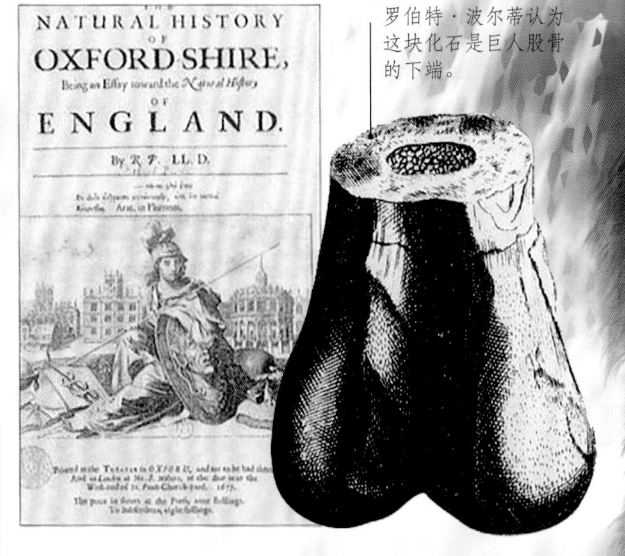
NATURAL HISTORY
OF
OXFORD-SHIRE,
Being an Essay toward the Natural History
OF
ENGLAND.
By R. P. LL. D.

罗伯特·波尔蒂认为这块化石是巨人股骨的下端。

那是什么？

最早的恐龙化石直到19世纪初才被确认。在那之前，人们还不清楚它们到底是什么东西。1677年，英国博物学家罗伯特·波尔蒂发表了一张著名的化石图片和相关论文，认为这块化石曾是巨人股骨的一部分，后来它被确认为恐龙骨骼化石。

半人半猿

从北美地区的萨斯科奇人（大脚野人）到喜马拉雅地区的雪人，乃至苏门答腊岛的红毛矮人，有关神秘人猿的传说在全世界广泛流传。一些科学家认为这些古老的故事可能起源于人类自非洲向世界各地迁徙途中遭遇的其他所谓人族亲系，包括尼安德特人和直立人。

穴居人与恐龙

在许多老电影中，如1966年拍摄的《公元前一百万年》，穴居人常在恐龙面前亮出武器，并与之搏斗。这显然是不可能的，因为恐龙早在穴居人出现前6300万年就已灭绝了。此外，恐龙也不会像老电影、玩具、书本和图画中常见的那样，站立时把尾巴耷拉在地上。

巨蛇之首

菊石化石是许多传说的灵感源泉。在英国的民间故事中，它们是被变成石头的巨蛇，也因此被称为蛇石。有时人们会在菊石化石上雕刻出巨蛇的头部。

在马达加斯加仍然可以找到巨大的象鸟蛋。

幸存的恐龙？

魔克拉－姆边贝（刚果恐龙）是一种据说形似蜥脚类恐龙的传奇生物，生活在刚果河盆地。在某些方面而言，它与尼斯湖水怪十分相似。

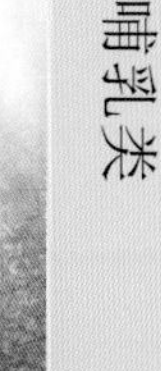

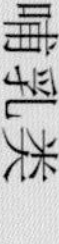

象鸟

辛巴达是传说中的阿拉伯航海家，他常在航海探险中造访形形色色的魔幻岛屿。在一个故事中，他曾被一只巨鸟抓住，在天空飞翔。这个传说的灵感可能来自马达加斯加的象鸟——一种巨大的不会飞的鸟类。这种鸟直到17世纪才被宣告灭绝。在此之前，它们可能早已被阿拉伯的航海家们所熟知。

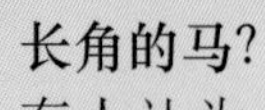

长角的马？

有人认为，独角兽的传说可能源于有关已灭绝的板齿犀（见255页）的古老的民间故事。

现代人类

化石证据和基因研究表明，我们所属的物种是大约30万年前起源于非洲的智人。距今约6万年前，现代人类带着他们制造的工具、文化艺术和比以往任何时代都更先进的生活方式，从非洲迁徙到其他大陆。随着智人的迁徙，其他较为原始的人类和许多大型哺乳类悄然灭绝了——它们可能都成了我们壮大的牺牲品。

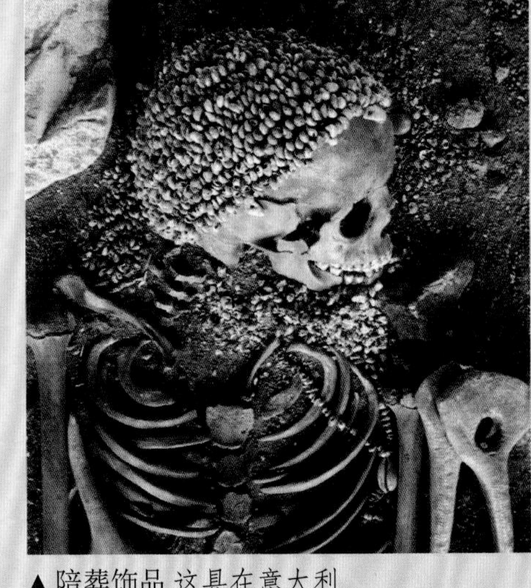

▲ 陪葬饰品 这具在意大利的一个洞穴中发现的青年男子的骨架已有2.4万年的历史了。他的身上装饰有一顶帽子和一串由贝壳制成的项链。

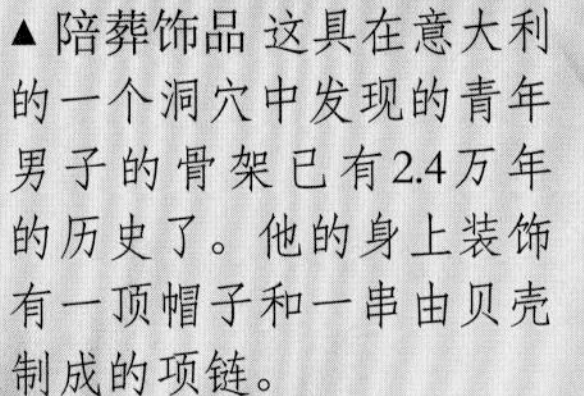

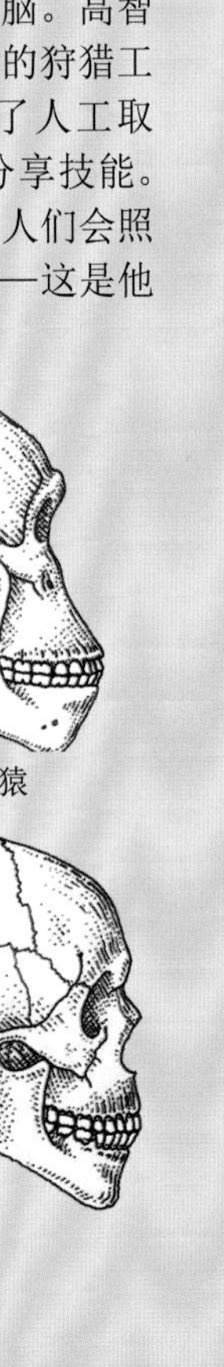

智人

- **时期** 距今30万年前至今
- **化石发现地** 世界各地，除了南极洲和一些偏远的岛屿
- **栖息地** 几乎所有的陆地
- **身高** 1.8米

与其他类人猿和原始人类相比，智人的脸更加窄小平坦。智人拥有高高的额头、较大的球形颅骨、低矮的眉弓、突起的下巴，但最重要的是，他们拥有了复杂的大脑。高智能使我们的祖先得以发明新颖独特的狩猎工具、建造居所、制作衣物并学会了人工取火。语言让他们能够共用知识、分享技能。早期智人已有了复杂的社会关系，人们会照顾病弱，并在墓穴中放入殉葬品——这是他们相信来世的一个标志。

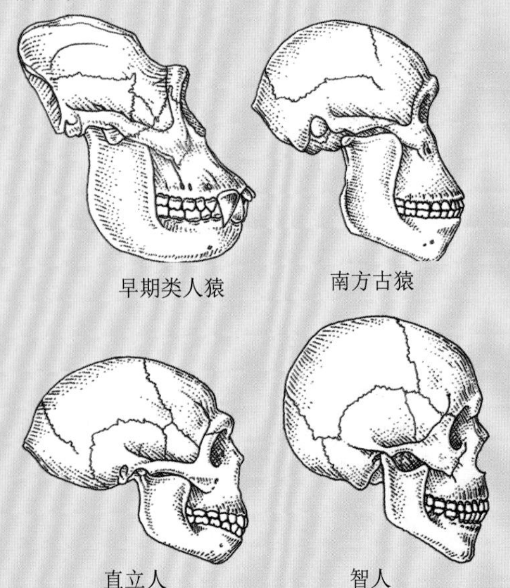

雕刻工具

早期智人比人族的其他成员更擅长制作工具。早在7.3万年前，居住在非洲南部的人类就懂得制作精雕细琢的骨器和贝壳饰品。距今约1.8万年前，欧洲的居民就开始用骨头、象牙和驯鹿角制作掷矛杆、鱼叉，甚至缝衣针。这些工具上大多有动物头像等充满艺术性的设计。

▲ 布须曼人 非洲南部的布须曼人以采猎为生。他们不饲养家畜也不种植庄稼，自然界就是他们唯一的食物来源。所有的早期智人都是这样的采猎者。这种生活方式一直持续到距今约8000年前农业开始发展时为止。

布须曼岩画

非洲南部的原住民布须曼人的岩壁艺术作品与冰期法国史前岩洞壁画（见270页）都采用了相同的绘画方式。不同的是，布须曼岩画只有数百年历史，其内容包括了许多神秘的仪式和祭奠活动，如图中这幅岩画就描绘了巫医们跳起治愈之舞，以期治愈疾病的场面。

词汇

埃迪卡拉动物群 一群特殊的有机体化石，因最早发现于澳大利亚埃迪卡拉山而得名。这些大约生活在距今5.5亿年前的海生软体有机体是地球上最早的动物之一。

螯肢类 一类具有钳状取食器官的无脊椎动物，例如蜘蛛和蝎子。

奥陶纪 古生代的第二个纪元，距今4.88亿～4.44亿年前，这个时期已知的所有动物都生活在水中。

白垩纪 中生代的最后一个纪元，距今1.45亿～6600万年前。

板足鲎类 又称海蝎子，已经灭绝的大型水生节肢类，与现代的蝎子有亲缘关系。它们生活在古生代的海洋和淡水中，有的个体身长可达2米。

保护色 动物利用皮肤、皮毛的颜色或图案将自己与环境融为一体。

被子植物 开花植物的科学术语，其中包括阔叶树和草。

变态 生物在发育为成体过程中，形态上发生的重大变化。毛虫羽化成蝶就是变态发育的一个典型例子。

伯吉斯页岩地层 该地层位于加拿大不列颠哥伦比亚省境内，这里发现了很多重要的寒武纪化石。在经确认的130个物种中包括了海绵、水母、蠕虫和节肢动物。

哺乳类 身体被毛、以分泌的乳汁哺育幼崽的温血动物。它们体形各异，种类繁多，分布广泛，小至鼩鼱、大至蓝鲸都是哺乳类的成员。哺乳类起源于三叠纪。

沧龙类 生活在白垩纪的巨型海栖爬行类。它们拥有细长的身体、长长的鼻子和鳍状肢，是非常凶猛的掠食者。

沉积 通过风、水或冰的搬运将一些物质堆积起来。沙、淤泥和泥浆等沉积物构成了海床，并逐渐转变为岩石（沉积岩）。

沉积岩 一种蕴含古生物化石的岩石类型。

驰龙类 形似鸟类、双足行走的肉食性恐龙，大多数身长不超过2米，广泛分布于北方各大陆。

代 历时很长的地质年代单位，可划分为较短的地质年代单位“纪”。例如中生代可划分为三叠纪、侏罗纪和白垩纪。

盾皮鱼类 活跃在泥盆纪、拥有如防弹衣般骨板的史前鱼类。

鳄形类 包括短吻鳄等鳄类和许多已经灭绝的亲缘物种在内的爬行类，与恐龙生活在同一时期，较现今更为多样化。

二叠纪 古生代的最后一个纪元，距今2.99亿～2.51亿年前。二叠纪末曾发生了全球性的物种大灭绝事件。

发掘 将化石或其他物体从地下掘出并带走。

肺鱼 同时长有鳃和肺、可以在水中和空气中呼吸的鱼类。肺鱼最早出现于泥盆纪。

腹足类 由蜗牛、蛞蝓和许多它们的水生亲缘物种，如宝贝和帽贝等组成的无脊椎动物族群。

冈瓦纳古陆 一个包含了南美洲、非洲、南极洲、澳大利亚和印度大陆的史前超级大陆。冈瓦纳古陆自寒武纪就已存在，直到侏罗纪，上述那些大陆才开始漂移分裂。

古近纪 新生代的第一个纪元，距今6600万～2300万年前，可划分为古新世、始新世和渐新世。

古生物学 一门研究动物和植物化石的科学。

海百合类 形似植物、有着长长的羽状臂、固着在海底生长的海洋动物。它们与海胆和海星有亲缘关系。

海生 在大海中生长（尤指动物或植物）。

寒武纪 古生代的第一个纪元，距今5.42亿～4.88亿年前。这一时期的化石主要由无脊椎动物构成。

后代 从一种早期物种（其祖先）演化而来的动物或植物物种。

琥珀 由史前特定树种的黏稠树脂形成的化石。我们可以在琥珀中发现保存完好的昆虫和其他生物遗骸。

化石 被保存在岩层中的古生物遗骸或遗迹。

化石化 有机体死亡后逐渐形成化石的过程。矿物质逐渐替代原先的有机体是化石形成的必要过程。

环境 动物和植物生存的自然条件。

幻龙类 生活在三叠纪的大型海栖爬行类。它们形似海豹，在岸上繁殖。

基因 DNA分子中含有的化学指示编码。基因控制了所有生物的成长和发展。它们由父母（亲代）传递给子女（子代）。

棘龙类 生活在白垩纪，背上有帆状结构的大型恐龙。

棘皮动物 拥有坚硬的白垩质外骨骼的海生无脊椎动物，其特征是五辐射对称结构。它们出现于寒武纪，包括海星、海百合、海参和海胆等。

脊柱 由节节相连的脊椎骨组成的脊椎动物的骨干。

脊椎动物 具有内骨骼——包括头骨和脊柱

的动物。鱼类、两栖类、爬行类、鸟类和哺乳类都是脊椎动物。

纪 一个很长的地质年代单位，历时数千万年，如侏罗纪。

甲壳类 一类数量庞大且物种多样，大部分生活在水中的节肢动物，包括蟹、虾和潮虫等。

甲龙类 四足行走的植食性恐龙。甲龙类的颈部、肩部和背部都覆盖有骨板，就像披着装甲一样。

剑龙类 背上长着两排骨板或骨棘的四足植食性恐龙。

角龙类 拥有发达的喙部，头部后缘长有骨质颈盾，两足或四足行走的植食性恐龙。有角的恐龙大多属于这一类。

节肢动物 身体分段并且有坚硬外壳（外骨骼）的无脊椎动物。已灭绝的有三叶虫和板足鲎，现生的有昆虫和蜘蛛等。

菊石类 有着螺旋形分室壳体的史前海洋动物，与章鱼和枪乌贼有亲缘关系。

巨龙类 非常巨大的四足植食性恐龙。巨龙类属于蜥脚形类，后者包括了可能是有史以来最大的陆地动物。

巨脉蜻蜓 一种生活在石炭纪的巨大蜻蜓，可能是地球上已知最大的昆虫。

灭绝 一种动物或植物物种的全部灭亡。物种间的竞争、自然环境的改变或者突发的自然灾害（例如小行星撞击地球）都可能导致物种灭绝。

恐龙 四肢垂直于躯体的陆生主龙类群体。它们曾主宰地球达 1.6 亿年之久。

冷血动物 如果一种动物的体温会随着外界温度的变化而变化，我们就称其为冷血动物。能在不同环境下保持恒定体温的动物则称为温血动物。

镰刀龙类 生活在白垩纪的一类长相怪异的恐龙。它们身材高大，有着小脑袋、粗短的脚和大腹便便的肚子。

两栖类 冷血的脊椎动物，例如蛙或蝾螈。大多数幼年时期的两栖类生活在水中，通过鳃来呼吸，成熟后则生活在陆地上并改用肺呼吸。

猎物 被掠食者捕杀并吃掉的动物。

鳞甲 爬行类为了保护自己不被敌人的爪牙伤害，进而在皮肤上衍生出的角质骨板。

灵长类 包括狐猴、猴、猿和人类在内的哺乳类。

掠食者 捕杀并且食用其他动物的动物。

盲鳗 一种现生的无颌鱼类。

南方古猿 一种属于人类大家庭的史前成员，很可能是现代人类的直系祖先。南方古猿形似黑猩猩，但像人类一样直立行走。

尼安德特人 一类已灭绝的古人类族群，与现代人类有着很近的亲缘关系。尼安德特人生活在冰期的欧洲和亚洲。

泥盆纪 古生代的第四个纪元，距今 4.16 亿～ 3.59 亿年前，泥盆纪也被称为鱼类时代。在这一时期，四足类（四足脊椎动物）演化成鳄类、恐龙和鸟类。

鸟臀目 恐龙的两大主要分支之一（另一支为蜥臀目）。鸟臀目是长有喙状嘴的植食性恐龙。

啮齿类 小型哺乳类，包括小鼠、大鼠、松鼠和豪猪等。啮齿类有用于啃食坚果和种子的锋利前牙。

爬行类 拥有鳞状皮肤、生活在陆地上的卵生的冷血动物。蜥蜴、蛇、乌龟、鳄类和恐龙都属于爬行类。

潘帕斯草原 被草覆盖的少有树木生长的平坦的南美洲草原。

泛大陆 在古生代末期形成的超级大陆。泛大陆几乎包括了地球上所有的陆地，从北极一直延伸到南极。

盘龙类 生存于恐龙时代之前的大型似哺乳

爬行类。科学家认为哺乳类就是由它们演化而来的。

胚胎 由受精卵发育成新个体的动物的早期阶段。

七鳃鳗 一种现生的口呈圆形吸盘状的无颌鱼类。

栖息地 动物或植物自然生长、栖息的场所。

迁徙 动物经过长途跋涉移居到新的栖息地的行为。许多鸟类在秋季迁徙，到较暖的地区度过寒冬。

前寒武纪 从距今46亿年前地球形成开始，一直延续到5.42亿年前的寒武纪的漫长时期。生活在水中的微小单细胞有机体是前寒武纪的大部分时间里唯一的生命体。

亲属 有遗传学关系的个体，多指家族成员。

禽龙类 广泛存在于早白垩世的大型植食性鸟脚类。

人族 一个类人猿族群，包括现代人类及数个有着密切亲缘关系的种类。

肉食性动物 以肉类为食的动物。

乳齿象 已经灭绝的大型哺乳动物，拥有巨大的身躯、象牙和浓密的毛发，与大象有着亲缘关系。

软骨 一种固态胶样组织，是脊椎动物骨架的一部分。有些鱼类，如鲨鱼的整个骨架都由软骨构成。

软体动物 包括蛞蝓、蜗牛、蛤、章鱼和枪乌贼等在内的无脊椎动物。许多软体动物都拥有很易化石化的外壳，所以它们的化石相当普遍。

三叠纪 中生代的第一个纪元，距今2.51亿～2亿年前。恐龙就出现在晚三叠世。

三叶虫 背壳纵向分为三部分的史前海洋生物。不同形状和特征的三叶虫化石是判断沉积岩年代的标准化石。

蛇颈龙类 用鳍状肢游泳的大型史前海洋爬行类。大多数蛇颈龙有非常长的脖子和很小的头，其他一些（称为上龙）则长着短脖子、巨大的头以及强有力的下颌。

石炭纪 古生代的第五个纪元，距今3.59亿～2.99亿年前。在这一时期，森林覆盖着大地，昆虫和四足脊椎动物，包括第一种两栖类和第一种爬行类都生活在这个时期。

似鸟龙类 高大纤瘦、形似鸵鸟的恐龙。它们是白垩纪陆地上跑得最快的动物。

适应 生物在生理或行为等方面演化出适合在特定环境中生存的特性。例如长颈鹿为了吃到树顶的叶子而演化出了长脖子。

兽脚类 大部分都是掠食者，是恐龙家族的重要分支。兽脚类通常具有锐利的牙齿和爪子。它们的体形悬殊，有的小如母鸡，有的大如暴龙。

双壳类 具有铰接结构外壳的水生动物，如蛤、牡蛎等。它们的两片壳通常互为镜像。

四足动物 有四肢（前肢、后肢或翅膀）的脊椎动物。所有两栖类、爬行类、哺乳类和鸟类都是四足动物。蛇类也属于四足动物，因为它们是由拥有四肢的祖先演化而来的。

苏铁类 冠部像蕨类、结有种子的棕榈状植物。它们有的矮小呈灌木状，有的可高达20米。

头骨 头部的骨骼框架，用于保护脑、眼、鼻、耳等器官。

脱氧核糖核酸 几乎所有生物用来传达遗传指令的一种分子结构（见基因），简称DNA。这种复杂的双螺旋结构被发现于20世纪50年代。

外骨骼 外部骨架。有的动物如螃蟹拥有外骨骼。相反地，人类则拥有内骨骼。

未成年 动物的幼年时期。

温血动物 能维持体温恒定的动物被称为温血动物。哺乳类和鸟类都是温血动物，而鱼类和爬行类则属于冷血动物。

无颌鱼类 出现于古生代早期并繁荣发展的原始脊椎动物，包括现生的盲鳗和七鳃鳗，

以及其他已经灭绝的族群。

无脊椎动物 没有脊柱的动物。

物种 一类动物或植物，例如狮子、人类或苹果树。同一物种的个体可交配并繁衍后代。

蜥脚形类 有着长长的脖子，体形巨大的植食性蜥臀目恐龙。此类包括有史以来地球上最大的动物。

蜥臀目 恐龙的两大主要分支之一（另一支为鸟臀目）。所有肉食性恐龙都属于蜥臀目。

新近纪 距今2300万年前至今日的纪元，可分为中新世、上新世。

驯养 通过饲养使动物驯服，如家养的牛、羊和狗都是由野生动物驯养而得来的。

鸭嘴龙类 生活在白垩纪，长有鸭嘴状喙部的植食性恐龙族群。

演化 动植物物种长时间的逐渐演变。自然选择的过程是演化的主要驱动力。

腰带 动物骨架中形成髋部并连接后肢和脊柱的部分。

鳐 与鲨鱼有着亲缘关系的软骨鱼。其身体扁平，如刺鳐和蝠鲼。

夜行性 动物在夜间活动的一种行为。夜行性动物包括猫头鹰、蝙蝠和猫等。

翼龙 恐龙时代巨大的能飞行的爬行动物。翼龙的翅膀由延伸在其肢体间的薄膜构成。

翼展 双翼张开时，从一个翼尖到另一个翼尖的距离。

硬骨鱼类 内骨骼为硬骨的鱼类。它们与鲨鱼不同，后者拥有软骨构成的骨架，属于软骨鱼类。

永冻层 在加拿大北部和亚洲西伯利亚地区发现的永久的冻土。虽然其表面会在夏天消融，形成沼泽，但深层土壤仍然冻结坚实。

有袋类 身上长有育儿袋的哺乳类。幼崽在育儿袋内发育成长，例如袋鼠。现生的有袋类仅分布于澳洲和美洲。

有胎盘类 胎儿可以通过被称为胎盘的特殊器官来获取营养的哺乳类。有胎盘类在世界范围内大规模取代了有袋类。

鱼龙类 形似海豚或鱼类的史前海洋爬行类。

原牛 一种已经灭绝的野牛，如今的家养奶牛都是原牛的后代。

杂交种 两个不同物种相互交配产生的后代。

杂食性动物 同时以植物和肉类为食的动物，例如猪、老鼠和人类。

藻类 在水体环境中生长的原始植物以及类似植物的生物体。

直立人 生活在距今200万～10万年前的史前人类。直立人在非洲演化出现，后来迁徙到了亚洲。

植食性动物 以植物为食的动物。

志留纪 古生代的第三个纪元，距今4.44亿～4.16亿年前。

智人 现代人类的学名（我们自己所属的物种）。

侏罗纪 中生代的第二个纪元，距今2亿～1.45亿年前。在侏罗纪，恐龙是地球的统治者，最初的鸟类演化出现，哺乳类开始多样化。

主龙类 起源于三叠纪的爬行类大型族群，包括恐龙、翼龙和鳄形类。

自然选择 推动生物演化的自然淘汰的过程。

祖先 能进一步演化出新物种的动物或植物。

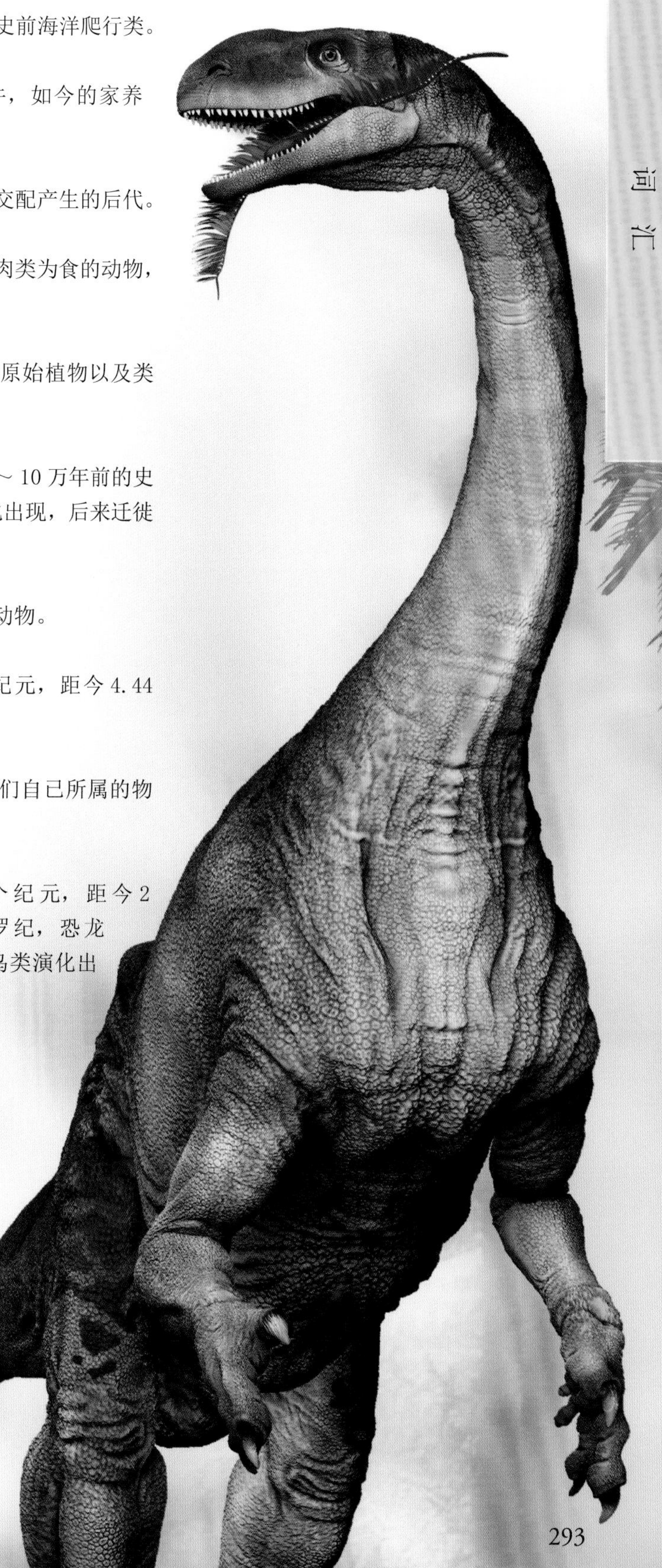

索引

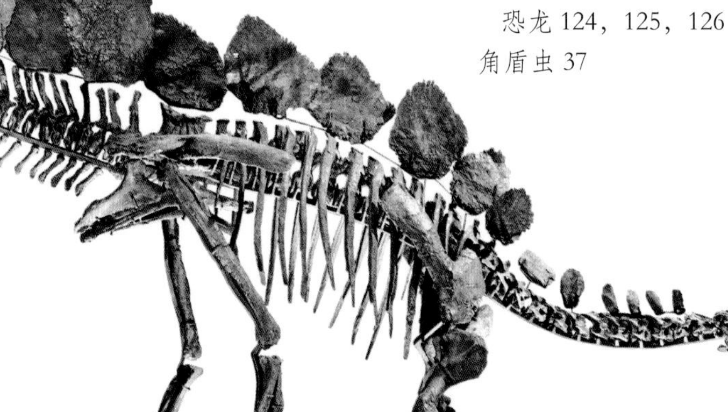

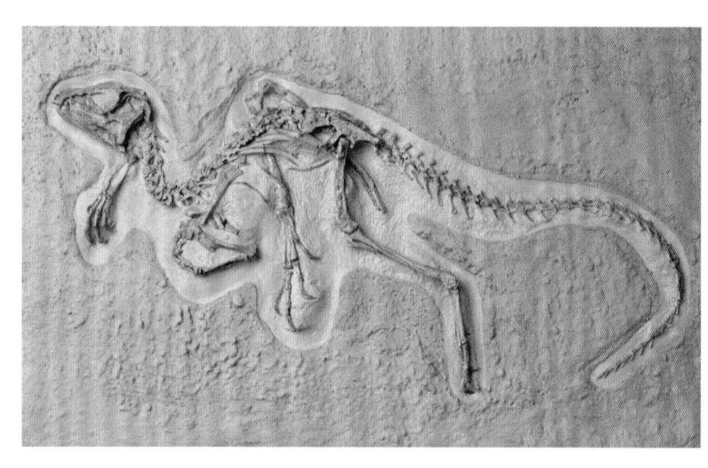

致谢

出版商感谢以下人员对本书的帮助：校对Madhavi Singh；编辑协助Priyanka Kharbanda, Smita Mathur和 Antara Raghavan；设计协助Poppy Joslin

图片版权

出版商感谢以下名单中的人员和机构为本书提供图片使用权：

（缩写说明：a-上方；b-下方/底部；c-中间；f-底图；l-左侧；r-右侧；t-顶部）

1 Getty Images: Iconica / Philip and Karen Smith (background). **2 Alamy Stock Photo:** Phil Degginger (4). **Corbis:** Frans Lanting (1); Science Faction / Norbert Wu (6). **Dorling Kindersley:** Colin Keates / courtesy of the Natural History Museum, London (2); Barrie Watts (7). **3 Ardea:** Pat Morris (5/l). **Corbis:** Frans Lanting (3/r); Paul Souders (8/r). **Dorling Kindersley:** Jon Hughes (7/r, 2/l). **Getty Images:** AFP (2/r); Stone / Howard Grey (5/r); WireImage / Frank Mullen (4/l). **Science Photo Library:** (1/l); Richard Bizley (1/r); Christian Darkin (4/r); Mark Garlick (7/l). **4 Ardea:** Pat Morris (bl). **Getty Images:** Stone / Howard Grey (clb); Sergey Krasovskiy (br). **4-5 Dorling Kindersley:** Andy Crawford / courtesy of the Royal Tyrrell Museum of Palaeontology, Alberta, Canada. **5 Dorling Kindersley:** Andrew Nelmerm / courtesy of the Royal British Columbia Museum, Victoria, Canada (bl). **Getty Images:** AFP (br). **6-7 Alamy Stock Photo:** Phil Degginger. **7 Dorling Kindersley:** Colin Keates / courtesy of the Natural History Museum, London (tc). **8 Corbis:** Arctic-Images (t). **9 Alamy Stock Photo:** AF Archive (cla). **Corbis:** Frans Lanting (br); Bernd Vogel (t); George Steinmetz (cra); Visuals Unlimited / Dr. Terry Beveridge (crb). **11 Corbis:** The Gallery Collection (tl). **Dorling Kindersley:** Colin Keates / courtesy of the Natural History Museum, London (cra). **12 Corbis:** Douglas Peebles (bl). **Getty Images:** Science Faction Jewels / Louie Psihoyos (tr). **13 Getty Images:** Leonello Calvetti – Stocktrek Images (bl). **14 Getty Images:** Corey Ford – Stocktrek Images (tr); **Science Photo Library:** Richard Bizley (cr); Walter Myers (tr). **16 Dorling Kindersley:** Colin Keates / courtesy of the Natural History Museum, London (t, bl). **17 Corbis:** Sygma / Didier Dutheil (tr). **Dorling Kindersley:** Barrie Watts (bl). **18-19 Getty Images:** Science Faction Jewels / Louie Psihoyos. **20 Corbis:** Sygma / Didier Dutheil (l, br). **Science Photo Library:** Ted Kinsman (tr). **21 Corbis:** Sygma / Didier Dutheil (tl, tr, cra, crb, br). **22-23 Harry Wilson. . :** (main illustration). **23 Corbis:** Momatiuk – Eastcott (crb). **Photolibrary:** OSF / Robert Tyrrell (br). **24 Getty Images:** Stone / Howard Grey (l/sidebar). **24-25 Ardea:** Pat Morris. **25 Alamy Stock Photo:** John T. Fowler (cr). **26 Alamy Stock Photo:** Nicholas Bird (bc); H. Lansdown (br). **Corbis:** Frank Krahmer (bl); Science Faction / Norbert Wu (cla). **27 Alamy Stock Photo:** WaterFrame (br). **Corbis:** Gary Bell (bc); Science Faction / Stephen Frink (clb); Stephen Frink (cr); Paul Edmondson (bl). **Getty Images:** Minden Pictures / Foto Natura / Ingo Arndt (tl). **28 Corbis:** Frans Lanting (bl). **29 J. Gehling, South Australian Museum:** (tr). **30 Alamy Stock Photo:** Kevin Schafer (br). **Getty Images:** National Geographic / O. Louis Mazzatenta (c). **31 Science Photo Library:** Alan Sirulnikoff (cr). **32 courtesy of the Smithsonian Institution:** (cl). **35 Natural History Museum, London:** (br). **37 Ardea:** Francois Gohier (cl). **Dorling Kindersley:** Harry Taylor / courtesy of the Royal Museum of Scotland, Edinburgh (bl). **41 Getty Images:** Comstock Images (tr). **43 Corbis:** Jeffrey L. Rotman (br); Visuals Unlimited / Wim van Egmond (tr). **45 Dorling Kindersley:** Colin Keates / courtesy of the Natural History Museum, London (tr). **Corbis:** Frank Lane Picture Agency / Douglas P. Wilson (cb); Visuals Unlimited / Ken Lucas (tl). **46-47 Alamy Stock Photo:** Kate Rose / Peabody Museum, New Haven, Connecticut. **46 Natural History Museum, London:** (bl). **47 Corbis:** Michael & Patricia Fogden (br). **Prof. J.W. Schneider/TU Bergakademie Freiberg:** (tr). **48 Alamy Stock Photo:** John T. Fowler (tr). **Corbis:** Tom Bean (bl). **Science Photo Library:** Noah Poritz (t). **50-51 naturepl.com:** Jean E. Roche. **51 Dorling Kindersley:** Frank Greenaway / courtesy of the Natural History Museum, London (br). **52-53 Getty Images:** Stone / Howard Grey. **54 Natural History Museum, London:** Graham Cripps. **55 akg-images:** Gilles Mermet (tr). **NHPA / Photoshot:** Ken Griffiths (br). **57 Getty Images:** The Image Bank / Philippe Bourseiller (br). **58-59 Ardea:** John Cancalosi. **58 Alamy Stock Photo:** Danita Delimont (c); Scenics & Science (r). **60 Dorling Kindersley:** Colin Keates / courtesy of the Natural History Museum, London (cra/Giant cerith). **Getty Images:** Mike Kemp (bl/snail). **62-63 Science Photo Library:** Walter Myers. **62 Dorling Kindersley:** Harry Taylor / courtesy of the Royal Museum of Scotland, Edinburgh (sidebar). **63 Dorling Kindersley:** Harry Taylor / courtesy of the Royal Museum of Scotland, Edinburgh (cl). **Photolibrary:** Oxford Scientific (OSF) / David M. Dennis (c). **64 Corbis:** All Canada Photos / Ron Erwin (bc); Frans Lanting (br). **65 Ardea:** Ken Lucas (ca). **Dorling Kindersley:** Andy Crawford / courtesy of the Royal Tyrrell Museum of Palaeontology, Alberta, Canada (tr); David Peart (br). **66 Alamy Stock Photo:** blickwinkel (br). **67 Dorling Kindersley:** Harry Taylor / courtesy of the Royal Museum of Scotland, Edinburgh (tr); Harry Taylor / courtesy of the Hunterian Museum (University of Glasgow) (bl). **68 Alamy Stock Photo:** All Canada Photos / Royal Tyrrell Museum, Drumheller, Alta, Canada (c). **70 Dorling Kindersley:** Colin Keates / courtesy of the Natural History Museum, London (b). **71 Dorling Kindersley:** Colin Keates / courtesy of the Natural History Museum, London (tl, crb). **Science Photo Library:** Jaime Chirinos (b). **73 Corbis:** Layne Kennedy (tr); Louie Psihoyos (br). **74 Science Photo Library:** Jaime Chirinos (cb). **75 Corbis:** Visuals Unlimited (b). **Dorling Kindersley:** Neil Fletcher (c) Oxford University Museum of Natural History (cr); Harry Taylor / courtesy of the Royal Museum of Scotland, Edinburgh (cl); Colin Keates / courtesy of the Natural History Museum, London (tr). **77 Alamy Stock Photo:** PetStockBoys (tl). **Dorling Kindersley:** Harry Taylor / courtesy of the Natural History Museum, London (tr). **79 Dorling Kindersley:** Colin Keates / courtesy of the Natural History Museum, London (tr). **Getty Images:** Taxi / Peter Scoones (br). **81 Alamy Stock Photo:** B. Christopher (bl). **Corbis:** Gallo Images / Anthony Bannister (tr). **Dorling Kindersley:** Jan van der Voort (crb). **Dr Howard Falcon-Lang:** (br). **82 Alamy Stock Photo:** WaterFrame (cl); **Science Photo Library:** Walter Myers (cb). **83 Dorling Kindersley:** Steve Gorton / Richard Hammond – modelmaker / courtesy of Oxford University Museum of Natural History (cl); Colin Keates / courtesy of the Natural History Museum, London (tl). **84 Science Photo Library:** Visuals Unlimited / Ken Lucas (t). **86 Alamy Stock Photo:** Realimage (tl); Wildlife GmbH (clb). **87 Alamy Stock Photo:** botanikfoto / Steffen Hauser (clb). **Dorling Kindersley:** Colin Keates / courtesy of the Natural History Museum, London (tc). **88 Corbis:** Arctic-Images (l). **89 Corbis:** Science Faction / Louie Psihoyos (tr). **92 Corbis:** Sygma / Vo Trung Dung (b/background). **95 Photolibrary:** Oxford Scientific (OSF) / David M. Dennis (cl). **96-97 Corbis:** Mark A. Johnson (background). **96 Luigi Chiesa:** (bl). **98 Corbis:** Kevin Schafer (b). **98-99 Dorling Kindersley:** (c) David Peart (background). **102-103 Science Photo Library:** John Foster. **102 Corbis:** Sygma / Vo Trung Dung (bl). **103 Science Photo Library:** Victor Habbick Visions (cl). **104 Dorling Kindersley:** David Peart (background). **105 Corbis:** In Pictures / Mike Kemp (br). **107 Getty Images:** AFP / Valery Hache (cl). **108 Natural History Museum, London:** Berislav Krzic (b). **110 Alamy Stock Photo:** Pictorial Press Ltd (b). **111 Dorling Kindersley:** Colin Keates / courtesy of the Natural History Museum, London (tr). **Science Photo Library:** (tl); Michael Marten (tc). **Wellcome Images:** Wellcome Library, London (br). **113 Alamy Stock Photo:** Kevin Schafer (b); Kevin Schafer (cb). **114-115 Alamy Stock Photo:** Paul Kingsley. **114 Dorling Kindersley:** John Downes / John Holmes – modelmaker / courtesy of the Natural History Museum, London (sidebar). **115 Dorling Kindersley:** Colin Keates / courtesy of the Natural History Museum, London (cl). **Science Photo Library:** Joe Tucciarone (cr); Mark Garlick (c). **116-117 Corbis:** Michael S. Yamashita. **118 Science Photo Library:** Roger Harris (br). **119 Dorling Kindersley:** Jon Hughes (tl, bl, tr). **120 Dorling Kindersley:** Andy Crawford / courtesy of the Royal Tyrrell Museum of Palaeontology, Alberta, Canada (cl). **122-133 Dorling Kindersley:** Nigel Hicks / courtesy of the Lost Gardens of Heligan (background). **125 Getty Images:** National Geographic Creative / Jeffrey L. Osborn (cl). **126-127 Corbis:** Inspirestock (background). **127 Dorling Kindersley:** Colin Keates / courtesy of the Natural History Museum, London (bl). **Wikipedia, The Free Encyclopedia:** (br). **128 Dorling Kindersley:** Jon Hughes; Colin Keates / courtesy of the Natural History Museum, London (b). **130 Getty Images:** Panoramic Images (t/background). **131 Dorling Kindersley:** Andy Crawford / courtesy of the Royal Tyrrell Museum of Palaeontology, Alberta, Canada (bl); Courtesy of the Royal Tyrrell Museum of Palaeontology, Alberta, Canada (ca). **Getty Images:** Sciepro (cla); **Natural History Museum, London:** Berislav Krzic (br). **132-133 Corbis:** Louie Psihoyos. **133**

Dorling Kindersley: (c) Rough Guides / Alex Wilson (tr). **U.S. Geological Survey:** (br). **135 Dorling Kindersley:** Lynton Gardiner / courtesy of the American Museum of Natural History (tr, br). **137 Dorling Kindersley:** Lynton Gardiner / courtesy of the American Museum of Natural History (tr, c). **140-141 Alamy Stock Photo:** Tony French (b). **141 Dorling Kindersley:** Tim Ridley / courtesy of the Leicester Museum (br). **145 Dorling Kindersley:** Bruce Cowell / courtesy of Queensland Museum, Brisbane, Australia (t). **146 Corbis:** Rune Hellestad (b). **148 Dorling Kindersley:** Andy Crawford / courtesy of the Institute of Geology and Palaeontology, Tubingen, Germany (cl, tr). **149 Alamy Stock Photo:** Nobumichi Tamura – Stocktrek Images (cl). **150 Alamy Stock Photo:** Fabian Gonzales Editorial (t/background). **Getty Images:** The Image Bank / Don Smith (b/background). **152-153 Dorling Kindersley:** Philippe Giraud (background); Steve Gorton / John Holmes – modelmaker. **153 Dorling Kindersley:** Steve Gorton / Robert L. Braun – modelmaker (t). **157 Corbis:** Cameron Davidson (tr); Louie Psihoyos (bl). **Dorling Kindersley:** Lynton Gardiner / courtesy of the Carnegie Museum of Natural History, Pittsburgh (br); **Getty Images:** Sciepro (br). **158-159 Getty Images:** Siri and Jeff Berting (background). **158 Corbis:** Bob Krist (bl). **160 Corbis:** Joson (background). **163 Dorling Kindersley:** Jon Hughes (ca). **Science Photo Library:** Walter Myers (br). **164 Alamy Stock Photo:** Alberto Paredes (r). **165 Alamy Stock Photo:** Paul Kingsley (br); Tony Waltham / Robert Harding Picture Library Ltd (crb). **Corbis:** Science Faction / Louie Psihoyos (cl). **Dorling Kindersley:** Colin Keates / courtesy of the Natural History Museum, London (tc). **Science Photo Library:** Sinclair Stammers (bl). **166-167 Getty Images:** Science Picture Co (c). **166 Getty Images:** Stocktrek Images (bc); **Rex Shutterstock:** Franck Robichon / EPA (br); **Science Museum of Minnesota:** (c). **167 Alamy Stock Photo:** Natural History Museum, London (tr). **169 Corbis:** Louie Psihoyos (cr). **170-171 Getty Images:** Corey Ford – Stocktrek Images; **Corbis:** Aurora Photos / Randall Levensaler Photography (b/background). **171 Dorling Kindersley:** Colin Keates / courtesy of Senckenberg, Forschungsinstitut und Naturmuseum, Frankfurt (tl). **172-173 Ardea:** Andrey Zvoznikov (background). **174-175 Getty Images:** Iconica / Philip and Karen Smith (background). **175 Science Photo Library: Jose Antonio Penas (br)**. **176 Mike Hettwer:** (br). **177 Corbis:** Sygma / Didier Dutheil (bl, bc, br). **178-179 Dorling Kindersley:** Jon Hughes. **179 Dorling Kindersley:** Andy Crawford / courtesy of Staatliches Museum fur Naturkunde Stuttgart (bl); Steve Gorton / Richard Hammond – modelmaker / courtesy of the American Museum of Natural History (br). **181 Ardea:** Francois Gohier (bl). **182-183 Getty Images:** Willard Clay Photography, Inc. (background). **184-185 Corbis:** amanaimages / Mitsushi Okada (background). **185 Dorling Kindersley:** Colin Keates / courtesy of the Natural History Museum, London (tr). **186 Dorling Kindersley:** Andy Crawford / courtesy of the Royal Tyrrell Museum of Palaeontology, Alberta, Canada (bl). **188-189 Getty Images:** Stephen J Krasemann. **190 Corbis:** Louie Psihoyos (tr). **190-191 Corbis:** Owen Franken (background). **191 Corbis:** Louie Psihoyos (tl). **196 Getty Images:** Emily Willoughby – Stocktrek Images (bl). **197 Dorling Kindersley:** Gary Ombler / (c). **Getty Images:** Science Faction Jewels / Louie Psihoyos (tc). **198-199 Corbis:** Nick Rains (background). **199 Dorling Kindersley:** Lynton Gardiner (c) Peabody Museum of Natural History, Yale University (tr). **200-201 Getty Images:** Spencer Platt. **201 Getty Images:** Sergey Krasovskiy (tc). **202-203 Reuters:** Mike Segar. **203 Corbis:** Grant Delin (b). **204-205 Science Photo Library:** Jaime Chirinos. **206 Corbis:** Jonathan Blair (b). **Science Photo Library:** Mark Garlick. **207 Nicholas/http://commons.wikimedia.org/wiki/File:Western-Ghats-Matheran.jpg:** (cr). **Science Photo Library:** Mark Garlick (b/Background); D. Van Ravenswaay (tl). **208 Corbis:** Layne Kennedy (bl). **Dorling Kindersley:** Colin Keates / courtesy of the Natural History Museum, London (br). **209 Dorling Kindersley:** Jon Hughes (br). **210-211 Alamy Stock Photo:** Sergey Krasovskiy – Stocktrek Images. **211 Corbis:** National Geographic Society (tr). **Dorling Kindersley:** Jon Hughes (cr). **212 John Scurlock:** (bl). **213 courtesy of the Smithsonian Institution**. **214 Dorling Kindersley:** Philip Dowell (sidebar). **215 Dorling Kindersley:** Andrew Nelmerm / courtesy of the Royal British Columbia Museum, Victoria, Canada (bc). **Science Photo Library:** Pascal Goetgheluck (br). **216 Ardea:** Steve Downer (tc). **Corbis:** Frans Lanting (tr); Visuals Unlimited / Thomas Marent (bc); Momatiuk – Eastcott (br). **Getty Images:** AFP / Sam Yeh (cl). **217 Corbis:** Paul Souders (cra); Keren Su (bl). **Dorling Kindersley:** courtesy of the Booth Museum of Natural History, Brighton (tl); Nigel Hicks (bc). **218 Corbis:** Lester V. Bergman (tc). **Dorling Kindersley:** Colin Keates / courtesy of the Natural History Museum, London (bl). **219 Getty Images:** Ken Lucas (cl). **221 Dorling Kindersley:** Harry Taylor / courtesy of York Museums Trust (Yorkshire Museum) (b). **223 Alamy Stock Photo:** Magdalena Rehova (cra). **Dorling Kindersley:** Peter Minister and Andrew Kerr (tr); Nobumichi Tamura: (bl). **224 Corbis:** Radius Images (r). **Getty Images:** National Geographic / Jonathan Blair (tl). **Science Photo Library:** Maria e Bruno Petriglia (bl). **225 Corbis:** Ecoscene / Wayne Lawler (clb); Karl-Heinz Haenel; Stock Photos / Bruce Peebles (bl, bc). **Getty Images:** Stockbyte / Joseph Sohm – Visions of America (cla). **226 Dorling Kindersley:** Lindsey Stock (background). **227 Corbis:** Frans Lanting (tr). **Dorling Kindersley:** Bedrock Studios (tl); Colin Keates / courtesy of the Natural History Museum, London (bl). **Photovault:** Wernher Krutein (br). **228-229 naturepl.com:** Dave Watts. **229 Corbis:** epa / Dave Hunt (t); In Pictures / Barry Lewis (br). **230 Science Photo Library:** Christian Darkin. **231 Getty Images:** Photonica / Theo Allofs (cra). **232 Corbis:** Bob Krist (background). **233 Alamy Stock Photo:** blickwinkel (br). **Getty Images:** Ken Lucas (tr). **234 Dorling Kindersley:** Colin Keates / courtesy of the Natural History Museum, London (cl). **235 Dorling Kindersley:** Jon Hughes / Bedrock Studios (tr). **Getty Images:** De Agostini Picture Library (cr). **Science Photo Library:** Mauricio Anton (br). **236-237 Corbis:** Jonathan Andrew. **236 Science Photo Library:** Dr Juerg Alean (tr); Richard Bizley (bl); Gary Hincks (br). **237 Corbis:** David Muench (tr). **Science Photo Library:** Gary Hincks (br, bl). **239 Dorling Kindersley:** Bedrock Studios (b). **240-241 Natural History Museum, London:** Michael R. Long . **240 Alamy Stock Photo:** Martin Shields (bl). **241 Alamy Stock Photo:** Martin Shields (tl). **Pyry Matikainen**. **242 Alamy Stock Photo:** Ryan M. Bolton (tl). **Dorling Kindersley:** Jon Hughes (r). **244 Alamy Stock Photo:** Elvele Images Ltd. **245 Dorling Kindersley:** Bedrock Studios (cr). **247 Alamy Stock Photo:** blickwinkel (br). **248-249 Dorling Kindersley:** Bedrock Studios. **248 Getty Images:** Popperfoto / Bob Thomas (b). **250 Corbis:** Carl & Ann Purcell (background). **Dorling Kindersley**. **251 Corbis:** Kevin Schafer (br). **255 Science Photo Library:** Walter Myers (bl). **256-257 Corbis:** Annie Griffiths Belt. **257 Science Photo Library:** Larry Miller (b). **258 Getty Images:** Gallo Images / Ray Ives (r/background). **259 Alamy Stock Photo:** vario images GmbH & Co.KG (br). **Dorling Kindersley:** Dave King / courtesy of the Natural History Museum, London (tr, c); Harry Taylor / courtesy of the Natural History Museum, London (bl). **260-261 Science Photo Library:** Christian Darkin. **261 Ardea:** Masahiro Iijima (br). **Photolibrary:** Goran Burenhult; (tr). **262 Alamy Stock Photo:** ITAR-TASS Photo Agency (b). **Corbis:** Science Faction / Steven Kazlowski (b/background). **262-263 Alamy Stock Photo:** Gerner Thomsen (c). **263 Alamy Stock Photo:** Arcticphoto (t). **Getty Images:** AFP / RIA Novosti (b). **264 Corbis:** Reuters / Marcos Brindicci (bl). **265 Alamy Stock Photo:** The Natural History Museum (tr). **Corbis:** Buddy Mays (br). **267 Dorling Kindersley:** Bedrock Studios (cr, bl). **268 Alamy Stock Photo:** Niels Poulsen mus (b). **Ardea:** Duncan Usher (tl). **269 Alamy Stock Photo:** blickwinkel (tr). **270-271 Getty Images:** National Geographic / Sisse Brimberg. **270 Getty Images:** Stone / Robert Frerck (br); Time & Life Pictures / Ralph Morse (bl). **Robert Gunn:** (tr). **271 French Ministry of Culture and Communication, Regional Direction for Cultural Affairs – Rhône-Alpes region – Regional department of archaeology:** (bl). **Getty Images:** AFP (br). **274 Getty Images:** Gallo Images / Latitudestock (b). **275 Corbis:** Denis Scott (b). **276 Getty Images:** AFP / Stan Honda. **277 Dorling Kindersley:** Harry Taylor / courtesy of the Natural History Museum, London (tl). **278 Science Photo Library:** Mauricio Anton. **279 Corbis:** Frans Lanting (bl); Sygma / Régis Bossu (tl). **naturepl.com:** Karl Ammann (br). **Science Photo Library:** John Reader (tr). **280 Science Photo Library:** Mauricio Anton. **281 Corbis:** Larry Williams (tr). **282 Corbis:** epa / Federico Gambarini. **Dorling Kindersley:** Rough Guides (background). **283 Corbis:** Reuters / Nikola Solic (tl). **Science Photo Library:** Pascal Goetgheluck (bl). **284 Science Photo Library:** Christian Darkin (r). **285 Alamy Stock Photo:** Sabena Jane Blackbird (ca). **Corbis:** Frans Lanting (bl); Sygma / Kevin Dufy (cb); Buddy Mays (br). **The Kobal Collection:** Hammer (t). **286-287 Getty Images:** Gallo Images / Andrew Bannister. **288-289 Getty Images:** Gallo Images / Peter Chadwick. **290-291 Dorling Kindersley:** Peter Minister, Digital Sculptor. **290 Getty Images:** Gallo Images / Peter Chadwick (sidebar). **294 Dorling Kindersley:** Dave King / Jeremy Hunt at Centaur Studios – modelmaker (bl). **296 Alamy Stock Photo:** Tony French (b) **300 Dorling Kindersley:** Andy Crawford / courtesy of the Royal Tyrrell Museum of Palaeontology, Alberta, Canada (bl). **304 Corbis:** Frans Lanting